Inhaltsverzeichnis

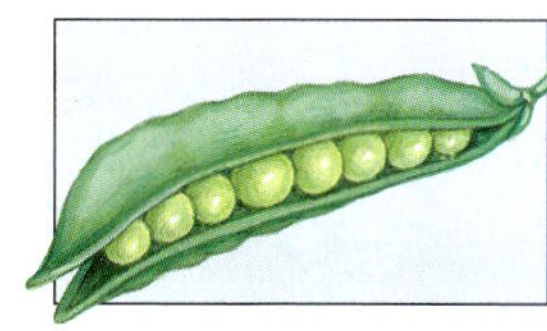

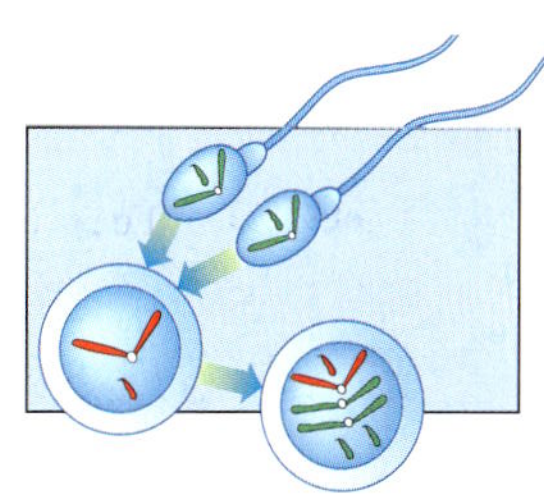

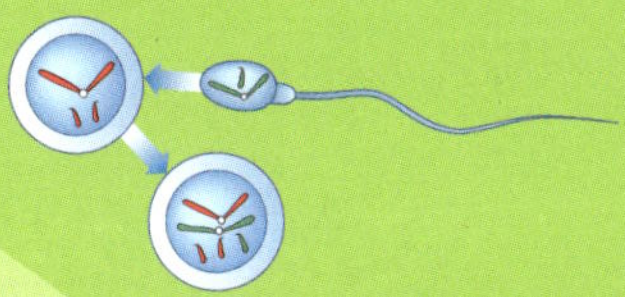

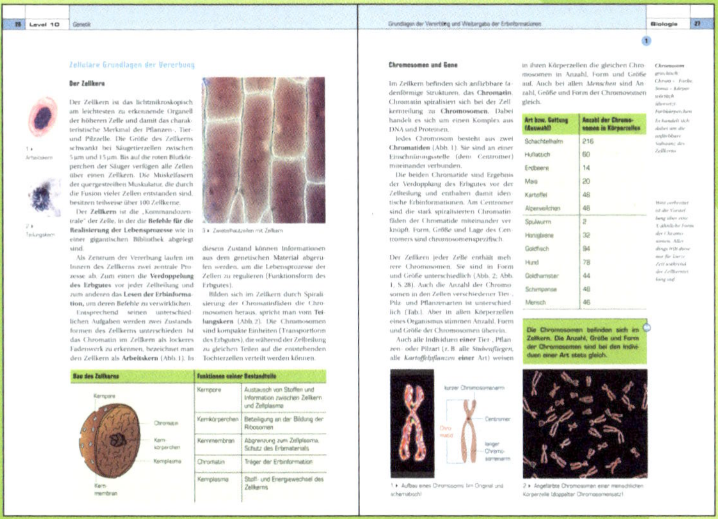

Inhaltsseiten

Diese Seiten vermitteln dir – unterstützt durch **Merksätze,** Tabellen und Übersichten – biologisches Grundlagenwissen über wichtige Begriffe, Gesetze, Erscheinungen und Zusammenhänge.

Ergänzendes und Vertiefendes

Diese Seiten bieten zusätzliche Informationen.

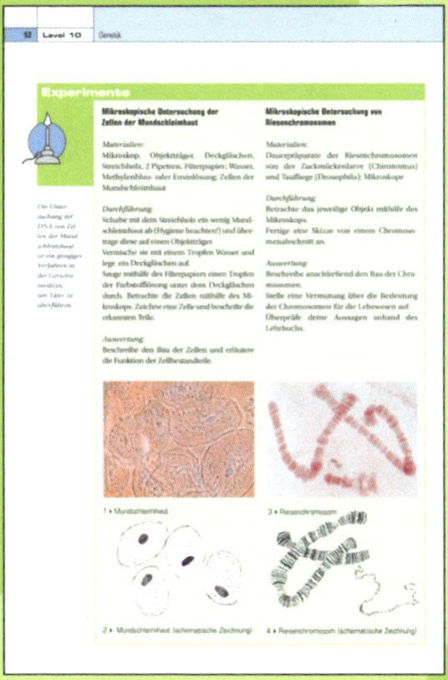

Erschließungsfeld

Diese Seiten helfen dir, allgemeingültige Zusammenhänge (z. B. Struktur und Funktion) in der Biologie zu erkennen und sie – unterstützt durch Aufgaben – auf neue Erscheinungen anzuwenden.

Beobachtungen/Experimente

Diese Seiten regen dich zum selbstständigen Beobachten, Experimentieren, Probieren sowie zum Überprüfen von Aussagen und eigenen Ideen an.

Projekte und fächerverbindendes Thema

Diese Seiten sollen dich zum selbstständigen Bearbeiten ausgewählter Themen anregen, die eine Verbindung zwischen verschiedenen Fächern herstellen.

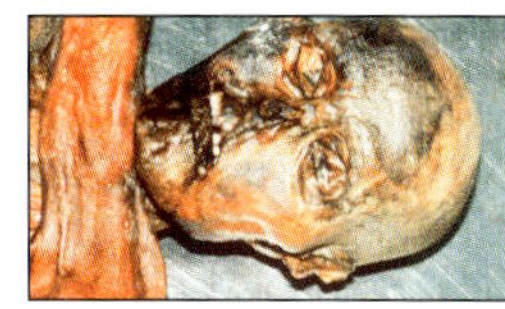

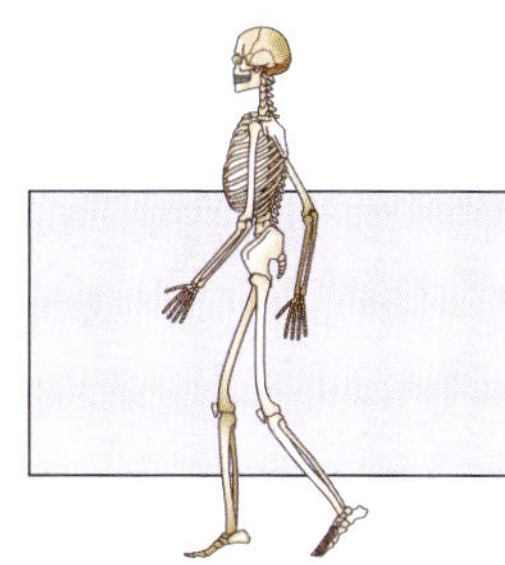

1 Genetik

1

1.1 Merkmalsänderungen und mendelsche Regeln

Kein Lebewesen gleicht dem anderen ›› Organismen verändern ihr Aussehen mitunter so sehr, dass man sie kaum noch als Vertreter einer Art erkennen kann. Das Landkärtchen, ein Tagfalter, bringt eine helle Frühjahrsform und eine dunklere Sommerform hervor.

MENDEL – Begründer der Genetik ›› MENDEL entdeckte, dass es eine Regelhaftigkeit im Erbgeschehen gibt. Durch die wissenschaftliche Auswertung seiner Versuche und die damit gewonnenen Erkenntnisse gilt er als Begründer der Genetik.

Ganz der Vater – ganz die Mutter ›› Schon immer beobachtete man Ähnlichkeiten zwischen Großeltern, Eltern und Kindern. Erbanlagen, die von Generation zu Generation fast unverändert weitergegeben werden, verursachen diese Ähnlichkeiten.

Konstanz und Variabilität der Arten

Jeder hat sich schon einmal an der Vielfalt von Farben und Formen einer blühenden Wiese (Abb. 1) erfreut. Gegenwärtig sind etwa 308 000 Pflanzenarten und 1,4 Mio. Tierarten beschrieben. Groß ist auch die Vielfalt der Arten bei Bakterien und Pilzen. Die Vielfalt der Lebewesen ist nur scheinbar unüberschaubar. Vergleicht man z. B. einzelne Pflanzen oder Tiere einer Wiese, stellt sich heraus, dass sich bestimmte Pflanzen oder Tiere in ihren Eigenschaften und Merkmalen (z. B. Blütenaufbau, Blattform) ähneln. Heute ist bekannt, dass diese Ähnlichkeit auf Verwandtschaft beruht.

M **Je näher Organismen miteinander verwandt sind, desto mehr ähneln sie sich in ihren Eigenschaften und Merkmalen.**

Um die Vielfalt überschaubar zu machen, werden Organismen in **Verwandtschaftsgruppen** (systematische Kategorien) geordnet, in Art (Species), Gattung, Familie, Ordnung, Klasse, Stamm.

1 ▸ Wiese – Vielfalt der Pflanzen

Art – eine überindividuelle Einheit

Die kleinste Gruppe, die die engste Verwandschaft ausdrückt, ist die **Art.**

Aufgrund der hohen Vielfalt der Organismen ist es nicht ganz einfach, eine Artgrenze zu ziehen. Zu hohe Vielfalt wäre ein Hinweis auf Verwandtschaft in einer höheren systematischen Kategorie als die Art, z. B. in einer Gattung oder Familie. Zu geringe Vielfalt, also sehr ähnliche Eigenschaften oder Merkmale, würden eher eine Verwandtschaft innerhalb der Art, z. B. eine Großeltern-Eltern-Kind-Beziehung, vermuten lassen. Eine Grenze zwischen Art und Nicht-Art zu ziehen, ist sehr schwierig und wird immer noch in der Biologie diskutiert.

Bei der Entwicklung des Artbegriffes hatte sich vor allem der 1904 geborene deutsch-amerikanische Zoologe **ERNST MAYR** verdient gemacht.

Bestimmte Kriterien helfen beim Ziehen der Artgrenze:

1. Eine Art ist immer eine **Gruppe** von Individuen mit größtmöglicher **Übereinstimmung von** äußerlichen, physiologischen und biochemischen **Merkmalen**.
2. Innerhalb einer Art existiert eine hohe Ähnlichkeit der Erbanlagen. Die Gesamtheit der Individuen einer Art (Population) bildet einen **gemeinsamen Genpool** (Gesamtheit aller Gene in einer Population).
3. Individuen einer Art sind unter natürlichen Bedingungen **miteinander kreuzbar** und erzeugen **fruchtbare Nachkommen**. Es existiert **keine Kreuzungsbarriere**.

Durch evolutive Prozesse verändert sich die Artgrenze stets. Die Art, als überindividuelle Einheit, ist also in ihrer Entwicklung **dynamisch.**

Organismen mit ihren individuellen Merkmalen und Eigenschaften entstehen durch komplizierte molekularbiologische Prozesse auf Basis ihrer Erbanlagen. Diese genetische Information genügt im Prinzip, um ein Individuum zu charakterisieren. Sie wird deshalb auch als **Genotyp** des Organismus bezeichnet.

Während der Individualentwicklung, meist beginnend mit der befruchteten Eizelle, entsteht ein Organismus auf Grundlage der Informationen seines Genotyps. Das entstehende Individuum mit seinen spezifischen Merkmalen und Eigenschaften wird als **Phänotyp** bezeichnet. Der Phänotyp entsteht auf der Grundlage der Informationen des Genotyps und wird von der realen Umwelt des Individuums modifizierend beeinflusst (Abb. 1).

Der Genotyp eines Individuums sind die nötigen Informationen des Erbmaterials, um es in der Individualentwicklung entstehen zu lassen. Die Eigenschaften, Merkmale, das Erscheinungsbild eines Individuums, sind sein Phänotyp.

Die **Ähnlichkeit der Organismen** kommt durch die unveränderte Weitergabe der Erbinformationen von den Eltern auf die Nachkommen zustande. Die Nachkommen von *Wölfen* sind z. B. wieder *Wölfe* (Abb. 2) und die Nachkommen von *Stiel-Eichen* sind wieder *Stiel-Eichen*. Die Anlagen für die typischen Merkmale einer Art, ihre Genotypen, werden demnach von den Eltern auf die Nachkommen weitergegeben.

Die Weitergabe der Informationen zur Ausbildung dieser typischen Merkmale von Generation zu Generation wird als **Vererbung** bezeichnet.

Zur Arterhaltung muss der Informationsgehalt der Erbanlagen bewahrt werden. Bei zu großen Abweichungen sind gerade

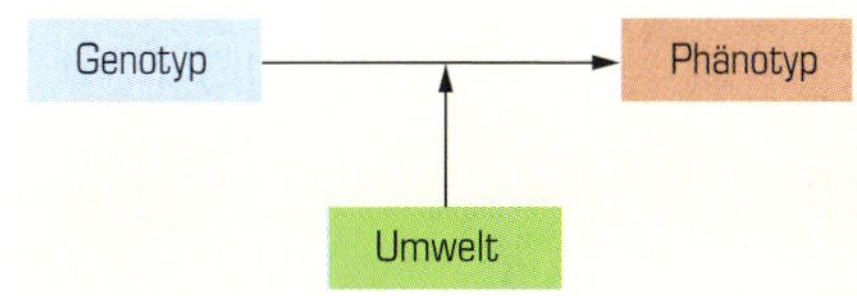

1 ▸ Einfluss von Erbe (Genotyp) und Umwelt auf die Entstehung des Phänotyps

bei geschlechtlicher Fortpflanzung die Genotypen der Eltern nicht mehr kompatibel. Eine Kreuzungsbarriere kann entstehen, die Erhaltung der Art ist gefährdet.

Aus evolutiver Sicht war das ein sehr wichtiger Grund, dass sich bestimmte Mechanismen entwickelten, die eine sichere, nahezu unveränderte Weitergabe der Erbanlagen auf die nächste Zell- bzw. Organismengeneration gewährleisten.

phäno griechisch: phainesthai = sichtbar werden, erscheinen

Solche Mechanismen sind vor allem die Prozesse der Verdopplung der Erbanlagen, einschließlich ihrer Fehlerkorrektur (s. S. 33 u. 42), und Prozesse der Zellkernteilung (s. S. 42). Diese wichtige Eigenschaft einer Art wird als **Konstanz** bezeichnet.

Die relative Konstanz der Arten resultiert aus der nahezu unveränderten Weitergabe der Erbanlagen von Generation zu Generation.

2 ▸ Wölfe bringen immer wieder Wölfe zur Welt.

1 ▸ Bei Schülern und Schülerinnen einer Klasse findet man unterschiedliche Haarfarben.

Dem Vorteil der **Konstanz,** nämlich die sichere Arterhaltung, steht ein großer Nachteil gegenüber. Die Umwelt von Organismen ändert sich aufgrund unzähliger physikalischer, chemischer und biologischer Erscheinungen ständig. Die Umwelt ist nicht konstant. Bei hoher Konstanz der Organismen ist ihre Anpassung an sich verändernde Umweltbedingungen und damit die weitere Existenz der Art gefährdet. Die bestehenden Arten würden aussterben.

Vergleicht man jedoch die Erscheinungsbilder (Phänotypen) von uns *Menschen,* einer *Rinderherde* oder *Löwenzahnpflanzen,* erkennt man, dass trotz aller Konstanz jedes Individuum anders aussieht.

Die *Menschen,* schon allein im Klassenverband (Abb. 1), unterscheiden sich in Haarfarben, Augenfarben, Fingerabdrücken, Ohrmuschelformen, Blutgruppen, Fußgrößen usw.

Das Scheckungsmuster der einzelnen *Rinder* auf einer Weide ist individuell. Aber auch die Größe von *Löwenzahnpflanzen* und ihre Blattformen unterscheiden sich. Die Unterschiede der Merkmale und Eigenschaften der Phänotypen werden als **Variabilität** bezeichnet.

Die **Vielfalt der Organismen** (Variabilität) ergibt sich also aus der Vielfalt verschiedener Arten (zwischenartliche Variabilität) und der Veränderlichkeit/Vielfalt der Individuen innerhalb einer Art (innerartliche *Variabilität*).

M

Variabilität der Art beschreibt die Unterschiedlichkeit der Merkmale und Eigenschaften von Individuen einer Art.

Verändern sich Genotyp und Umwelt, kann es zu Änderungen am Phänotyp kommen (Abb. 1, S. 9).

Erbliche und umweltbedingte Veränderungen der Organismen

Veränderungen des Genotyps – Mutationen

Veränderungen des Genotyps werden als **Mutation** bezeichnet. Sie können unterschiedliche Phänotypen verursachen (Abb. 1 u. 2; s. S. 48 f).

Mutationen rufen beispielsweise bei einer Hautzelle eine dunklere Pigmentierung hervor. Alle Tochterzellen von ihr werden ebenfalls dunkler pigmentiert sein, sodass dunklere Flecken auf der Haut entstehen. Von dieser **Körperzellmutation** sind lediglich die Abkömmlinge der mutierten Zelle betroffen. Auf die nächste Generation kann diese genotypische Änderung nicht vererbt werden. Dazu müssten die Keimzellen betroffen sein.

Bei **Keimzellmutationen** sind je nach Geschlecht Ei- oder Samenzellen verändert. Sie führen bei den betroffenen Organismen zu keinen phänotypischen Veränderungen. Erst die nächste Generation, bei der aus dem anderen Genotyp der Keimzellen ein neuer Phänotyp entsteht, prägt die Mutation aus. Keimzellmutationen werden weitervererbt.

Der Anpassungswert von Mutationen ist unterschiedlich. Ob die Blüten der *Japanischen Wunderblume (Mirabilis jalapa,* Abb. 3*)* rot, rosa oder weiß sind, hat kaum Auswirkungen auf die Fortpflanzung.

Die fehlende Anlage des zweiten Paares Schneidezähne im Oberkiefer bei uns Menschen spielt für die Existenz und den Fortpflanzungserfolg keine Rolle mehr. Mutationen, die keine Auswirkung auf den Anpassungswert des Phänotyps haben, sind *neutrale Mutationen.*

Die fehlende Pigmentierung bei Albinos ist dagegen eine *negative Mutation.* Die Tarnung ihrer Körperoberfläche und ihr Schutz gegen ultraviolette Strahlung gingen in Folge der Mutation verloren. Betroffene Tiere sind weniger gut angepasst und haben eine geringere Vermehrungsrate.

Am wenigsten wahrscheinlich sind *positive Mutationen.* Durch sie wird der Anpassungswert und damit die Vermehrungsrate erhöht. Individuen mit dieser Mutation sind besser an die Umwelt angepasst, die Mutation wird sich in der Population durchsetzen.

Variabilität kann durch Mutationen (Veränderungen der Erbanlagen) verursacht sein. Keimzellmutationen werden weitervererbt. Je nach Anpassungswert werden neutrale, negative und positive Mutationen unterschieden.

3 ▸ Japanische Wunderblume

1 ▸ Farbveränderungen bei Weintrauben

2 ▸ Farbveränderungen bei Fröschen

Umweltbedingte Veränderungen – Modifikationen

Eine Pflanze des *Löwenzahns* kann ohne größere Probleme einschließlich ihrer verdickten Hauptwurzel geteilt werden (Abb. 3). Beide „Teilpflanzen“ besitzen den gleichen Genotyp, sie sind **Klone.**

Werden beide an verschiedenen Standorten ausgepflanzt, entwickeln sich unterschiedliche Wuchsformen.

Auf die Herausbildung des Phänotyps haben Umweltfaktoren, z. B. Licht, Temperatur, Nahrung oder Wasser, Einfluss. Durch die Umwelt verursachte Veränderungen des Phänotyps werden als **Modifikationen** bezeichnet.

In welcher Weise diese *umweltlabilen Merkmale* variieren, ist im Genotyp als **Reaktionsnorm** festgelegt. Modifikationen werden **nicht vererbt**. Durch sie ist eine bessere und schnelle Anpassung der Organismen an die aktuelle Umwelt möglich.

Die Größen- bzw. Massenvariabilität von Bohnensamen (Abb. 2), Kartoffelknollen (Abb. 2, S. 13) oder von Ferkeln eines Wurfes (Abb. 1) ist um einen Mittelwert herum kontinuierlich abgestuft. Es sind alles sogenannte **fließende Modifikationen**. Auch die Herausbildung von Licht- und Schattenblättern an einer *Rot-Buche* verläuft fließend.

Weibliche *Mississippi-Alligatoren* schlüpfen bei Bruttemperaturen unter 30 °C. Bei über 36 °C (Abb. 1, S. 13) werden es männliche Nachkommen.

Die *Chinesische Primel (Primula sinensis)* bildet bei Temperaturen unter 30 °C rote und über 30 °C weiße Blüten aus.

1 ▸ Zwei Ferkel desselben Wurfes bei unterschiedlicher Fütterung

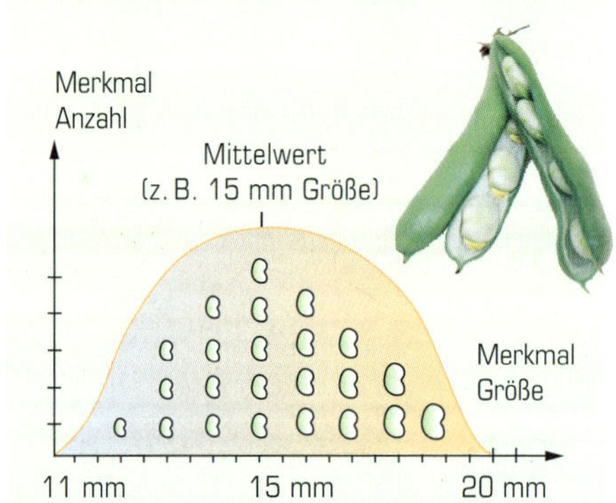

2 ▸ Unterschiedliche Anzahl und Größe der Bohnensamen einer Bohnenpflanze

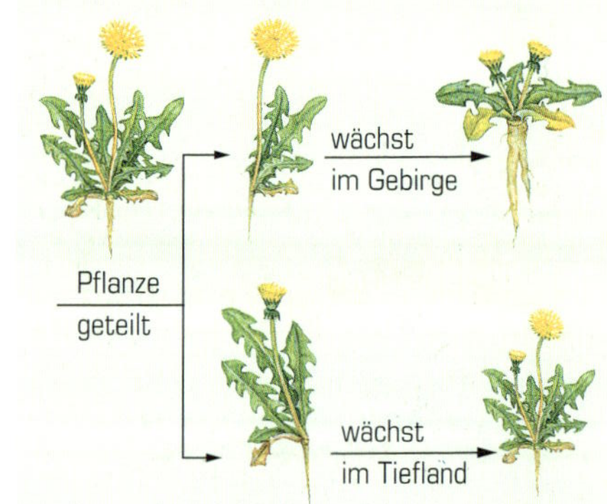

3 ▸ Unterschiedliche Wuchsformen einer Löwenzahnpflanze in Abhängigkeit von der Umwelt

Bei Tageslängen unter 16 Stunden, im Frühjahr, entwickeln sich helle Formen der Schmetterlingsart *Landkärtchen (Araschnia levana)*. Im Hochsommer, bei Tageslängen über 16 Stunden, entstehen die dunkleren Sommerformen.

Die unterschiedliche Ernährung weiblicher *Bienenlarven* bestimmt, ob fruchtbare Königinnen oder unfruchtbare Arbeiterinnen entstehen (s. Tabelle).

Bei dieser Form der Modifikation werden in Abhängigkeit von der Umwelt ab einem bestimmten Umschlagpunkt gegensätzliche Merkmale, wie rot - weiß, weiblich - männlich, hell - dunkel, fruchtbar - unfruchtbar ausgebildet. Es handelt sich um **umschlagende** Modifikationen.

1

Art	Modifikation
Chinesische Primel	Kronblätter rot bei Temperaturen <30 °C Kronblätter weiß bei Temperaturen >30 °C
Landkärtchen	helle Frühjahrsform Tageslängen <16 h Licht dunkle Sommerform Tageslängen >16 h Licht
weibliche Honigbienen	Arbeiterin, unfruchtbar – Larvenfütterung mit Nektar Königin, fruchtbar – Larvenfütterung mit Weiselsaft
Hermelin	braunes Sommerfell bei höheren Temperaturen weißes Winterfell bei niedrigen Temperaturen

M **Variabilität kann in Form der Modifikation auch durch die Umwelt verursacht werden. Fließende und umschlagende Modifikationen werden nicht vererbt. Genotypisch festgelegt ist die Reaktionsnorm, die Fähigkeit zur Modifikation.**

Durch Kenntnis derjenigen Umweltfaktoren, die bestimmte Modifikationen auslösen, kann der Mensch gezielt Einfluss auf die Ausprägung des Phänotyps nehmen. Das nutzt man u. a. in der Landwirtschaft und im Gartenbau aus.

1 ▸ Welches Geschlecht beim Mississippi-Alligator schlüpft hängt von der Bruttemperatur ab.

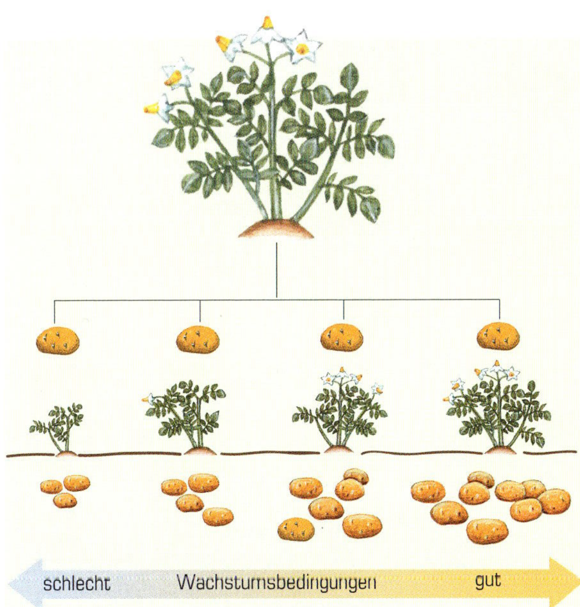

2 ▸ Größe und Anzahl der Kartoffelknollen in Abhängigkeit von den Wachstumsbedingungen

Erschließungsfeld

Die Vielfalt (Variabilität) der Organismen ergibt sich aus der Vielfalt verschiedener Arten (zwischenartliche Variabilität) und der Vielfalt innerhalb einer Art (innerartliche Variabilität).

Vielfalt

Beim Vergleich der unterschiedlichen Samenpflanzen einer Wiese stellt man fest, dass sich manche Pflanzen in **typischen Merkmalen** und **Eigenschaften** (z. B. Blütenaufbau, Anzahl und Farbe der Kronblätter) gleichen. In **Einzelmerkmalen** (Wuchshöhe, Anzahl und Größe der Laubblätter) unterscheiden sie sich aber. Andere Pflanzen sind bezogen auf typische Merkmale nur ähnlich, wieder andere weichen deutlich in ihren Hauptmerkmalen ab. Individuen, die in wesentlichen (äußeren und inneren) Merkmalen übereinstimmen, gehören zu einer **Art.**

1. *Ordne mithilfe eines wissenschaftlichen Bestimmungsbuchs oder des Internets eine der in Abbildung 1 genannten Kreuzblütengewächse vollständig in das System der Pflanzen ein.*
2. *Begründe anhand der Abbildungen die Vielfalt der Kreuzblütengewächse.*

Art	Raps	Acker-Senf	Hederich
Kronblätter	gelb, Anzahl 4, kreuzweise angeordnet	gelb, Anzahl 4, kreuzweise angeordnet	gelb, Anzahl 4, kreuzweise angeordnet
Kelchblätter	von den Kronblättern abstehend, Anzahl 4, kreuzweise angeordnet	von den Kronblättern abgesenkt, Anzahl 4, kreuzweise angeordnet	an die Kronblätter angelegt, Anzahl 4, kreuzweise angeordnet
Staubblätter	2 kürzere und 4 längere	2 kürzere und 4 längere	2 kürzere und 4 längere
Fruchtblätter	Anzahl 2, verwachsen	Anzahl 2, verwachsen	Anzahl 2, verwachsen
Laubblätter	lanzettförmig	grob gezähnt	sitzend oder gestielt
Früchte	Schoten schwach gegliedert	Schoten schwach gegliedert	Schoten stark gegliedert

Die **Krone eines Laubbaumes** wird einerseits durch seine Gene, andererseits aber auch durch seine Umweltfaktoren bestimmt. Die *arttypische Wuchsform* wird auch durch die spezifischen Lebensbedingungen modifiziert. Eine solche **Modifikation** beobachtet man häufig bei Bäumen auf Gebirgskämmen oder an der Meeresküste. Durch den beständigen, meist aus einer Richtung wehenden Wind sind die Baumkronen deformiert. Eine solche Erscheinung wird als **Windschur** bezeichnet.

3. *Vergleiche Mutation und Modifikation.*
4. *Erkläre eine mögliche Ursache für das veränderte Erscheinungsbild der Baumkrone bei der Windschur.*

Mendel und Regeln der Vererbung

Viele Wissenschaftler versuchten im 19. Jh. das Rätsel der Vererbung zu lösen. 1859 schrieb Darwin in seinem Werk „Über die Entstehung der Arten durch natürliche Zuchtwahl“, dass „... *die Gesetze der Vererbung vollkommen unbekannt sind*“.

In seinem Buch „Die Vererbung und die Grundprobleme der Biologie“ schrieb Delage, ein französischer Wissenschaftler, im Jahre 1895 gleichsam als Resümee:

„Es gibt keine Gesetze für die Ähnlichkeit zwischen dem Kind und seinen Eltern! Hier ist nichts richtig und alles möglich, angefangen damit, dass zwischen Kind und Eltern überhaupt nichts Gemeinsames besteht, über alle Zwischenstufen der Vermischung von Merkmalen und der Kombination von Ähnlichkeiten bis zu fast völliger Übereinstimmung zwischen dem Kind und einem Elternteil ...“

Die Suche nach Regeln der Vererbung schien damals schier aussichtslos, obwohl in der Landwirtschaft ein großer Bedarf an neuen ertragreichen Pflanzensorten und Tierrassen bestand.

Aus heutiger Sicht – Strukturen sowie Funktionen von Zellkernen, Chromosomen, DNA usw. sind bekannt – lässt sich das Problem der damaligen Wissenschaftler – es gibt keine Regeln bei der Vererbung – sehr gut erklären.

Damals nutzten die Wissenschaftler fast ausnahmslos nur äußere Merkmale zur Erforschung der Erbgänge über mehrere Generationen. Da solche Merkmale aber meist durch die komplexe Wirkung vieler Gene im Phänotyp entwickelt werden, konnten damals keine Regeln bei den Erbgängen erkannt werden.

Auch heute ist das nicht ganz einfach. Erst dem Augustinermönch **Gregor Mendel** gelang der Durchbruch. Durch seine Experimentiermethode, einschließlich der statistischen Auswertung, erkannte er die nach ihm benannten **Vererbungsregeln.** Mit seinen fundamentalen Erkenntnissen stieß er 1866 auf Unglauben und geriet in Vergessenheit.

Carl Erich Correns (1864–1933)

Unabhängig voneinander entdeckten um 1900 **Correns, Tschermak** und **De Vries** erneut die Vererbungsregeln. Sie erkannten, dass sie Mendel zuzuschreiben waren.

1 ▸ Ähnlichkeit zwischen Kindern und Eltern

MENDELS Methode

MENDELS Experimente und die daraus resultierenden drei Regeln beruhen ausschließlich auf der statistischen Auswertung der **Merkmalsverteilung** nach Erbgängen von Generation zu Generation.

Das forschungsmethodische Vorgehen wurde durch folgende Grundsätze geprägt:

- MENDEL wählte als Objekt die *Saaterbse* (*Pisum sativum*). Sie bringt in kurzer Zeit viele Nachkommen hervor und kann sich selbst bestäuben und befruchten.
- Über zwei Jahre prüfte er, ob die äußeren Merkmale der Nachkommen denen der Eltern entsprachen, es also keine Merkmalsänderungen gab. Er züchtete reinerbiges Saatgut.
- MENDEL verglich keine Merkmale unterschiedlicher Arten, sondern bezog sich auf individuelle Merkmale der Saaterbsenpflanzen.
- Er verglich die Nachkommen nicht als Ganzes mit ihren Eltern, sondern verglich immer nur ein Merkmal, was in zwei verschiedenen Varianten auftrat. Insgesamt erfasste MENDEL sieben solcher Merkmalspaare (Abb. 2). Dadurch wurde das Vererbungsgeschehen überschaubar.
- MENDEL erfasste eine große Zahl von Individuen und wertete die Ergebnisse statistisch aus.

Ursprünglich ist MENDEL bei seinen Kreuzungsversuchen von 15 Merkmalspaaren ausgegangen. Aber erst die Reduktion auf 7 Paare brachte klare Erkenntnisse (Abb. 2).

MENDEL übertrug bei seinen Experimenten beispielsweise Pollen aus der Blüte einer Pflanze, die aus gelben Samen hervorgegangen war, auf die Narbe einer Pflanze, die aus grünen Samen hervorgegangen war (Abb. 1). Damit sich diese Blüte nicht selbst bestäubt, entfernte er vorher die Staubfäden (Kastration). Zusätzlich schützte er sie auch vor anderen Fremdbestäubungen.

Bei diesem Beispiel kreuzte MENDEL gelbsamige Pflanzen (männlich) mit grünsamigen Pflanzen (weiblich). Alle sich entwickelnden Samen (Erbsen) waren dann gelb. Wenn er aus diesen Samen wieder Pflanzen zog, konnte er diese wieder miteinander verpaaren und wiederum Merkmalsverteilung beobachten.

1 ▸ Kreuzungsversuch von MENDEL

2 ▸ Die Ergebnisse der F_1-Kreuzungen MENDELS mit sieben Merkmalen der Gartenerbse (verändert nach CAMPBELL/REECE, Biologie, 6. Auflage, S. 296)

Merkmal	dominantes Allel	x	rezessives Allel	F_2-Generation dominant : rezessiv	Verhältnis
Blütenfarbe	purpurfarben	x	weiß	705 : 224	3,15 : 1
Blütenstellung	axial	x	terminal	651 : 207	3,14 : 1
Samenfarbe	gelb	x	grün	6022 : 2001	3,01 : 1
Samenform	rund	x	runzlig	5474 : 1850	2,96 : 1
Hülsenform	aufgebläht	x	eingeschnürt	882 : 299	2,95 : 1
Hülsenfarbe	grün	x	gelb	428 : 152	2,82 : 1
Stängellänge	hoch	x	niedrig	787 : 277	2,84 : 1

Darstellung von Erbgängen

Wenn man MENDELS Kreuzungsergebnisse deutet, so besteht seine besondere Leistung darin, die Entstehung der Zahlenverhältnisse erkannt und interpretiert zu haben. MENDELS Leistungen bestehen u. a. in Folgendem:

- MENDEL kommt zur Erkenntnis, dass nicht Merkmale, sondern Anlagen zur Ausbildung von Merkmalen vererbt werden. Ansonsten wäre es nicht möglich, dass aus der Kreuzung von Erbsenpflanzen, deren Samen eine gelbe und grüne Schale haben, nur Erbsen mit gelben Samen hervorgehen. Diese Anlagen nennen wir heute **Erbanlagen (Gene).**
- MENDEL war überzeugt, dass die Anlagen zur Ausbildung der Merkmale in den Geschlechtszellen lokalisiert sind. Da sich in der **Elterngeneration** (**Parentalgeneration**) bei der Befruchtung zwei Geschlechtszellen zur befruchteten Eizelle (Zygote) vereinen, müssten je zwei Erbanlagen für die Ausbildung eines Merkmales verantwortlich sein.

Die beiden Erbanlagen, durch die ein Gen gekennzeichnet ist, werden heute als **Allele** bezeichnet.

Zwei Allele bewirken die Ausbildung desselben Merkmals (z. B. Farbe der Erbsensamen). Dieses Merkmal kann aber in verschiedenen Versionen auftreten, z. B. gelb oder grün. Allele kennzeichnen also die verschiedenen Zustandsformen eines Gens.

Die Einheitlichkeit der Nachkommen in der **1. Tochter**- bzw. **Filialgeneration** (**F_1-Generation**) begründet MENDEL damit, dass es **merkmalsbestimmende** (**dominante**) und **zurücktretende** oder **merkmalsunterlegene** (**rezessive**) **Erbanlagen** gibt.

CARL CORRENS fand später bei der *Japanischen Wunderblume* noch eine gleichwertige, gemischte Merkmalsausbildung; sie wird **intermediär** bezeichnet (s. S. 20).

MENDEL führte eine **Buchstabensymbolik** ein, um den Erbgang eines Merkmals genauer verfolgen zu können. In Körperzellen befindet sich immer ein Allelpaar und in Geschlechtszellen nur ein einzelnes Allel. Dabei unterschied er zwischen dem Genotyp und dem Phänotyp eines Organismus.

lat. parentes = *Eltern*

lat. filia = *Tochter*

Dominante Allele werden mit **großen Buchstaben** und *rezessive Allele* mit **kleinen Buchstaben** gekennzeichnet. Jedem Gen werden somit zwei Buchstaben zugeordnet (2 große, 2 kleine oder 1 großer und 1 kleiner).

lat. dominare = *herrschen*

lat. recedere = *zurücktreten*

Intermediäre Allelpaare können mit 2 großen oder 2 kleinen Buchstaben symbolisiert werden.

Die Körperzellen können folgende Allelpaare enthalten:

AA – reinerbig mit zwei dominanten Allelen,

aa – reinerbig mit zwei rezessiven Allelen,

Aa – mischerbig mit einem dominanten (A) und einem rezessiven (a) Allel.

Bezeichnungen für die Darstellung von Erbgängen	
P	Elterngeneration
F_1	1. Tochtergeneration
F_2	2. Tochtergeneration
X	Kreuzung von 2 Individuen
großer Buchstabe	dominantes Allel
kleiner Buchstabe	rezessives Allel (intermediär: 2 kleine unterschiedliche Buchstaben)
reinerbig	Allele eines Gens sind gleich
mischerbig	Allele eines Gens unterscheiden sich

Sind die Allele eines Chromosomenpaares für die Ausbildung eines Merkmales gleich (z. B. Farbe der Blüte rot), ist der Organismus in Bezug auf diese Erbanlage **reinerbig (homozygot)**.

Sind die Allele eines Chromosomenpaares für die Ausbildung eines Merkmals verschieden (z. B. Farbe der Blüte rot und Farbe der Blüte weiß), ist der Organismus in Bezug auf diese Erbanlage **mischerbig (heterozygot)**.

Gregor Johann Mendel (1822–1884) kam durch umfangreiche Kreuzungsversuche an Pflanzen und die statistische Auswertung der gewonnenen Ergebnisse zu allgemeingültigen Regeln über die Vererbung von Anlagen.

1 ▸ Wirkung der Allele auf die Merkmalsausbildung am Beispiel der Blütenfarbe

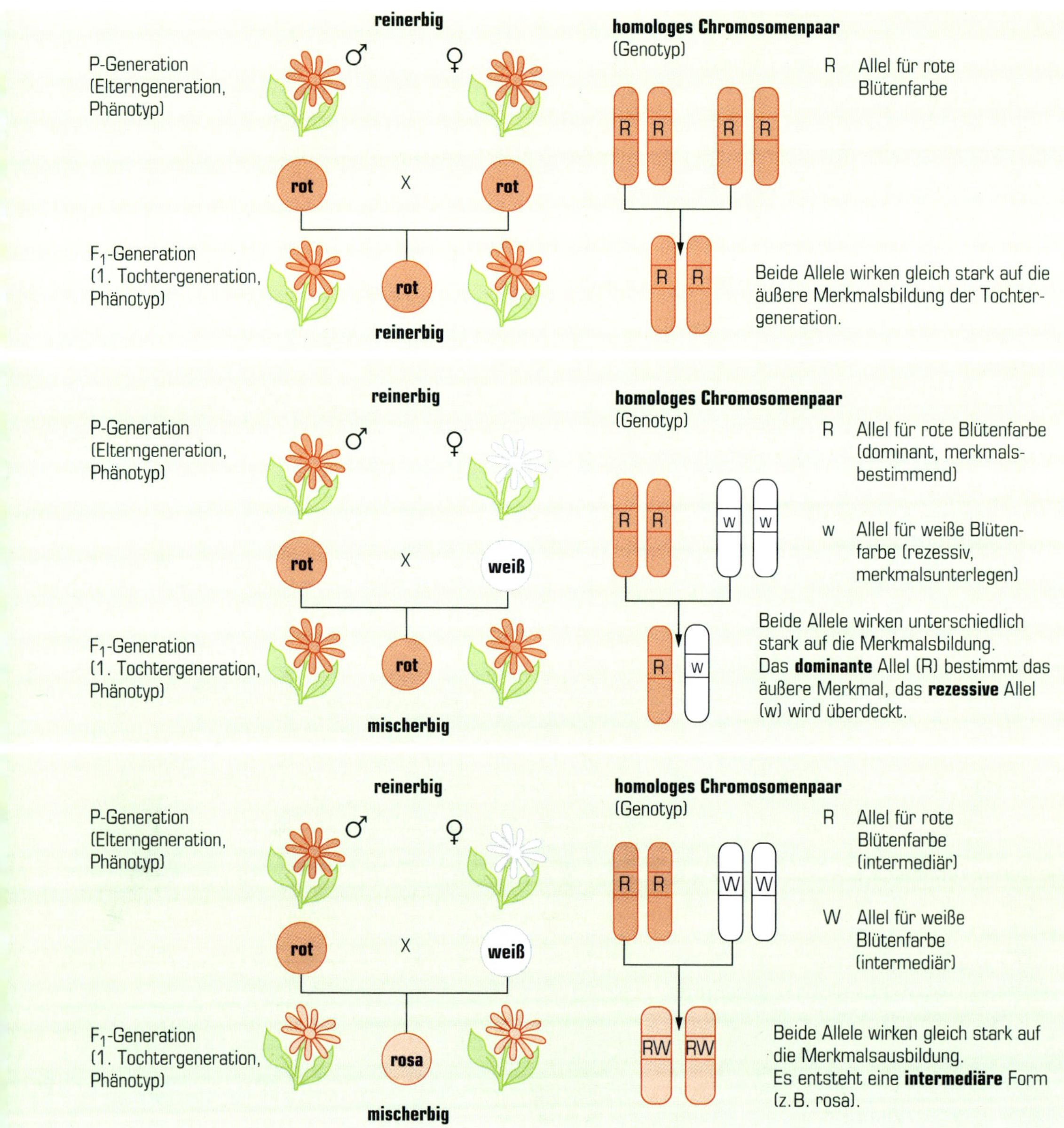

MENDELS Vererbungsregeln

MENDELS Beobachtungen und Ergebnisse der Kreuzungsversuche werden in den **mendelschen Regeln** zusammengefasst.

MENDEL kreuzte beispielsweise grünsamige Erbsenpflanzen mit gelbsamigen Erbsenpflanzen. Alle Erbsenpflanzen in der 1. Tochtergeneration (F_1-Generation) hatten in ihren Hülsen nur gelbe Samen. Sie sahen also gleich (uniform) aus.

Die **1. mendelsche Regel** wird deshalb **Uniformitätsregel** genannt.

Die Ergebnisse von Kreuzungsexperimenten sowie die Erbgänge können in einem **Kreuzungsschema** dargestellt werden (Abb. 2).

CORRENS, ein deutscher Botaniker (s. S. 15), bestätigte 1900 MENDELS Beobachtungen durch seine Experimente mit der *Japanischen Wunderblume* (*Mirabilis jalapa,* Abb. 1). Bei der hier auftretenden intermediären Vererbung führt die Kreuzung weiß blühender und rot blühender Pflanzen in der F_1-Generation zu einheitlich rosa blühenden Nachkommen.

Das Erscheinungsbild, der Phänotyp, lag zwischen den beiden elterlichen Phänotypen (Abb. 2, S. 20).

Die 1. mendelsche Regel (Uniformitätsregel) lautet: Kreuzt man reinerbige Eltern (P), die sich in einem Merkmal unterscheiden, so sind alle Nachkommen (F_1) untereinander gleich (uniform).

MENDEL und später auch CORRENS kreuzten die mischerbigen Nachkommen der 1. Tochtergeneration (F_1-Generation) und untersuchten das Aussehen der Nachkommen in der 2. Tochtergeneration (F_2-Generation).

Die festgestellten Ergebnisse konnten in der **2. mendelschen Regel** zusammengefasst werden.

Die einheitlichen Merkmale der mischerbigen 1. Tochtergeneration (gelb – dominant/grün – rezessiv bzw. rot und weiß – intermediär) spalten sich in der 2. Tochtergeneration in einem bestimmten Zahlenverhältnis auf (Abb. 1, S. 20).

Die Regel wurde deshalb **Spaltungsregel** genannt.

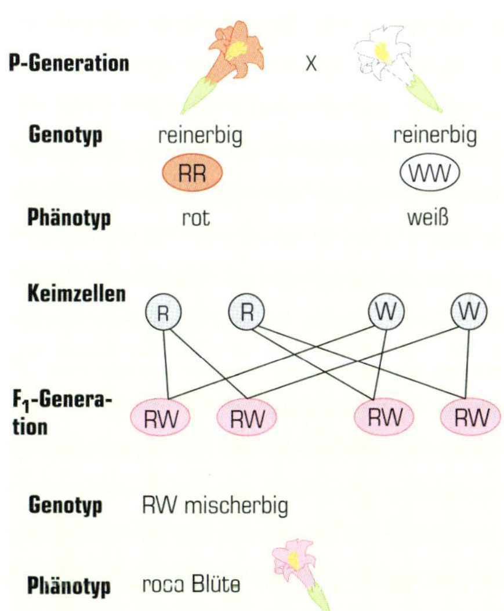

1 ▸ CORRENS Versuche mit der Wunderblume bestätigten MENDELS Ergebnisse.

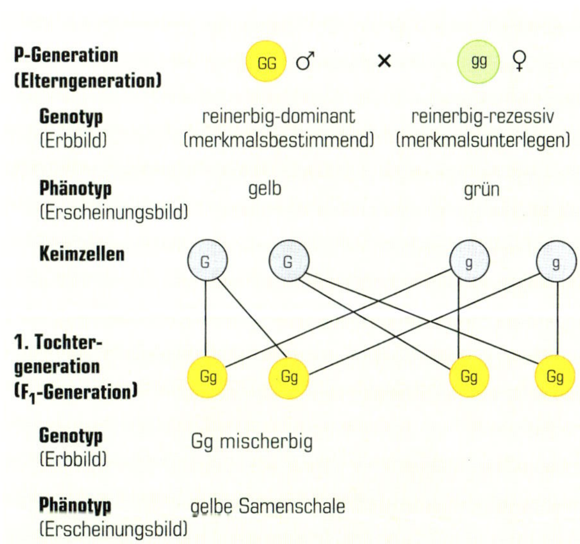

2 ▸ Kreuzungsschema zur 1. mendelschen Regel (Uniformitätsregel)

Beim **dominant-rezessiven Erbgang** erfolgt die Aufspaltung in der F_2-Generation im Verhältnis 3 : 1 des dominanten zum rezessiven Phänotyps. Im Genotyp liegt ein Verhältnis 1 : 2 : 1 zwischen reinerbig-dominant zu mischerbig zu reinerbig-rezessiv vor.

Beim **intermediären Erbgang** erfolgt im Phäno- und Genotyp eine Aufspaltung im Zahlenverhältnis 1 : 2 : 1 zwischen der einen reinerbigen Form, der Mischform und der anderen reinerbigen Form (Abb. 2).

Verursacht werden diese Aufspaltungen durch die zufällige Verteilung der merkmalstragenden Chromosomen während der Bildung der Geschlechtszellen (s. Meiose, s. S. 42).

Die 2. mendelsche Regel (Spaltungsregel) lautet:
Kreuzt man die Individuen der F_1-Generation untereinander, so erhält man in der F_2-Generation eine Aufspaltung der Merkmale in festen Zahlenverhältnissen.

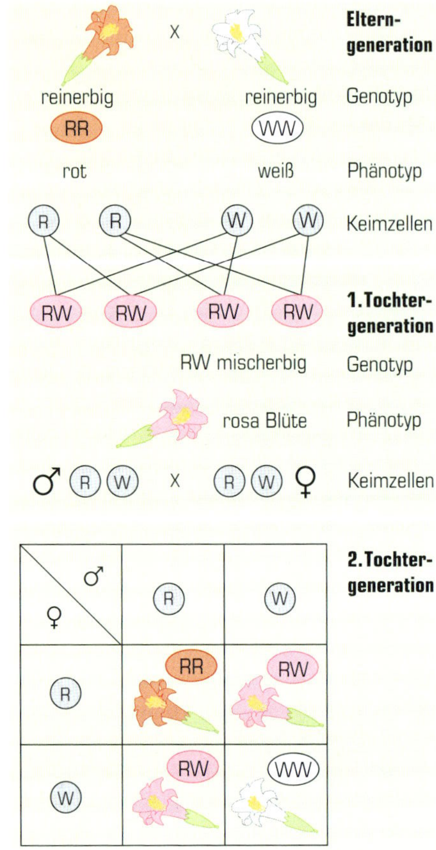

2 ▸ Kreuzungsschemata zum intermediären Erbgang

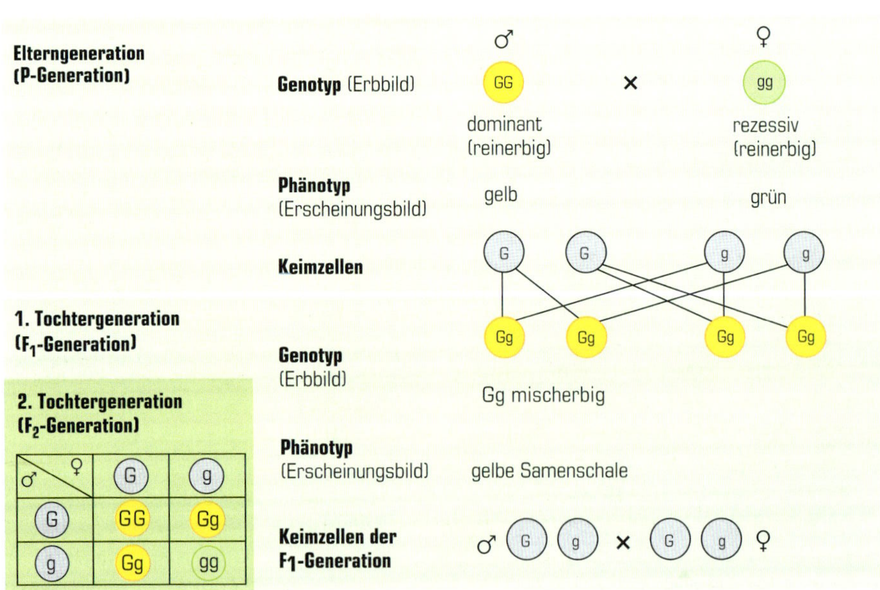

1 ▸ Kreuzungsschemata zur 2. mendelschen Regel (Spaltungsregel)

Mendel kreuzte auch Erbsensorten, die sich in zwei Merkmalspaaren, nämlich Samenfarbe (gelb/grün) und Samenform (rund/runzlig), voneinander unterschieden. Die Eltern hatten nur gelbe, runde und grüne, runzlige Samen.

In der F_1-Generation fand er nur gelbe, runde Samen. Damit bestätigte sich die Uniformitätsregel.

In der F_2-Generation erhielt er 556 Samen, von denen 315 gelb und rund, 101 gelb und runzlig, 108 grün und rund und 32 grün und runzlig waren.

Das bedeutet ein Spaltungsverhältnis aller möglichen Phänotypen von 9 : 3 : 3 : 1 und für jedes Merkmal selbst betrachtet wieder von 3 : 1.

Betrachtet man das Kombinationsquadrat (Abb. unten), so fällt auf, dass Erbsen entstanden sind, deren Merkmalskombinationen weder in der Elterngeneration noch in der 1. Tochtergeneration auftraten, nämlich gelb und runzlig sowie grün und rund. Die Erbanlagen (Gene) müssen also neu kombiniert und unabhängig voneinander vererbt worden sein.

Deshalb heißt die **3. mendelsche Regel** auch **Unabhängigkeitsregel** oder **Regel von der Neukombination der Gene**.

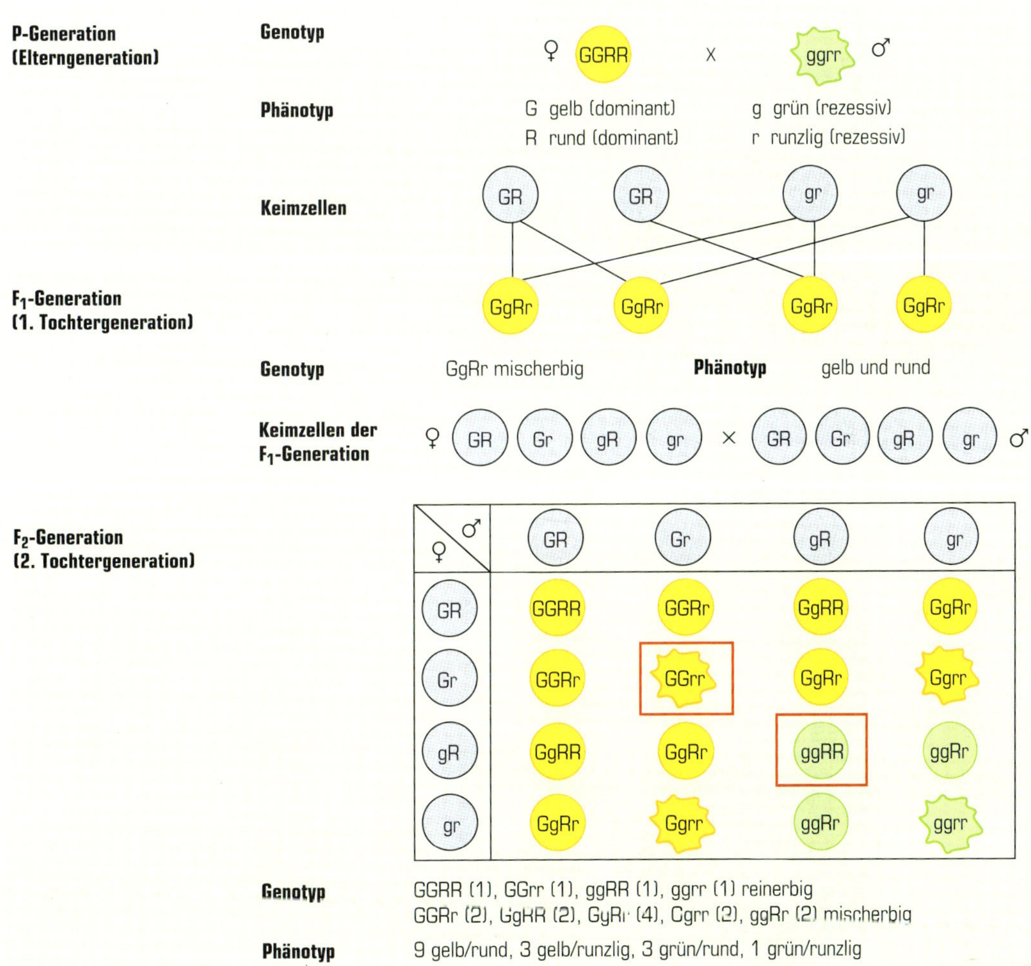

1 ▸ Kreuzungsschemata zur 3. mendelschen Regel (Unabhängigkeitsregel; ☐ reinerbige Neukombinationen)

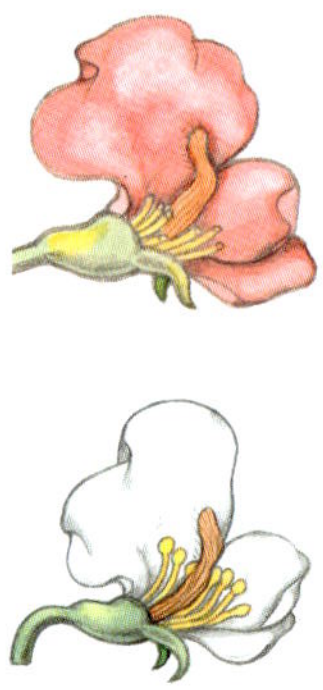

1 ▸ Rosa und weiße Erbsenblüte

Gregor Johann Mendel – Mönch, Naturforscher und Begründer der Vererbungslehre

Gregor Johann Mendel wurde am 22.07.1822 als Sohn eines fronpflichtigen Bauern in Heinzendorf geboren. Dieser hielt im Garten seines Hauses Bienen und züchtete edle Obstsorten. Durch ihn und auch durch den Pfarrer und den Lehrer seines Heimatortes wurde Mendel in seiner Liebe zur Natur bestärkt. Frühzeitig lernte er einige biologische Veredlungsmethoden kennen, z. B. das Pfropfen der Obstbäume.

Trotz großer finanzieller Schwierigkeiten studierte er am Philosophischen Institut Olmütz (Olomouc), um Geistlicher zu werden. 1843 trat er als Novize in das Augustinerkloster von Brünn (Brno) ein und erhielt den Klosternamen Gregor.
Sein Theologiestudium an der Universität Brno begann er 1844. Er wurde 1847 zum Priester geweiht. Während des Studiums besuchte er auch Vorlesungen über Landwirtschaft, Obst- und Weinanbau. Diese Vorlesungen wurden von Diebl gehalten, der zusammen mit dem Abt des Brünner Klosters Napp im Klostergarten Versuche mit Pflanzen durchführte. Diesen Versuchsgarten übernahm Mendel 1848.
Da Mendel die Lehramtsprüfung für Griechisch, Deutsch und Mathematik nicht bestanden hatte, er sollte diese Fächer an einem Gymnasium unterrichten, ging er nach Wien und studierte Naturwissenschaft.

2 ▸ Mendel als Mönch im Kloster

1854 übernahm er in Brünn die Lehrstelle für Naturwissenschaft an der Deutschen Staatsoberrealschule. Im Kloster beschäftigte er sich mit Fragen der Meteorologie und widmete sich der Pflanzen- und Bienenzucht.

1855 begann Mendel mit den **Kreuzungsexperimenten** an Erbsen. Dabei erwies Mendel sich als sehr guter Experimentator und auch als ein talentierter Theoretiker, der die Mängel und Grenzen in den Arbeiten seiner Vorgänger erfasste.
Mendel wählte ein günstiges Forschungsobjekt und eine geeignete Versuchsdurchführung. Das Objekt fand er in der *Saaterbse* (*Pisum sativum*).
Die *Saaterbse* ist ein Selbstbestäuber und Selbstbefruchter. Wenn er z. B. gelbsamige Erbsenpflanzen mit grünsamigen Erbsenpflanzen kreuzte, ging er wie folgt vor. Er entnahm der geöffneten Blüte einer Pflanze, die aus gelbem Samen hervorgegangen war, mit einem Tuschepinsel Pollen und übertrug diese auf die Narbe einer noch ungeöffneten Blüte einer Pflanze, die aus einem grünen Samen gezüchtet war, und entfernte anschließend deren Staubblätter. So konnte sich diese Pflanze nicht mehr selbst bestäuben.
Mendel führte seine Kreuzungsexperimente mit einer Vielzahl von Individuen durch und wertete die Ergebnisse mit statistischen Methoden aus. Auf dieser Grundlage konnte er allgemeingültige Regeln, die mendelschen Regeln, ableiten.

1865 stellte er seine Ergebnisse öffentlich vor und veröffentlichte sie 1866 in seinem Aufsatz *„Versuche über Pflanzenhybriden“*. Darin hatte er seine Ergebnisse der modernen Vererbungslehre zusammengefasst. Dieser Artikel fand in der wissenschaftlichen Welt keine Beachtung. Drei Jahre später schrieb er den Artikel *„Über einige aus künstlicher Befruchtung gewonnenen Hieracium-Bastarde“*. Dann gab er seine Forschungen zur Vererbung auf. Er konzentrierte sich ganz auf sein geistliches Amt. Er starb am 6. Januar 1884 in Brünn.

gewusst · gekonnt

1. Betrachte die Abbildung 2 auf Seite 17. Beschreibe die Durchführung des Kreuzungsversuchs mit Erbsenpflanzen durch MENDEL. Welche Beobachtungen hat MENDEL gemacht? Welche Schlussfolgerungen leitete er daraus ab?

2. Erst nach vielen Kreuzungsversuchen hat MENDEL die Ergebnisse seiner Untersuchungen in Regeln formuliert. Falls an der Schule vorhanden, mache dich mit dem Simulationsprogramm „MENDEL" vertraut. Simuliere Kreuzungen und betrachte am Bildschirm die Merkmale der Nachkommen in der 1. Tochtergeneration.

3. Definiere folgende Begriffe: Gen, Allel, reinerbig, mischerbig, dominant, rezessiv.

4. Ein reinerbig blau blühendes und ein reinerbig weiß blühendes Stiefmütterchen werden miteinander gekreuzt. Die F_1-Nachkommen blühen blau.
   a) Ermittle die Art der Merkmalsausbildung.
   b) Gib den Eltern und den F_1-Nachkommen entsprechende Symbole.
   c) Stelle die Kreuzungsschemata bis zur F_2- Generation auf.

5. Ein blau blühendes und ein rot blühendes Stiefmütterchen werden miteinander gekreuzt.
   a) Entscheide anhand der Abbildung, welcher Erbgang vorliegt. Begründe.
   b) Gib den Eltern und den Nachkommen entsprechende Symbole und stelle die Kreuzungsschemata bis zur F_2-Generation auf.

6. a) Benenne die allgemeinen Regeln, die sich in dem Erbgang für den Blattrand der Brennnessel widerspiegeln (siehe untere Abbildung).
   b) Gib den Genotyp zu den dargestellten Phänotypen an. Begründe mit dem entsprechenden Erbgang.

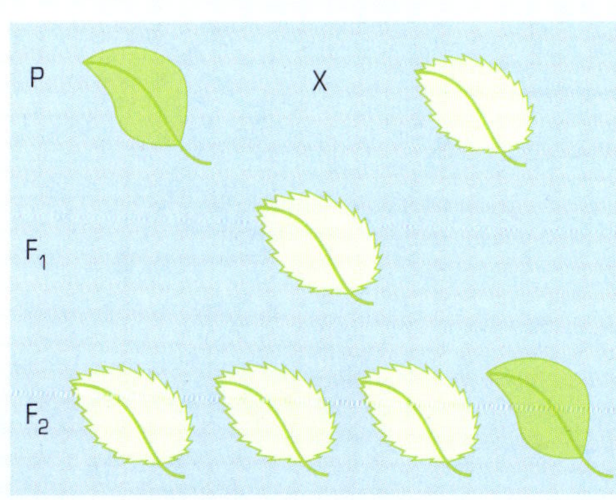

Das Wichtigste auf einen Blick

Mendel – Begründer der Genetik

Gregor Johann Mendel (1822–1884) führte von 1855 bis 1864 im Klostergarten zu Brno (Brünn) Kreuzungsexperimente mit der Saaterbse (Pisum sativum) durch. Sie waren die Grundlage für die Formulierung der mendelschen Regeln im Jahre 1865, die die Grundregeln der Vererbung darstellen.

Mendelsche Regeln

1. Uniformitätsregel:
   Kreuzt man reinerbige Eltern, die sich in einem Merkmal unterscheiden, sind alle Nachkommen der F_1-Generation untereinander gleich (uniform).

2. Spaltungsregel:
   Kreuzt man die Individuen der F_1-Generation untereinander, so erhält man in der F_2-Generation eine Aufspaltung der Merkmale in festen Zahlenverhältnissen.

3. Unabhängigkeitsregel:
   Kreuzt man reinerbige Eltern, die sich in mehreren Merkmalen unterscheiden, so werden die Erbanlagen (Gene) frei kombiniert und unabhängig voneinander vererbt.

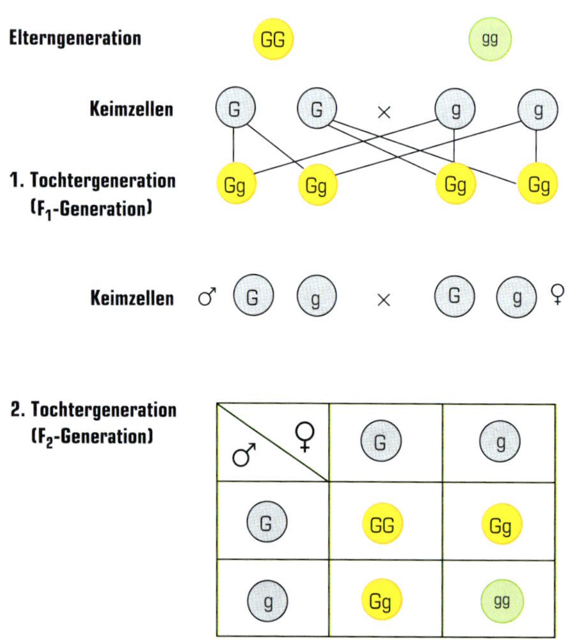

Genotyp (Erbbild)	Phänotyp (Erscheinungsbild)
Gg einheitlich mischerbig	Merkmal einheitlich gelb
GG reinerbig Gg mischerbig gg reinerbig	Merkmalsunterschiede in bestimmten Zahlenverhältnissen gelb zu grün (3:1)

1

1.2 Grundlagen der Vererbung und Weitergabe der Erbinformation

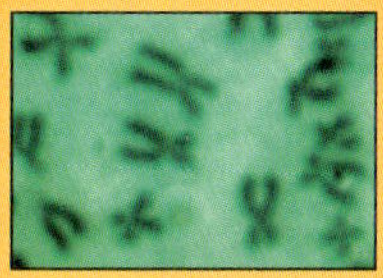

Träger der Erbanlagen ›› Vor etwa 100 Jahren waren die Struktur und die Funktion der Chromosomen als Träger der Erbanlagen schon ziemlich gut bekannt. Untersuchungen der chemischen Zusammensetzung ergaben, dass sie aus Eiweißkomponenten und Nucleinsäuren bestehen.

Weitergabe der Erbanlagen ›› Bevor sich Zellen teilen können, wird ihr Erbmaterial nahezu fehlerfrei durch den Prozess der identischen Replikation verdoppelt. Die Tochterzellen besitzen nach der Teilung jeweils den gleichen Genotyp und sind damit auch in ihren Merkmalen identisch.

Realisierung der Erbanlagen ›› Die Erbinformationen werden zur Herstellung spezifischer Proteine in den Zellen genutzt. Die Bildung von Merkmalen eines Organismus, sein Phänotyp, beruht auf der Existenz dieser Proteine und ihrer komplexen Wirkung in den Zellen.

Zelluläre Grundlagen der Vererbung

Der Zellkern

Der Zellkern ist das lichtmikroskopisch am leichtesten zu erkennende Organell der höheren Zelle und damit das charakteristische Merkmal der Pflanzen-, Tier- und Pilzzelle. Die Größe des Zellkerns schwankt bei Säugetierzellen zwischen 5 µm und 15 µm. Bis auf die roten Blutkörperchen der Säuger verfügen alle Zellen über einen Zellkern. Die Muskelfasern der quer gestreiften Muskulatur, die durch die Fusion vieler Zellen entstanden sind, besitzen teilweise über 100 Zellkerne.

Der **Zellkern** ist die „Kommandozentrale" der Zelle, in der die **Befehle für die Realisierung der Lebensprozesse** wie in einer gigantischen Bibliothek abgelegt sind.

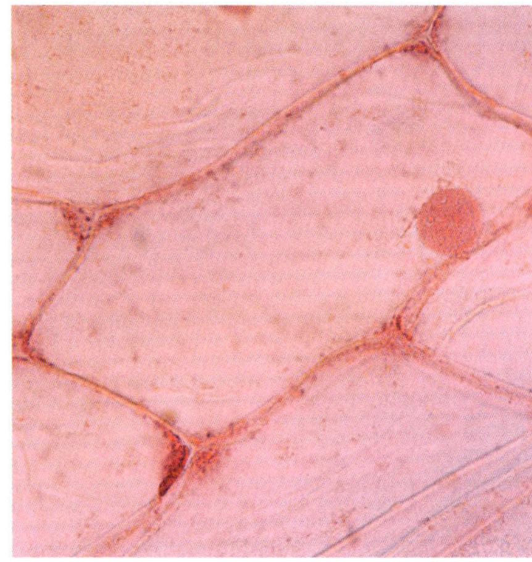

1 ▸ Zwiebelhautzellen mit Zellkern

Als Zentrum der Vererbung laufen im Innern des Zellkerns zwei zentrale Prozesse ab. Zum einen die **Verdoppelung des Erbgutes** vor jeder Zellteilung und zum anderen das **Lesen der Erbinformation,** um deren Befehle zu verwirklichen.

Bau, Funktionen und Zustandsformen des Zellkerns

Entsprechend seinen unterschiedlichen Aufgaben werden zwei Zustandsformen des Zellkerns unterschieden.
Ist das Chromatin im Zellkern als lockeres Fadenwerk zu erkennen, bezeichnet man den Zellkern als **Arbeitskern.** In diesem Zustand können Informationen aus dem genetischen Material abgerufen werden, um die Lebensprozesse der Zellen zu regulieren (Funktionsform des Erbgutes).
Bilden sich im Zellkern durch Spiralisierung der Chromatinfäden die Chromosomen heraus, spricht man vom **Teilungskern.**
Die Chromosomen sind kompakte Einheiten (Transportform des Erbgutes), die während der Zellteilung zu gleichen Teilen auf die entstehenden Tochterzellen verteilt werden können.

Bau des Zellkerns

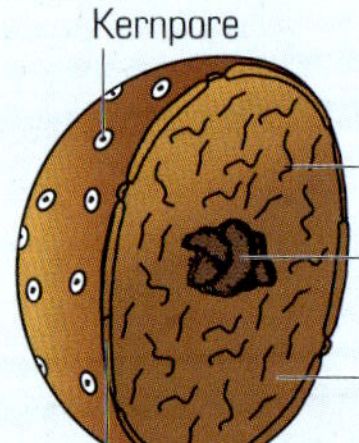

Funktionen seiner Bestandteile	
Kernpore	Austausch von Stoffen und Informationen zwischen Zellkern und Zellplasma
Kernkörperchen	Beteiligung an der Bildung der Ribosomen
Kernmembran	Abgrenzung zum Zellplasma, Schutz des Erbmaterials
Chromatin	Träger der Erbinformation
Kernplasma	Stoff- und Energiewechsel des Zellkerns

1

Chromosomen und Gene

Im Zellkern befinden sich anfärbbare fadenförmige Strukturen, das **Chromatin**. Chromatin spiralisiert sich bei der Zellkernteilung zu **Chromosomen.** Dabei handelt es sich um einen Komplex aus DNA und Proteinen.

Jedes Chromosom besteht aus zwei **Chromatiden** (Abb. 1). Sie sind an einer Einschnürungsstelle (dem Centromer) miteinander verbunden.

Die beiden Chromatide sind Ergebnis der Verdopplung des Erbgutes vor der Zellteilung und enthalten damit identische Erbinformationen. Am Centromer sind die stark spiralisierten Chromatinfäden der Chromatide miteinander verknüpft. Form, Größe und Lage des Centromers sind chromosomenspezifisch.

Der Zellkern jeder Zelle enthält mehrere Chromosomen. Sie sind in Form und Größe unterschiedlich (Abb. 2; Abb. 1, S. 28). Die Anzahl der Chromosomen in den Zellen verschiedener Tier-, Pilz- und Pflanzenarten ist unterschiedlich (Tab.). Aber in allen Körperzellen eines Organismus stimmen Anzahl, Form und Größe der Chromosomen überein.

Alle Individuen **einer** Tier-, Pflanzen- oder Pilzart (z. B. alle *Stubenfliegen,* alle *Kartoffelpflanzen* **einer** Art) weisen in ihren Körperzellen die gleichen Chromosomen in Anzahl, Form und Größe auf. Auch bei allen *Menschen* sind Anzahl, Größe und Form der Chromosomen gleich.

Chromosom griechisch: Chromatos = Farbe, Soma = Körper wörtlich übersetzt: Farbkörperchen

Es handelt sich dabei um die anfärbbare Substanz des Zellkerns.

Art bzw. Gattung (Auswahl)	Anzahl der Chromosomen in Körperzellen
Schachtelhalm	216
Huflattich	60
Erdbeere	14
Mais	20
Kartoffel	48
Alpenveilchen	48
Spulwurm	2
Honigbiene	32
Goldfisch	94
Hund	78
Goldhamster	44
Schimpanse	48
Mensch	46

Weit verbreitet ist die Vorstellung über eine X-ähnliche Form der Chromosomen. Allerdings tritt diese nur für kurze Zeit während der Zellkernteilung auf.

Die Chromosomen befinden sich im Zellkern. Die Anzahl, Größe und Form der Chromosomen sind bei den Individuen einer Art stets gleich.

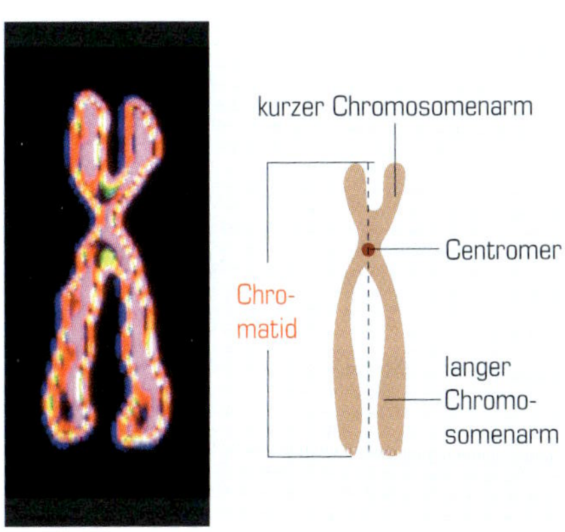

1 ▸ Aufbau eines Chromosoms (im Original und schematisch).

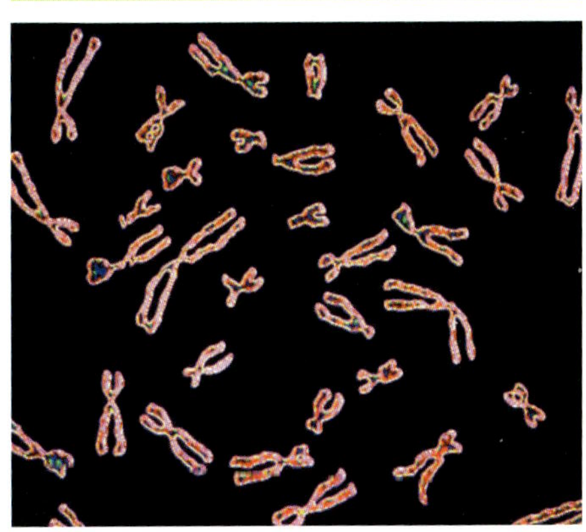

2 ▸ Angefärbte Chromosomen einer menschlichen Körperzelle (doppelter Chromosomensatz)

In den Körperzellen der meisten Organismen sind die Chromosomen paarweise vorhanden. Die meisten Paare (bis auf einen Ausnahme) sind von gleicher Größe und Form (Abb. 1, 2). Sie sind **homologe Chromosomen.**

*Gemäß der Pariser Nomenklatur von 1971 werden die Chromosomen in einem **Karyogramm** standardisiert angeordnet.*

Der menschliche Zellkern beinhaltet 46 Chromosomen beziehungsweise 23 Chromosomenpaare. Über sie wird die gesamte genetische Information eines Menschen abgespeichert.

Bei 22 dieser Paare stimmen beide Chromosomen jeweils in Größe und Aussehen überein. Diese sog. **Körperchromosomen** (Autosomen) 1–22 sind homologe Chromosomen. Auf ihnen befinden sich die Erbanlagen – **Gene** – für die Ausbildung der art- und individuenspezifischen Merkmale.

Mithilfe eines Karyogramms ist es möglich, schon vor der Geburt, im Rahmen einer Fruchtwasseruntersuchung, eine Chromosomenanalyse beim Fötus durchzuführen.

Das verbleibende 23. Chromosomenpaar wird aus den **Geschlechtschromosomen** (Gonosomen) gebildet. Diese Chromosomen sind nicht homolog. Sie besitzen verschiedene Formen und einen unterschiedlichen genetischen Informationsgehalt. Sie werden mit den Buchstaben X und Y symbolisiert.

Die Zusammensetzung dieses 23. Chromosomenpaares entscheidet über das spätere Geschlecht der Nachkommen, männlich oder weiblich (s. S. 61).

Die Geamtheit aller Chromosomen eines Zellkerns wird als **Chromosomenbestand** bezeichnet.

Wenn man die Chromosomen eines vollständigen Chromosomenbestandes des Zellkerns der Größe nach anordnet und fortlaufend nummeriert, erhält man eine **Chromosomenkarte,** ein **Karyogramm** (Kernbild, Abb. 1).

Die Informationen zur Ausbildung aller Merkmale sind in den Chromosomen gespeichert. Auf ihnen sind die **Erbanlagen,** die **Gene,** lokalisiert. So sind z.B. für die *Vererbung der Blutgruppen* u.a. auf dem Chromosom Nr. 1 Gene für den Rhesusfaktor und auf dem Chromosom Nr. 9 Gene für das AB0-System zuständig (Abb. 2). In jedem Chromosom eines Paares befinden sich die Erbanlagen für ein Merkmal immer an der gleichen Stelle. Aufgrund der paarigen Chromosomen ist die Erbinformation also immer doppelt vorhanden.

Chromosomen sind Träger der Erbanlagen. Die Erbanlagen (Gene) sind in linearer Reihenfolge auf den Chromosomen des Zellkerns angeordnet. Sie bestimmen jeweils die Ausbildung bestimmter Merkmale. Die Gene sind Träger der Erbinformation.

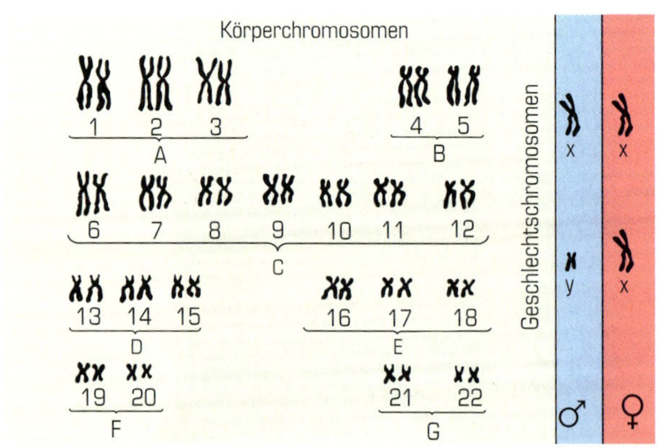

1 ▸ Chromosomenkarte (Karyogramm) des Menschen mit den Chromosomenpaaren

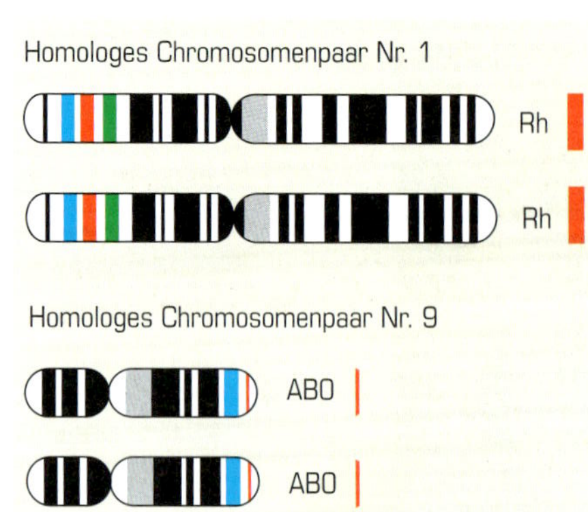

2 ▸ Homologe Chromosomen des Menschen mit Lokalisierung von Erbanlagen (Genen)

1

Wir wissen bereits, dass die Anzahl der Chromosomen eines Zellkerns artspezifisch ist (s. Tab., S. 27). Die artspezifische Anzahl der Einzelchromosomen im Zellkern von Keimzellen bzw. der Chromosomenpaare im Zellkern von Körperzellen bildet den **Chromosomensatz.**

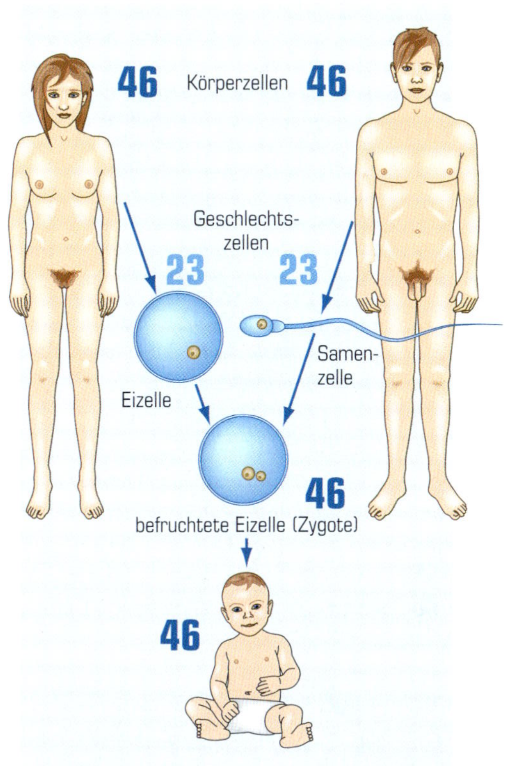

2 ▸ Veränderung der Chromosomenzahl bei der Bildung der Geschlechtszellen und der Befruchtung

Der überaus größte Teil aller Arten pflanzt sich geschlechtlich fort. Das heißt, das Individuum geht aus einer befruchteten Eizelle (Zygote) hervor, die im Ergebnis der Befruchtung entstanden ist. Dabei kommt es zur Verschmelzung der Kerne der Eizelle und der Samenzelle (Abb. 2).

Die Geschlechtszellen (Keimzellen) verfügen nur über einen einfachen Chromosomensatz. Sie sind **haploid** (Abb. 2, 3).

Die Körperzellen, die aus der Zygote hervorgehen, besitzen einen doppelten Chromosomensatz. Sie sind **diploid** (Abb. 1).

Im Falle des Menschen heißt dies, dass alle Körperzellen eines Organismus 23 mütterliche und 23 väterliche Chromosomen aufweisen (Abb. 1, 2).

Körperzellen besitzen einen doppelten Chromosomensatz, sie sind diploide Zellen. Geschlechtszellen (Keimzellen) besitzen einen einfachen Chromosomensatz, sie sind haploide Zellen.

Neben dem Zellkern sind aus genetischer Sicht vor allem die **Ribosomen** als Zellbestandteil erwähnenswert. Sie gelten als die Übersetzer der Erbinformation und setzen somit die im Kern gespeicherte Information in die Tat um (s. S. 36, 37).

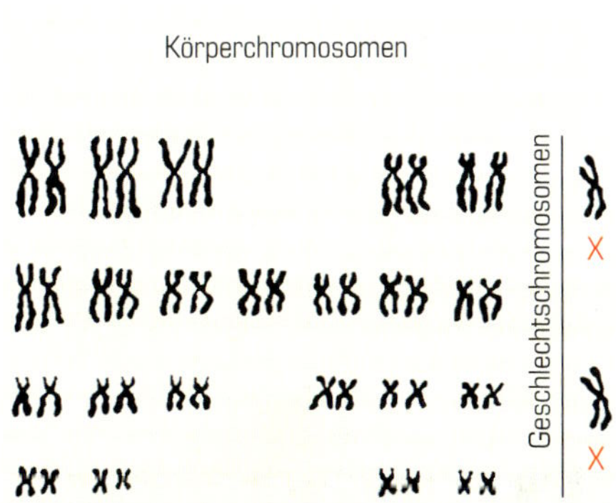

1 ▸ Doppelter Chromosomensatz einer weiblichen Körperzelle (diploide Zelle)

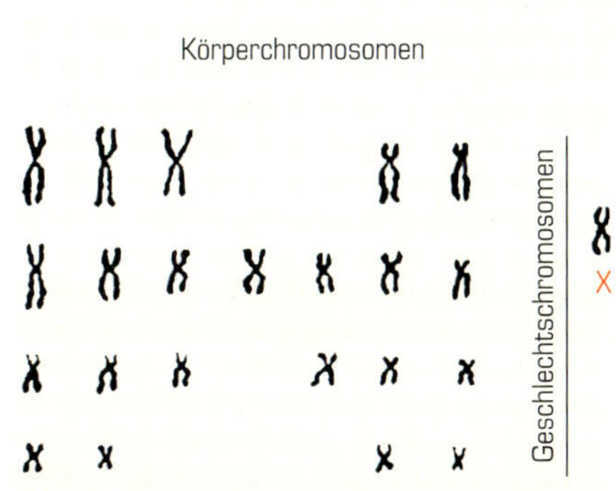

3 ▸ Einfacher Chromosomensatz einer menschlichen Eizelle (haploide Zelle)

Molekulare Grundlagen der Vererbung und Realisierung der Erbinformation

Stoffliche Zusammensetzung und Struktur der DNA

O. T. Avery (1877–1955)

Schon im Jahre 1869 wurde der Schweizer Mediziner **Friedrich Miescher** bei der Erforschung des Innenlebens der Zellen überraschenderweise zum Entdecker eines noch nie zuvor identifizierten Stoffes. In analysierten Zellkernen bemerkte er einen Niederschlag, der nicht aus Eiweißen (Proteinen) bestand.

Die gefundene Substanz enthielt in großen Mengen Phosphor. Dieses Element ist nicht am Aufbau der Eiweiße (Proteine) beteiligt. Er nannte den neu entdeckten Stoff **„Nuclein“** – abgeleitet von Nucleus, dem lateinischen Fachbegriff für Zellkern.

Chemische Analysen im 20. Jahrhundert zeigten, dass dieser Stoff **Phosphorsäure** enthält. Darüber hinaus konnten der **Einfachzucker Desoxyribose** (Zuckermolekül mit fünf Kohlenstoffatomen) sowie vier sogenannte **stickstoffhaltige organische Basen** nachgewiesen werden.

Daher nannte man diese Nucleinsäure **Desoxyribonucleinsäure** (deutsch: DNS; englisch: **DNA** von desoxyribonucleid acid). Die international übliche englische Abkürzung DNA ist im wissenschaftlichen Sprachgebrauch gebräuchlicher.

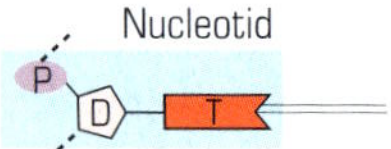

1 ▸ Nucleotid mit der Base Thymin

Als organische Basen findet man in der DNA Cytosin (C), Guanin (G), Thymin (T) und Adenin (A). Sie werden durch Symbole gekennzeichnet (Abb. 2).

Miescher vermutete, das Nuclein könnte ursächlich mit der Befruchtung zu tun haben, da er es in den Spermien verschiedener Wirbeltiere gefunden hatte. In der wissenschaftlichen Öffentlichkeit des 19. Jahrhunderts fanden seine Erklärungen jedoch keine Beachtung.

Die wahre Bedeutung seiner Entdeckung blieb so 70 Jahre lang verborgen, denn erst 1944 identifiziert der kanadische Bakteriologe **Oswald T. Avery** das Nuclein eindeutig als den Träger der Erbinformation.

> **Die Desoxyribonucleinsäuremoleküle (DNA) sind die Träger der Erbanlagen (Gene). Sie bestehen aus Zuckermolekülen (Desoxyribose), Phosphorsäureresten und den organischen Basen Adenin, Thymin, Guanin und Cytosin.**

Die Desoxyribonukleinsäure (DNA) ist je nach Umfang der abgespeicherten Information ein außerordentlich langes Molekül, das aus einer Kette von Einzelbausteinen aufgebaut ist. Die Einzelbausteine werden als **Nucleotide** bezeichnet (Abb. 1).

Jedes Nucleotid besteht aus einem Desoxyribose-Molekül, einem Phosphorsäurerest und einer der vier organischen stickstoffhaltigen Basen.

Über die Zucker- und Phosphatreste lassen sich die Nucleotide zu langen Strängen verknüpfen (Abb. 1, S. 31).

Phosphorsäurerest	Zucker	Organische stickstoffhaltige Basen			
		Thymin	Cytosin	Adenin	Guanin

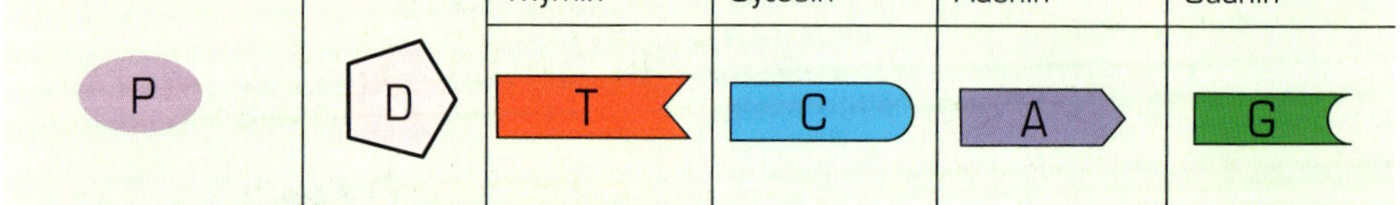

2 ▸ Grundbausteine der DNA

1

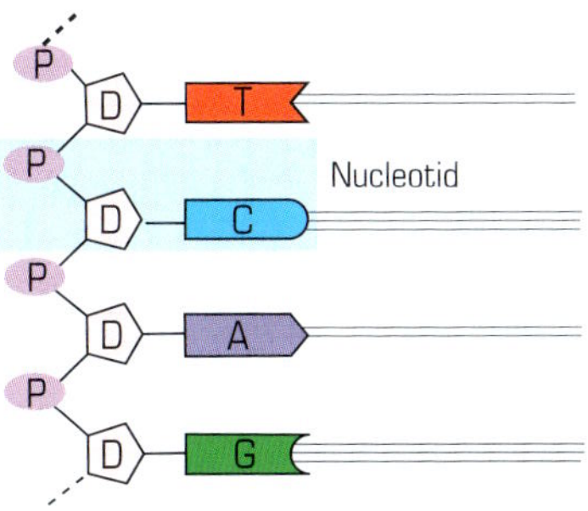

1 ▸ Verknüpfung der Nucleotide zu langen Strängen

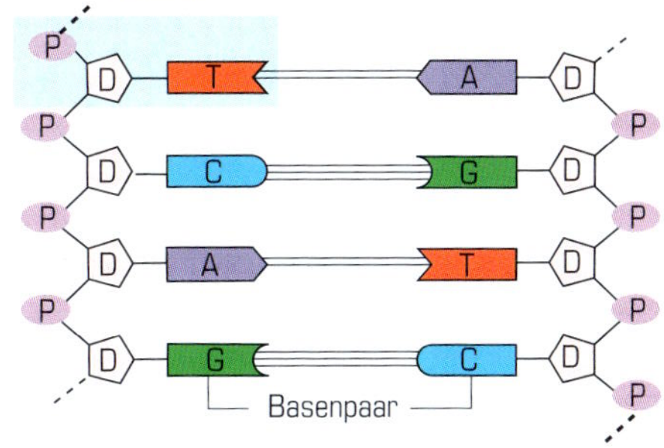

2 ▸ Struktur der DNA als Doppelstrang

Es gibt vier verschiedene Bausteine dieser Art, da es vier verschiedene organische Basen in der DNA gibt (Abb. 1, 2).

Am 25. April 1953 veröffentlichten die beiden Wissenschaftler **WATSON** und **CRICK** (s. S. 44) in der Zeitschrift Nature einen Artikel über die räumliche Anordnung der DNA-Grundbausteine innerhalb des Moleküls.

In die Wissenschaftsgeschichte ist diese Modellvorstellung unter dem Begriff **DNA-Doppelhelix** eingegangen (Abb. 3).

Modellhaft ist die räumliche Anordnung des DNA-Moleküls mit einer nach rechts verdrehten Strickleiter, Wendeltreppe oder Spirale vergleichbar. Die abwechselnd miteinander verknüpften Zucker- und Phosphatreste der Einzelstränge bilden die „Holme", während die nach innen gerichteten Basenpaare die Sprossen der „molekularen Strickleiter" verkörpern (Abb. 2, 3).

Eine Windung des DNA-Stranges wird von zehn Nucleotidpaaren gebildet. Durch Wasserstoffbrückenbindungen verknüpfen sich immer Cytosin und Guanin sowie Adenin und Thymin miteinander. Sie bilden so die „Sprossen" der Leiter.

Durch die Art und Weise, wie sich die Basen paaren, nämlich A mit T und C mit G, sind die beiden Einzelstrange der DNA nicht identisch, sondern komplementär. Das bedeutet, sie ergänzen sich wie Positiv und Negativ eines Bildes (Abb. 2, 3).

In der Mitte des gewundenen Doppelstranges der DNA befinden sich die beiden möglichen komplementären Basenpaare, das sind Cytosin-Guanin und Adenin-Thymin als „Sprossen" sowie jeweils außen die Zucker-Phosphat-„Holme" des DNA-Moleküls (Abb. 3).

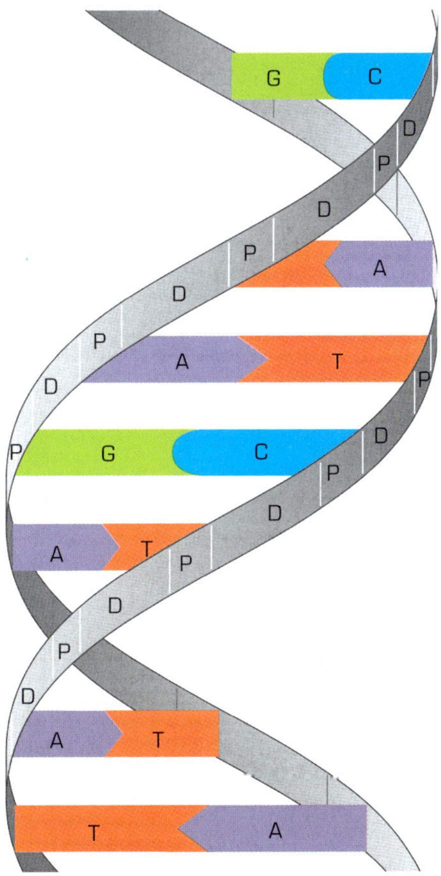

J. D. WATSON (1928 geb.)

F. H. C. CRICK (1916–2004)

3 ▸ DNA-Doppelhelix (WATSON-CRICK-Modell der DNA)

Der genetische „Fingerabdruck" basiert darauf, dass es bei allen Lebewesen individuelle Abweichungen der Basenabfolge gibt, die in allen Zellen zu finden sind.

Die Reihenfolge der vier Basen in den beiden DNA-Einzelsträngen ist in jedem DNA-Molekül spezifisch. Dies ist die sogenannte **Basensequenz.**

Die DNA-Moleküle z. B. einer menschlichen Zelle ergeben eine Länge von 2 Metern. Ihr Informationsgehalt entspricht etwa dem von 500 Büchern mit je 1 500 Seiten. Auf der DNA des Menschen sind etwa 32 000 Gene vorhanden.

Genauso wie die veränderte Abfolge von Buchstaben den Sinn ein Wortes verändert, z. B. Art/Rat, führt eine veränderte Abfolge der Basen zu einer anderen Information.

M **Die DNA hat die Struktur eines schraubig gewundenen Doppelstranges. Der Doppelstrang entsteht dadurch, dass sich die organischen Basen Adenin und Thymin sowie Guanin und Cytosin miteinander komplementär paaren.**

Die DNA muss als Träger der Erbinformation **zwei zentrale Funktionen** erfüllen:

- Bei einer Zellteilung muss die komplette Erbinformation an die entstehenden Tochterzellen weitergegeben werden. Die DNA muss kopierbar sein.
- Die DNA ist für die Ausbildung der art- und individuellspezifischen Merkmale verantwortlich.
  Das DNA-Molekül muss Informationen speichern können.

1 ▸ Aus Zellen isolierte DNA

Ribonucleinsäure (RNA) – eine weitere Nucleinsäure

Die Ribonucleinsäure (RNA) besteht aus dem Zuckermolekül Ribose (R), dem Phosphorsäurerest (P) und den organischen Basen (Adenin, Guanin, Cytosin und Uracil).

In der RNA ist also die Base Thymin durch Uracil (U) ersetzt.

Die RNA wird an der DNA im Zellkern gebildet. Sie besteht nur aus einem kurzkettigen Einzelstrang (Abb. 1). Sie befindet sich im Zellkern, im Zellplasma und in den Ribosomen. Die RNA erfüllt wichtige Aufgaben bei der Weitergabe der Erbinformation während der Bildung der Eiweiße (s. S. 36, 37).

Man unterscheidet bei den Ribonucleinsäuren drei funktionale Gruppen:

- **mRNA:** Diese Abkürzung steht für messenger-RNA, zu deutsch Boten-RNA. Die mRNAs haben die Aufgabe, Informationen aus dem Zellkern an die Ribosomen im Zellplasma zu übertragen (s. Eiweißsynthese, S. 40, 41).
- **tRNA:** Dies ist die Abkürzung für Transport-RNA. Diese Verbindungen sind in der Lage, Aminosäuren (Bausteine der Eiweiße) zu transportieren.
- **rRNA:** Es ist die Abkürzung für Ribosomen-RNA. Diese Nucleinsäuren sind am Aufbau der Ribosomen beteiligt.

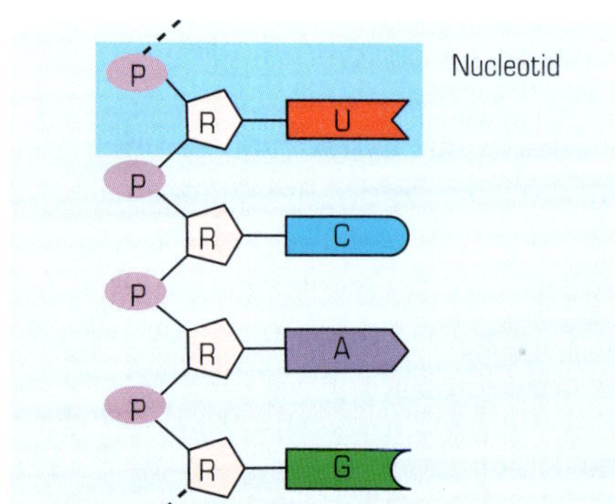

2 ▸ Struktur des Einzelstranges der RNA

Identische Replikation (Verdopplung) der DNA

Zellen sind in der Lage, die DNA identisch zu vervielfältigen. Dieser Prozess geht jeder Zellteilung voraus und wird als **identische Replikation** (Verdopplung) bezeichnet. Dabei kommt es darauf an, dass die beiden Duplikate Identität besitzen, denn nur so kann die Konstanz der Erbanlagen bei der Vererbung gewahrt werden.

Die DNA bringt aufgrund ihrer Doppelsträngigkeit ideale Voraussetzungen für eine identische Verdopplung mit.

Das spiralig gewundene DNA-Molekül wird durch Enzyme aufgedrillt. Die Bindungen zwischen den Basen werden aufgelöst. Dadurch weichen die Einzelstränge auseinander, ähnlich einem Reißverschluss. Es entsteht eine sogenannte **Replikationsgabel.** Auf diese Weise liegen mit den beiden Einzelsträngen **Matrizen** für eine Neusynthese von jeweils zwei neuen Doppelsträngen vor.

Im Zellkern wurden im Vorfeld unzählige Grundbausteine aufgebaut, sodass alle vier Nucleotidarten in ausreichendem Maße vorhanden sind. Diese werden unter der Wirkung von Enzymen nach dem Prinzip der **komplementären Basenpaarung** an der sich immer weiter öffnenden Replikationsgabel verbaut und anschließend über die Desoxyribosereste bzw. Phosphatreste verknüpft. Die Zelle erreicht dabei außerordentlich hohe Replikationsgeschwindigkeiten von über 105 Nucleotidpaaren pro Sekunde.

Logische Konsequenz dieses Mechanismus ist, dass die beiden neuen identischen DNA-Moleküle aus jeweils einem alten Matrizenstrang und einem neusynthetisierten Tochterstrang bestehen. Man bezeichnet diese Anordnung als semikonservativ, „halbalt".

1

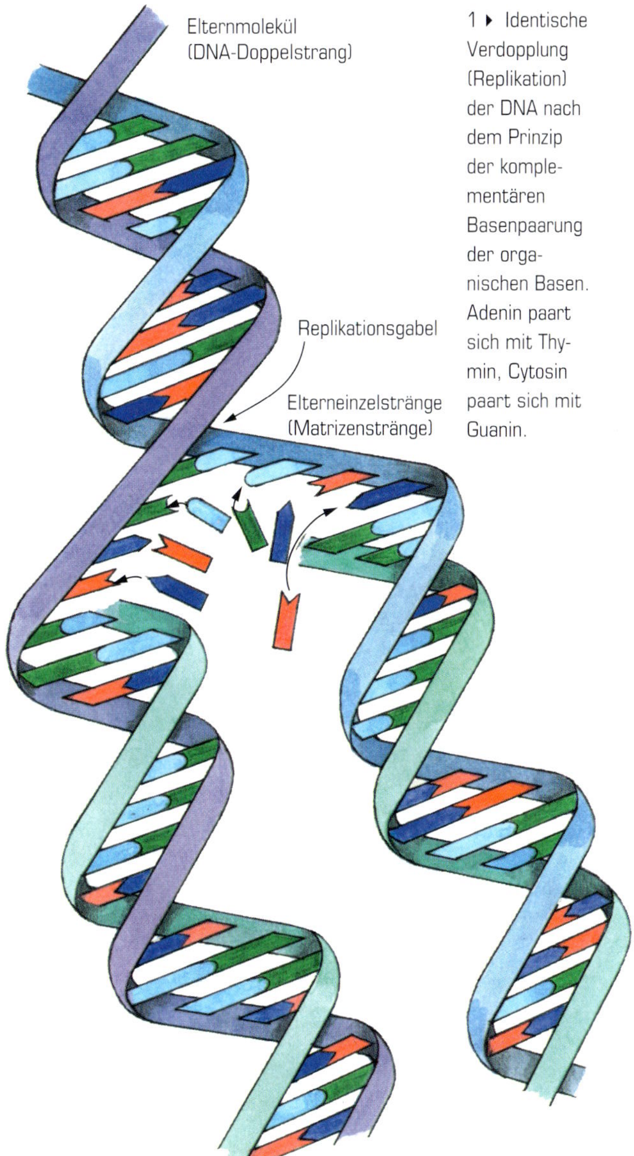

1 ▸ Identische Verdopplung (Replikation) der DNA nach dem Prinzip der komplementären Basenpaarung der organischen Basen. Adenin paart sich mit Thymin, Cytosin paart sich mit Guanin.

Die identische Replikation ist die Verdopplung der DNA. Dabei wird ein DNA-Doppelstrang in zwei Einzelstränge, die als Matrizen für die Bildung neuer Doppelstränge dienen, gespalten.
Die Einzelstränge werden durch Basenpaarung wieder zu identischen Doppelsträngen ergänzt.

Vom Gen zum Merkmal

Eiweiße sind eine Stoffgruppe, die der schwedische Chemiker Berzelius 1838 mit dem Begriff Protein bezeichnete.

Um die im DNA-Molekül in Form von Genen gespeicherte Information in körperliche Merkmale zu übersetzen, sind mehrere Zwischenschritte notwendig.

Die eigentlichen Merkmalsbildner sind **Eiweiße (Proteine)**. Abgeleitet von dem griechischen Wort proteuo = „ich nehme den ersten Platz ein“, wollte **Berzelius** damit die fundamentale Bedeutung dieser Verbindungsklasse für die Lebensprozesse dokumentieren.

Eiweiße sorgen z. B. als Struktur- oder Enzymeiweiße für die Ausbildung der Merkmale eines Organismus. Als **Struktureiweiße** sind sie z. B. am Aufbau von Haaren, Federn, Hörnern, Hufen, Sehnen, Muskelfasern, Blutzellen usw. beteiligt.

Als **Enzymeiweiße** steuern sie zahlreiche biochemische Prozesse. Soll beispielsweise das Merkmal blaue Blütenfarbe ausgebildet werden, so muss in den Zellen der Kronblätter ein blauer Farbstoff synthetisiert werden. Außerdem sind Eiweiße am Aufbau der Zellmembran beteiligt. Proteine sind also in außerordentlich vielfältiger Funktionalität an den Lebensvorgängen beteiligt (s. Tab.).

Chemisch gesehen sind sie Makromoleküle, in denen die Grundbausteine, die **Aminosäuren**, kettenförmig miteinander verknüpft sind. Proteine bestehen aus 20 verschiedenen Aminosäuren, die zu „Ketten“ von über 1 000 Bausteinen aufgebaut werden. Eines der größten menschlichen Proteine, *Titin*, ist aus über 3 000 Aminosäureresten zusammengesetzt.

Die Reihenfolge der Aminosäurereste innerhalb eines Proteinmoleküls definiert die Eigenschaften des Moleküls. Um Eiweiße mit einer entsprechenden biologischen Wirkung zu synthetisieren, ist es Grundbedingung, dass die 20 Aminosäuren in exakt definierter Reihenfolge verknüpft **(verschlüsselt)** werden.

Genau hier liegt die Aufgabe der DNA begründet. Die Gene des DNA-Moleküls liefern die Rezeptur für die Synthese artspezifischer Proteinmoleküle (s. S. 36).

Der amerikanische Wissenschaftler **M. W. Nirenberg** hatte maßgeblichen Anteil daran, den Zusammenhang zwischen dem Informationsspeicher DNA und dem Produkt, einem artspezifischen Protein, zu klären. Für die Identifizierung der Verschlüsselung genetischer Information wurde er 1968 mit dem Nobelpreis für Medizin und Physiologie geehrt.

Die Codierungsmethode der Natur ähnelt dem Morsealphabet oder der binären Computersprache, man spricht allgemein vom **genetischen Code.**

Einige Eiweiße und ihre Bedeutung

Eiweiße	Bedeutung
Actin und Myosin	Muskulatur
Hämoglobin	Blut
Collagen	Knochen, Knorpel
Keratin	Horn- und Haarsubstanz
Insulin	Hormon
Globulin	Antikörper

M

Eiweiße sind die Grundlage für die Ausbildung von Merkmalen. Sie sind durch die Reihenfolge ihrer Aminosäuren bestimmt, die wiederum durch die Basenreihenfolge des Gens auf der DNA bestimmt wird.

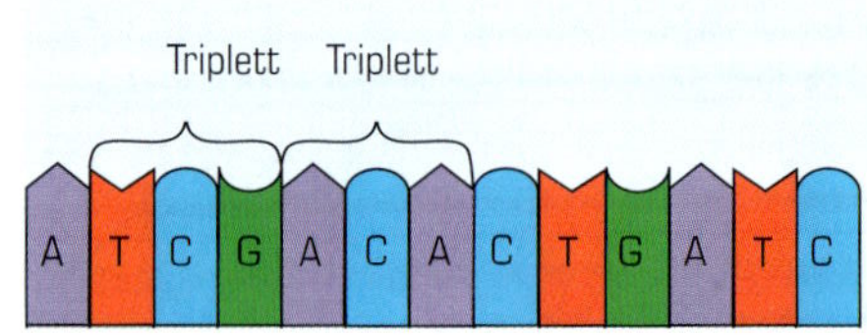

1 ▸ Jeweils drei aufeinanderfolgende organische Basen bilden am Einzelstrang der DNA ein Triplett (Codon, Basentriplett). Diese drei Basen verschlüsseln jeweils eine Aminosäure.

Der genetische Code

Da die Eiweiße aus 20 verschiedenen Aminosäuren bestehen, wären zur Verschlüsselung der Reihenfolge der Grundbausteine innerhalb der Proteinkette prinzipiell 20 „bits", also 20 informatorische Zeichen notwendig. Die DNA verfügt allerdings mit den Basen A, T, G, C nur über 4 verschlüsselnde Elemente. Die Natur löste dieses Problem, indem jeweils drei aufeinanderfolgende Basen der DNA zu einer Informationseinheit (**Triplett, Codon,** Abb. 2; Abb. 1, S. 34) zusammengefasst wurden. Aus der Kombination von 3 aus 4 Variablen resultieren $4^3 = 64$ Kodierungseinheiten. **Der genetische Code** ist ein **Triplettcode.** Jeder Kodierungseinheit ist genau eine Aminosäure zugeordnet (Abb. 1).

Die genetische Information für die bestimmte Aminosäurenfolge eines Eiweißes ist in der DNA bzw. RNA verschlüsselt.

Für einige Aminosäuren existieren mehrere Tripletts. *Leucin* und *Serin* werden zum Beispiel durch sechs verschiedene **Codons** - wie die Kodierungseinheiten auch bezeichnet werden - verschlüsselt. Auf diese Weise werden für die 20 Aminosäuren insgesamt 61 Codons genutzt. Nur drei Tripletts (UAA, UAG, UGA) kommt eine besondere Bedeutung zu. Sie sind „Satzzeichen" des genetischen Codes und signalisieren als **Stoppcodons** das Ende eines Proteins. AUG ist dagegen das **Startcodon** und definiert den Anfang eines Eiweißmoleküls (Abb. 1). Es verschlüsselt außerdem die Aminosäure *Methionin.*

Der genetische Code ist **universell,** d. h. vom kleinsten Mikroorganismus bis zum hochkomplexen Säugetier wird die genetische Information nach dem gleichen Prinzip verschlüsselt. Für die **Gentechnik** ist diese Eigenschaft außerordentlich interessant.

Gen

AUG AGC ACU .... CCU UGU UAA

Met Ser – Thr .... Pro – Cys Stopp
(Start)

Protein

1 ▸ Anfang und Ende eines Proteins

Denn so können zum Beispiel menschliche Gene in die DNA von Bakterienzellen transformiert werden, sodass diese humane Eiweiße produzieren. Wie zum Beispiel die Bildung des blutzuckersenkenden Hormons **Insulin,** das von Millionen Diabetikern weltweit als Medikament benötigt wird (s. S. 82).

Der genetische Code ist die Verschlüsselungsvorschrift, mit der Basentripletts (Codone) Aminosäuren zugeordnet werden. Auf seiner Grundlage werden DNA-Nucleotidsequenzen in Aminosäuresequenzen übersetzt.

Beispiel:

Triplett UGG
↓
Aminosäure
Trp = Tryptophan

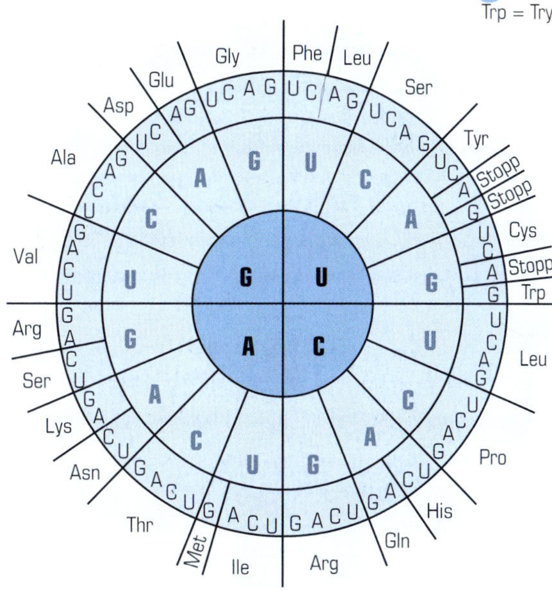

2 ▸ Die Code-„Sonne" zeigt die Verschlüsselung der 20 Aminosäuren durch die entsprechenden Nucleotid-Tripletts der RNA. Sie muss von innen nach außen gelesen werden.

Prinzip der Proteinbiosynthese (Eiweißsynthese) und ihre Bedeutung für die Merkmalsausbildung

Die „Rezeptur“ für die Ausbildung der artspezifischen Proteine ist in der DNA des Chromatins im Zellkern gespeichert. Die Synthese der Eiweißmoleküle findet dagegen an den Ribosomen im Cytoplasma statt. Da die DNA den Zellkern nicht verlassen kann und soll, müssen „Botschafter“ die Information vom Ort der Speicherung (DNA im Zellkern) zum Produktionsort der Eiweiße (Ribosomen) transportieren. Diese Aufgabe übernimmt die mRNA.

Der erste Schritt der Proteinbiosynthese ist also die **Umschreibung** (lat. **„transcriptio“**) der genetischen Information der DNA in eine mRNA (Abb. 1).

Bei Bedarf eines speziellen Proteins wird die DNA am Beginn des entsprechenden Gens - ähnlich wie bei der Replikation - enzymatisch in die Einzelstränge aufgeweitet. Nach dem Prinzip der komplementären Basenpaarung werden Nucleotide - beginnend mit dem Start-Triplett - an einem der beiden DNA-Stränge angelagert. Diese Umschreibung hält so lange an, bis ein Stopp-Triplett den Abbruch der **Transkription** signalisiert.

Das Ergebnis ist ein mRNA-Molekül mit der Abschrift eines Gens, das eine Syntheseanweisung für den Aufbau eines speziellen Eiweißmoleküls darstellt. Die DNA im Zellkern liegt danach unverändert vor.

Nach dem Verlassen der mRNA über die Kernporen (Abb. 2) steht der zweite Schritt der Eiweißsynthese bevor, die **Übersetzung (Translation)** der Information der mRNA in Proteine (Eiweiße) an den Ribosomen (Abb. 3, 4, S. 37). Dabei gibt die Abfolge der Tripletts vor, in welcher Reihenfolge die Ribosomen die eiweißbildenden Aminosäuren verknüpfen sollen.

Das Ribosom sichert mit seiner kleinen Untereinheit das Einfädeln und Binden der mRNA. Über die große Untereinheit des Ribosoms wird durch Enzyme die Ausbildung der Peptidbindungen für die Bildung der Eiweiße katalysiert.

Mit der mRNA liegt die Rezeptur für die Bildung des Proteins vor. Die Ribosomen übernehmen die Funktion des Übersetzers, indem sie die Sprache der RNA (Abfolge der Nucleotide) in die Sprache der Eiweiße (Reihenfolge der Aminosäuren) übersetzen.

Neben dem Vorhandensein von mRNA und Ribosomen ist die **Bereitstellung der Grundbausteine der Eiweiße,** der Aminosäuren, die dritte wichtige Voraussetzung für die Proteinbiosynthese. Diesen Transport zu den Ribosomen übernehmen die **tRNA.** Sie sind die kleinsten Nucleinsäuren.

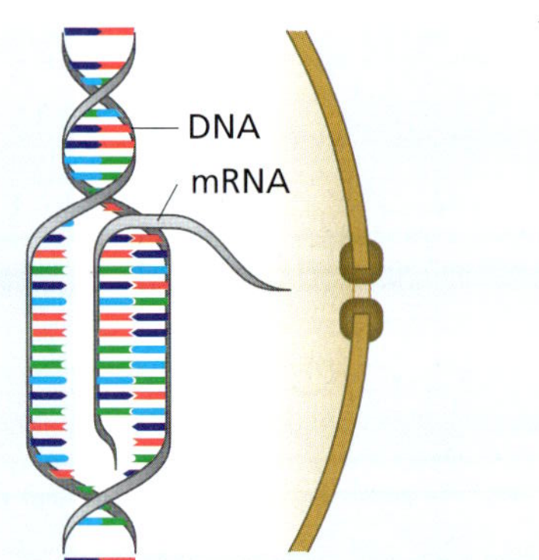

1 ▸ Umschreibung der Erbinformation im Zellkern (Transkription)

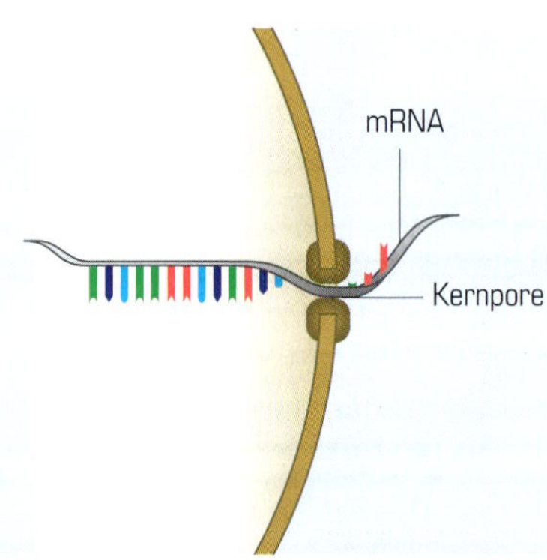

2 ▸ Wanderung der mRNA aus dem Zellkern zum Ribosom

Am Aufbau sind rund 80 Nucleotide beteiligt. Jede tRNA kann nur eine bestimmte Aminosäure transportieren. Die tRNAs besitzen sogenannte **Anticodone.** Das sind Tripletts der tRNA, die sich komplementär zu einem Codon auf der mRNA verhalten (Abb. 3). Der **Ablauf der Translation** erfolgt in mehreren Schritten:

- Ribosom rastert mit der Startregion beginnend Triplett für Triplett die mRNA entlang
- erste tRNA lagert sich komplementär mit ihrem Anticodon an das Codon der mRNA
- zweite beladene tRNA lagert sich im Ribosomeneingang an
- die beiden direkt benachbarten Aminosäuren werden mit einer Peptidbindung verknüpft und sind jetzt an der zweiten tRNA gebunden
- erste tRNA wird am Ribosomenausgang unbeladen abgespalten
- Ribosom rastert ein Triplett auf der mRNA weiter, es kann eine weitere tRNA mit Aminosäure gebunden werden
- Vorgang wiederholt sich, bis im Ribosomeneingang ein Stoppcodon erscheint, Abschluss der Eiweißsynthese (Abb. 4)

Als **Ergebnis** liegt ein Proteinmolekül (Eiweißmolekül) mit spezifischer Abfolge der Aminosäurereste vor. Dieses Produkt kann nun bedarfsgerecht seine spezifische Funktion im Zellstoffwechsel bzw. bei der Merkmalsausprägung ausüben.

Essentielle Aminosäuren

Von den 20 Aminosäuren kann der Mensch acht nicht selbst herstellen.
Man bezeichnet sie als essentielle Aminosäuren, denn sie müssen mit der Nahrung aufgenommen werden.

Essentielle Aminosäuren	Abkürzung
Methionin	Met
Leucin	Leu
Isoleucin	Ile
Phenylalanin	Phe
Tryptophan	Trp
Threonin	Thr
Lysin	Lys
Valin	Val

Vor allem *Lysin* und *Methionin* gelten als Ursache für Mangelerscheinungen.
Beim Fehlen einer Aminosäure würde die Synthese eines Proteins (Eiweißes) vorzeitig abbrechen, der nicht besetzte Ribosomeneingang hat die Wirkung eines Stoppcodons.
Dadurch werden nur unvollständige Eiweiße gebildet.

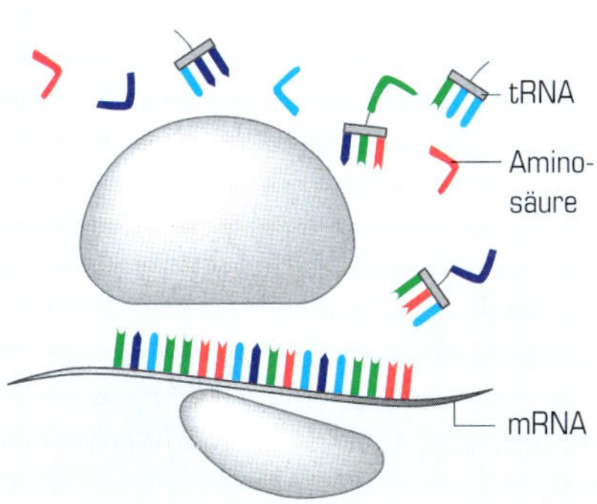

3 ▸ Übersetzung der Erbinformation am Ribosom (Translation)

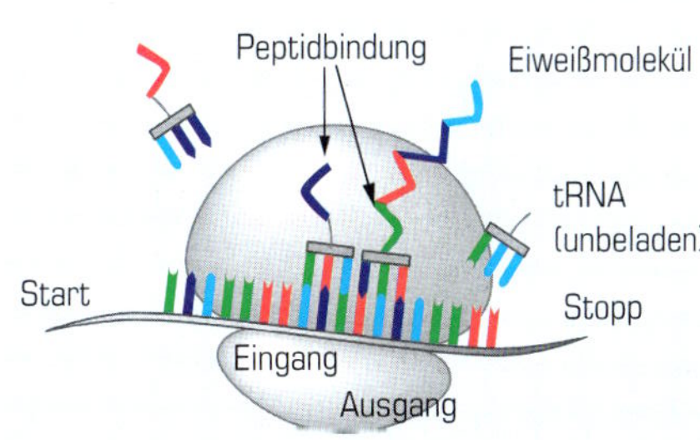

4 ▸ Ablauf der Translation an den Untereinheiten des Ribosoms

Weitergabe der Erbinformation

Zellen entstehen nur aus Zellen. Bevor es zu einer Zellteilung kommt, findet im Vorfeld die Kernteilung statt. Damit wird die Erbsubstanz einer Mutterzelle auf die Tochterzellen vererbt.

Weitergabe der Erbinformation bei der Bildung von Körperzellen durch Mitose

Dieser Kernteilungsprozess führt zur **Bildung aller Körperzellen.** Die Mitose sichert ab, dass die beiden Tochterzellen genetische Identität untereinander und zu ihrer Mutterzelle haben.

Um dies erreichen zu können, müssen zwei Voraussetzungen erfüllt sein:

- die identische Replikation der DNA (s. S. 33) im Vorfeld der Teilung und
- der Übergang des genetischen Materials in die Transportform (Chromosomen).

In der folgenden Mitose kommt es dann darauf an, die identischen Chromatide jedes Chromosoms auf die Tochterzellen zu verteilen.

Zentrale Bedeutung hat während des Verteilungsmechanismus der Spindelapparat. Er besteht aus kontraktionsfähigen Eiweißfäden, den Spindelfasern, die am Centromer der Chromosomen ansetzen.

Den **Verlauf der Mitose** untergliedert man in vier Phasen (Abb. 1).

1 ▸ Phasen der Kernteilung bei Körperzellen durch Mitose

1. Prophase
- Chromosomen werden lichtmikroskopisch sichtbar
- Ausbildung des Spindelapparates
- Auflösung der Kernmembran

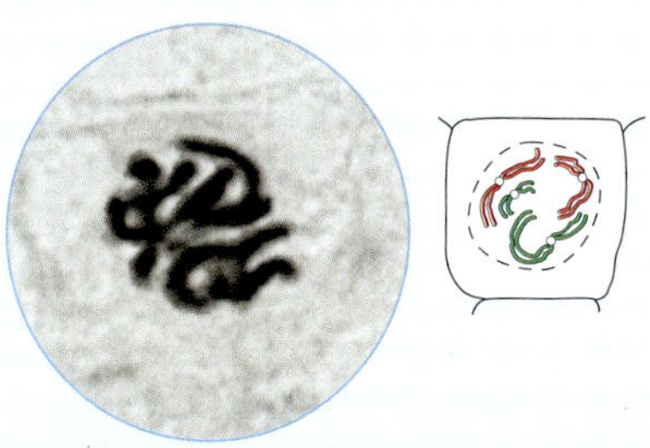

2. Metaphase
- komprimierteste Form des Erbmaterials („Metaphasechromosomen")
- Ausrichtung der Chromosomen in der Äquatorialebene
- jedes Chromosom wird am Centromer durch Spindelfasern vom „Zellnordpol" und „Zellsüdpol" erfasst

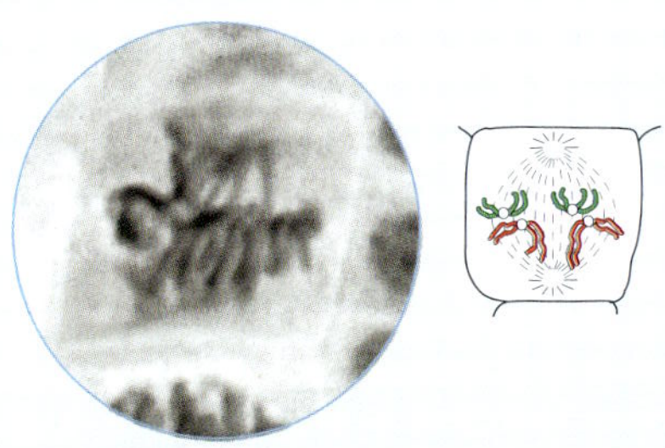

3. Anaphase
- Kontraktion (Verkürzung) der Spindelfasern
- Chromosomen trennen sich in je 2 Chromatiden
- Chromatiden werden auf die Zellpole verteilt
- an jeden Pol befindet sich ein Satz Einchromatid-Chromosomen

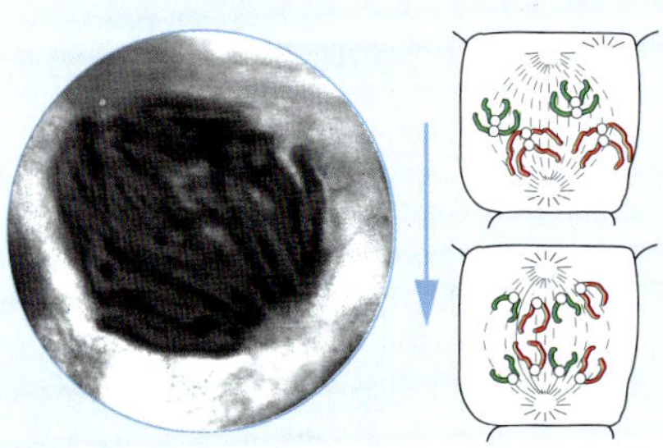

4. Telophase
- Auflösung des Spindelapparates
- Bildung neuer Kernmembranen
- Entspiralisierung des genetischen Materials zum Chromat
- Bildung von 2 identischen Tochterkernen
- Beginn der Zellteilung

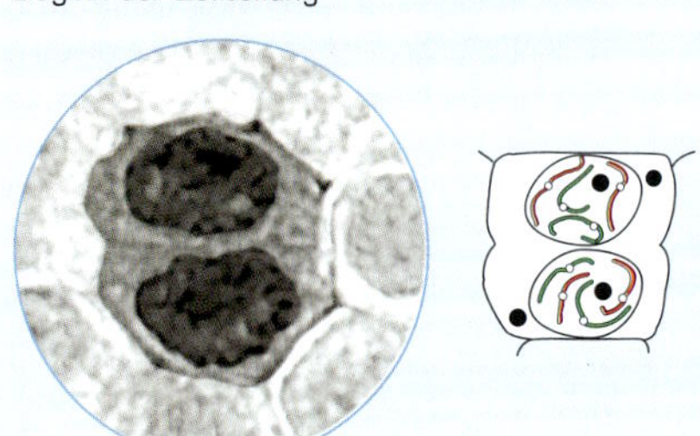

Die Zeitdauer der **Mitose** ist artspezifisch und reicht von wenigen Minuten bei Insektenarten bis zu einer Stunde bei menschlichen Zellen.

Im Anschluss an die Mitose erfolgt die **Teilung der Mutterzelle** (Abb. 2).

Bei der mitotischen Kernteilung und anschließenden Zellteilung der Körperzellen gehen aus einer Mutterzelle zwei genetisch gleiche Tochterzellen hervor.

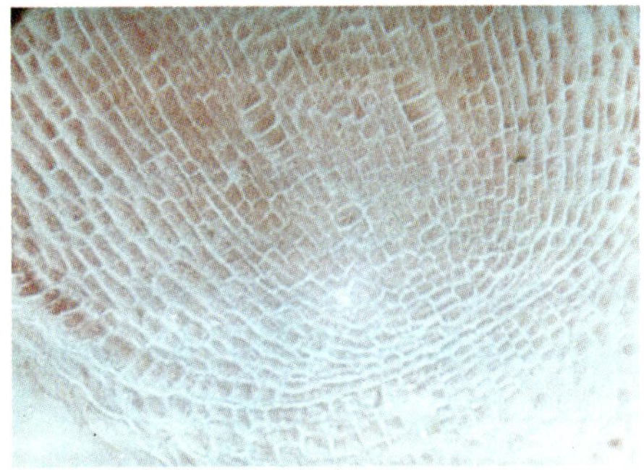

1 ▸ Eine der wachstumsintensivsten Zonen einer Pflanze ist die Wurzelspitze (mitotische Zellteilung von Bildungsgewebszellen).

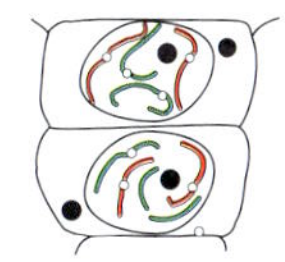

2 ▸ Teilung der Mutterzelle

Die mitotische Kernteilung hat eine **vielfältige Bedeutung für die Organismen.**

Es ist die einzige Möglichkeit, die Zellzahl zu erhöhen und damit die *Grundlage für Wachstum und Entwicklung* eines mehrzelligen Organismus zu schaffen (Abb. 1, 3).

Alle etwa 10^{16} Zellen eines menschlichen Individuums beispielsweise besitzen das gleiche Erbgut in ihren Zellkernen, denn sie sind letztendlich alle über mitotische Kernteilungen aus der befruchteten Eizelle, der Zygote, hervorgegangen.

Interessant sind aber auch die **wirtschaftlichen Anwendungsformen.**

Sowohl in der *Land- und Forstwirtschaft* als auch in der *gärtnerischen Produktion* sowie der *Biotechnologie* haben sich Verfahren etabliert, die sich das natürliche Potenzial der ungeschlechtlichen Fortpflanzung zunutze machen. Auf diese Weise werden erbgleiche Individuen erzeugt.

Man bezeichnet diese Vorgehensweise als **Klonen** (Klonieren). Die Nachkommen bilden einen **Klon.**

Beispielsweise sind die aus einer Knolle hervorgegangenen *Kartoffelpflanzen* und Knollen genetisch gleich (Abb. 1, S. 40). Sie bilden mit der Ausgangspflanze einen Klon.

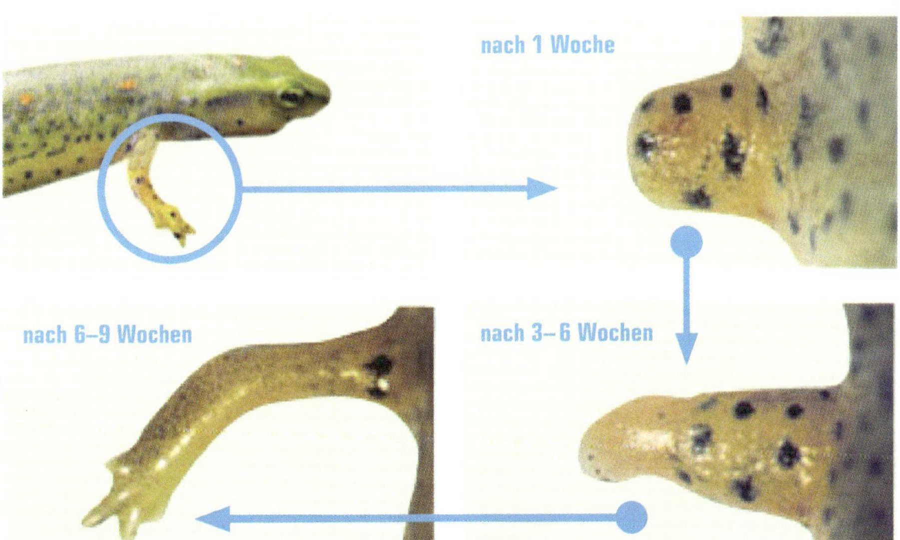

3 ▸ Viele Organismen, z. B. das abgebildete Amphibium, besitzen die Fähigkeit, verloren gegangene Körperteile zu regenerieren.

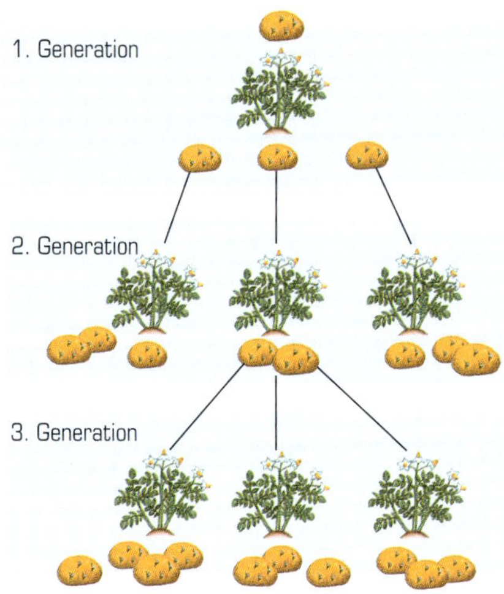

1 ▸ Ungeschlechtliche Fortpflanzung: Kartoffeln können über ihre Sprossknollen ungeschlechtlich vermehrt werden (identische Nachkommen, Klon).

Das Gleiche trifft für alle *Erdbeerpflanzen* zu, die durch Ausläufer von einer Pflanze entstanden sind. Auch sie sind erbgleich.

Das Ziel des Klones besteht darin, Nachkommen mit gleichen Leistungsvoraussetzungen zu erhalten.

Zum Klonen von Pflanzen können größere Pflanzenteile in die Erde gebracht werden. Sie bilden Wurzeln und entwickeln sich zu neuen Pflanzen, z. B. *Stecklinge* bei Weiden, *Brutknospen* beim Brutblatt, *Sprossknollen* bei Kartoffeln, *Brutzwiebeln* beim Knoblauch.

Man kann aber auch aus Pflanzengewebe oder einzelnen Zellen vollständige Nachkommen heranziehen. Diese durch **Zellkulturtechnik** bewirkte Vermehrung von Pflanzen verläuft unabhängig von Witterungseinflüssen und ist den herkömmlichen Verfahren durch wesentlich höhere Vermehrungsraten weit überlegen (Abb. 2).

Die Weitergabe der Erbinformation bei der Kern- und Zellteilung von Körperzellen durch Mitose ist Voraussetzung für das Wachstum der Organismen. Durch sie können Zellen bzw. Teile eines Organismus erneuert werden.

Zellkulturen sind ein wichtiges Instrument der Gentechnologie. Durch isolierte Zellen, wie sie in Zellkulturen vermehrt werden, kann Fremd-DNA eingefügt werden. Die Informationen der neuen DNA werden dann umgesetzt (s. S. 81).

2 ▸ Durch Zellkulturtechnik können aus einzelnen Bildungsgewebszellen komplett identische Nachkommen herangezogen werden.

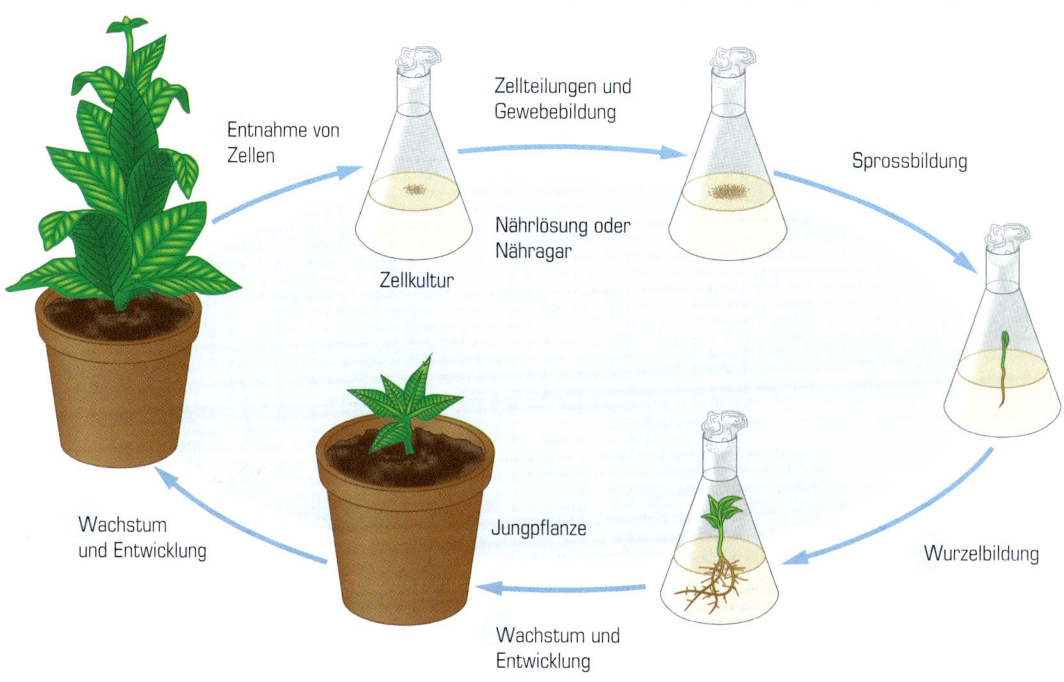

Erschließungsfeld

Information

Je näher Organismen miteinander verwandt sind, desto ähnlicher sind sie sich in ihren Merkmalen. Die charakteristischen Merkmale der verschiedenen Organismusgruppen sind erblich fixiert.
Die Ähnlichkeit der Organismen kommt durch die mehr oder weniger unveränderte **Weitergabe der Erbinformationen (Vererbung)** von den Eltern auf die Nachkommen zustande.
Die Gesamtheit der in den Genen verschlüsselten Anlagen wird als **Genotyp** und das äußere Erscheinungsbild eines Organismus als **Phänotyp** definiert.
Früher glaubte man, dass bei Lebewesen Merkmale von den Eltern auf die Nachkommen „vererbt" werden. Das müsste zu einer Kontinuität, einer Unveränderlichkeit der Merkmale führen, die aber nicht existiert. Deshalb unterscheidet man zwischen den Erbanlagen (Genen) und den ausgebildeten Merkmalen.
Dieser Wechselwirkung zwischen Genen und Merkmalen hat RICHARD DAWKINS die Metapher des Kuchenrezepts gleichgesetzt. Darin macht er deutlich, dass ein Rezept nie identisch ist mit einem Kuchen, der aus dem Ofen kommt. Das Rezept liefert nur die Anleitung, den Plan für den fertigen Kuchen.

1. *Ordne den Phasen „Vom Rezept zum Kuchen" die entsprechenden Phasen „Vom Gen zum Merkmal" zu. Verwende dazu folgende Sachverhalte: genetische Vielfalt (Variabilität), Mutation, Vererbung (Weitergabe der genetischen Information), Organismus, Genotyp (Gesamtheit der in den Genen verschlüsselten Anlagen), Phänotyp (äußeres Erscheinungsbild), Realisierung der Erbinformation während der Individualentwicklung*

	Vom Rezept zum Kuchen	Vom Gen zum Merkmal
1	Überlieferung/Weitergabe von Rezepten	
2	Rezeptur	
3	Zugeben von Zutaten, Rühren, Kneten und Backen	
4	Ersetzen der Zutaten und Mengen und Verändern von Abläufen	
5	Unterschiedliche Rezepte	
6	Endprodukt: Kuchen	
7	Merkmale und Eigenschaften des Kuchens (Aussehen, Geschmack, Konsistenz)	

M

Die Variabilität der Organismen beruht auf Veränderungen in der Erbinformation (Mutation) und auf durch Umweltfaktoren bedingte Veränderungen des Erscheinungsbildes während der Individualentwicklung (Modifikation).

Weitergabe der Erbinformation bei der Bildung von Keimzellen (Meiose)

Meiose
gr. Meiono = vermindern, verkleinern

Bei der **Meiose** handelt es sich um eine besondere Form der Kernteilung, die ausschließlich in den Keimdrüsen stattfindet. Ziel dieses Prozesses ist es, den diploiden Chromosomensatz auf den haploiden Chromosomensatz zu reduzieren. Die Meiose schafft damit die Voraussetzungen für die geschlechtliche Fortpflanzung.

Es werden befruchtungsfähige weibliche und männliche Keimzellen (Gameten) gebildet. Ohne Reduktion der Chromosomenzahl würde sich die artspezifische Chromosomenanzahl (s. S. 27) bei jedem Befruchtungsereignis verdoppeln.

Aus der befruchteten Eizelle (Zygote) entwickelt sich ein neues Lebewesen (Abb. 1). Würden die Zellkerne von Ei- und Samenzelle auch die Chromosomenzahl der Eltern besitzen, enthielten die Körperzellen des neuen Lebewesens doppelt so viele Chromosomen wie die der Eltern, z. B. beim *Menschen* 92, bei der *Kartoffelpflanze* 96 (s. S. 27).

Die Anzahl der Chromosomen würde von Generation zu Generation in den Zellen steigen. Sie bleibt aber bei Individuen einer Art gleich, d. h. konstant.

Es muss also während der geschlechtlichen Fortpflanzung bei der Bildung von Geschlechtszellen (Ei- und Samenzellen) die Anzahl der Chromosomen, der Chromosomensatz, halbiert worden sein. Man sagt auch, die **Chromosomensätze werden reduziert.**

Im Gegensatz zur Mitose umfasst die meiotische Kernteilung und anschließende Zellteilung zwei Teilungsschritte, sodass aus einer diploiden Mutterzelle vier haploide Tochterzellen entstehen. Bei der **ersten meiotischen Teilung** (Reduktionsteilung oder 1. Reifeteilung) wird die Chromosomenzahl halbiert. Die **zweite meiotische Teilung** (Äquationsteilung oder 2. Reifeteilung) kann als normale Mitose betrachtet werden (Abb. 1, S. 43).

M

Die Meiose ist die Form der Kernteilung, bei der aus einer Mutterzelle mit doppeltem Chromosomensatz vier Tochterzellen mit einfachem Chromosomensatz entstehen.
Meiotische Teilungen finden bei der Bildung von Geschlechtszellen statt. Durch die Meiose wird die artspezifische Chromosomenzahl bei der geschlechtlichen Fortpflanzung erhalten.

haploide Phase

diploide Phase

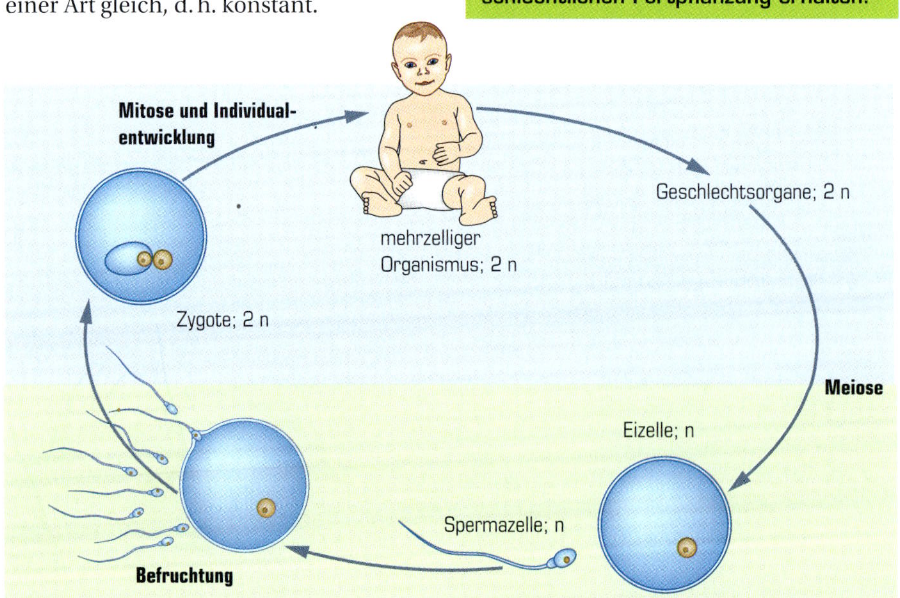

1 ▸ Diploide und haploide Phase in der Entwicklung eines Lebewesens

1

Die entstandenen vier Tochterzellen (Geschlechtszellen) sind nicht erbgleich, weil väterliches und mütterliches Erbgut neu geordnet und kombiniert wird.

Es ist zufällig, welche vom Vater und welche von der Mutter stammenden Chromosomen auf die vier Tochterzellen verteilt werden (Abb. 1).

Für die Bildung menschlicher Ei- bzw. Spermazellen existieren prinzipiell $2^{23} = 8\,388\,608$ Kombinationsmöglichkeiten der Chromosomen.

Darüber hinaus kommt es während der Meiose durch den Austausch homologer Bruchstücke (Crossing over) zwischen den ehemals mütterlichen und väterlichen Chromosomen zur Entstehung neuer Genkombinationen (s. S. 21, 93) und damit zu Organismen mit neuen Merkmalen.

Daher ist es fast ausgeschlossen, dass zwei Samenzellen bzw. zwei Eizellen die gleiche Kombination der Chromosomen und damit der Gene und deren Erbinformation aufweisen.

Die Meiose ist eine **Quelle der Variabilität** der Organismen. Im Beispiel (Abb. 1) sind bei nur zwei homologen Chromosomenpaaren vier verschiedene Keimzellen entstanden.

Ausgangsstadium
Mutterzelle mit zwei homologen Chromosomenpaaren (diploider Chromosomensatz)

- väterliches Erbgut
- mütterliches Erbgut

1. Reifeteilung (Reduktionsteilung)
- Reduktion der Chromosomenzahl
- Trennung der homologen Chromosomenpaare
- die ehemals mütterlichen und väterlichen Chromosomen werden auf die Tochterzellen zufallsverteilt
- 2 Tochterzellen mit einfachem (haploidem) Chromosomensatz

2. Reifeteilung (Äquationsteilung)
- Teilung der Chromosomen in Chromatiden
- Aufteilung der Chromatiden wie bei der mitotischen Kernteilung

Ergebnis
4 Geschlechtszellen mit halber Chromosomenzahl

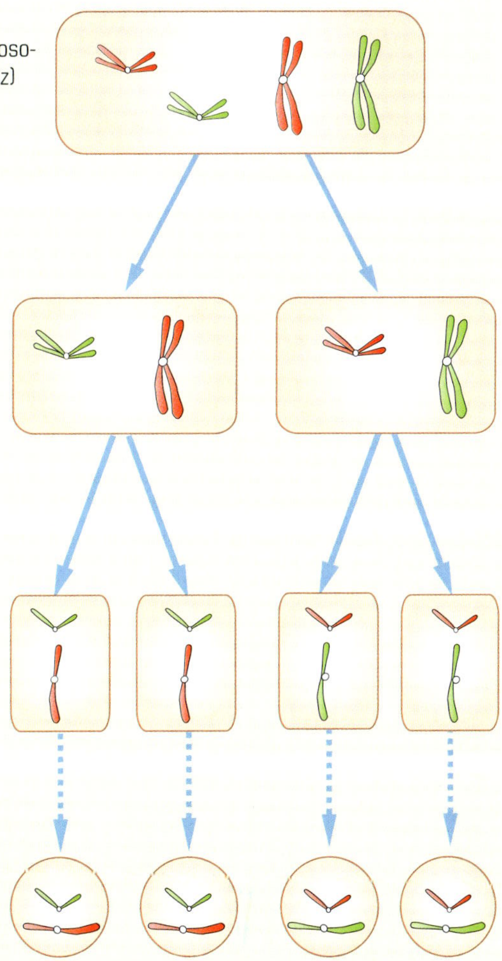

1 ▸ Eine Möglichkeit der Verteilung der Chromosomen bei der Bildung von Geschlechtszellen durch Meiose (dargestellt an zwei homologen Chromosomenpaaren)

Wissenschaftler, die sich mit genetischen Problemen beschäftigten

Bereits im Jahre 1910 entdeckte der amerikanische Zoologe und Genetiker **THOMAS HUNT MORGAN** (1866-1944, Abb. 1) die grundlegende Strukur der Chromosomen. Seine Kreuzungsversuche mit der Fruchtfliege *Drosophila melanogaster* offenbarten weitreichende Erkenntnisse über die Art und Weise der Speicherung von Erbinformationen. Er gilt noch heute als einer der **Begründer der Chromosomentheorie der Vererbung.** Er erhielt im Jahre 1933 als erster Genetiker den Nobelpreis für Physiologie und Medizin.

JAMES DEWEY WATSON (s. S. 31, Abb. 4) wurde am 6. April 1928 in Chicago geboren. Er studierte Zoologie und promovierte mit 22 Jahren über den Einfluss von Röntgenstrahlen auf die Vermehrung von Phagen. Er arbeitete ab 1951 in Cambridge auf dem Gebiet der Röntgenkristallografie, um die räumliche Struktur der DNA aufzuklären. Dabei wird ein DNA-Doppelstrang in zwei Einzelstränge gespalten. Diese dienen als Matrizen für neue Doppelstränge.

FRANCIS HARRY COMPTON CRICK (s. S. 31, Abb. 5) wurde am 9. Juni 1916 in Northampton geboren. Er studierte Naturwissenschaften, Physik und Biophysik. Er arbeitete in Cambridge im gleichen Labor wie *WATSON* auf dem Gebiet der Röntgenkristallografie.. *CRICK* starb am 29. Juli 2004 in San Diego, USA. Die gemeinsamen Untersuchungen von *WATSON* und *CRICK* führten zu einem bahnbrechenden Ergebnis. Sie formulierten 1953 anhand eines räumlichen Modells ihre Hypothese von der molekularen Struktur der DNA und stellten die DNA-Doppelhelix vor.

MAURICE HUGH FREDERIK WILKINS (geb. 15. Dezember 1916 in Pongaroa, Neuseeland, gest. am 5. Oktober 2004 in London, Abb. 2) studierte Physik in Cambridge und erhielt 1940 seinen Doktortitel. Nach dem Krieg begann er mit Forschungsarbeiten am King's College in London auf biophysikalischem Gebiet, z. B. untersuchte er den Aufbau von Biomolekülen (Purine, Nucleinsäuren).

Gemeinsam mit **ROSALIND ELSIE FRANKLIN** (geb. am 25. Juli 1920 in London, gest. am 16. April 1985 in London, Abb. 3), die Biochemikerin und Spezialistin für die Röntgenstrukturanalyse war, beschäftigte sich *WILKINS* mit der Röntgenbeugungsspektroskopie. Die Röntgenbeugungsdiagramme der DNA und deren mathematische Analyse von *FRANKLIN* waren die Grundlage für die Aufklärung der Doppelhelixstruktur der DNA. Die Arbeiten von *WILKINS* und *FRANKLIN* bestätigten die Hypothese von *WATSON* und *CRICK* zur Doppelhelixstruktur der DNA.

Da der Nobelpreis nur an lebende Personen verliehen wird, erhielten 1962 nur *WATSON*, *CRICK* und *WILKINS* für ihre außergewöhnlichen Leistungen den Nobelpreis für Physiologie und Medizin.

THOMAS HUNT MORGAN (1866–1944)

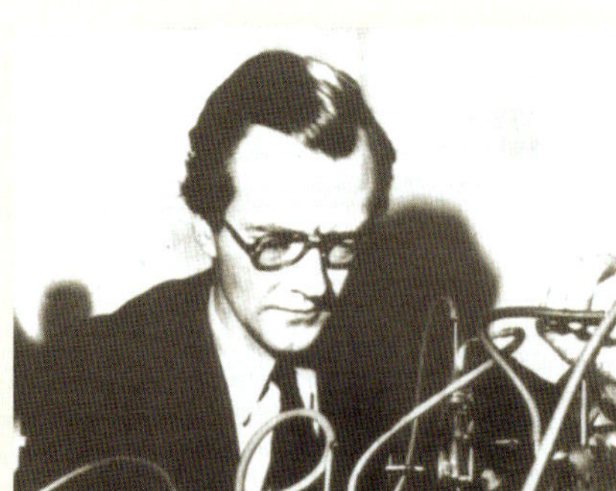

M. H. F. WILKINS (1916–2004)

1

Erschließungsfeld

Anwendung der Erschließungsfelder Struktur und Funktion sowie Information auf die zellulären und molekularen Grundlagen der Genetik

Im Jahre 1903 stellten **Sutton** und **Boveri** unabhängig voneinander die **Chromosomentheorie der Vererbung** auf.
Seither gelten die Chromosomen als die Träger der Erbanlagen. Mit der Unterscheidung von Genotyp und Phänotyp bzw. Genen und Merkmalen reduziert sich die Vererbung auf eine spezifische Informationsweitergabe. Dabei stellen die Nucleinsäuren (DNA und RNA) die informationstragenden Einheiten dar (Abb. 1). Die Nucleinsäuren besitzen zwei wesentliche Bedeutungen:

- Steuerung aller Lebensprozesse in der Zelle durch die Proteinbiosynthese (Eiweißsynthese).
- Weitergabe der Information (Vererbung) über die Mitose, die Meiose bzw. die geschlechtliche Fortpflanzung.

Erst in der komplexen Wechselwirkung zwischen Erbanlagen und Umwelteinflüssen entstehen dann die oft deutlich zwischen den Individuen variierenden Merkmale.

1. *Kennzeichne folgende Aussagen als richtig oder falsch:*
   a) *Der Chromosomensatz gibt die Anzahl der Chromosomen eines Organismus an.*
   b) *Der Chromosomenbestand gibt die Anzahl der Chromosomen eines Zellkerns an.*
   c) *In Keimzellen kommen diploide Chromosomensätze vor.*
   d) *In Körperzellen kommen diploide Chromosomensätze vor.*
   e) *In Keimzellen kommen haploide Chromosomensätze vor.*
   f) *In diploiden Chromosomensätzen gibt es homologe Chromosomenpaare.*
   g) *Die Geschlechtschromosomen (Gonosomen) kommen nur in männlichen Körperzellen als homologe Chromosomenpaare vor.*
   h) *Homologe Chromosomen sind gleich in Form, Lage des Centromers und Informationsgehalt, wobei die Allele unterschiedlich sein können.*

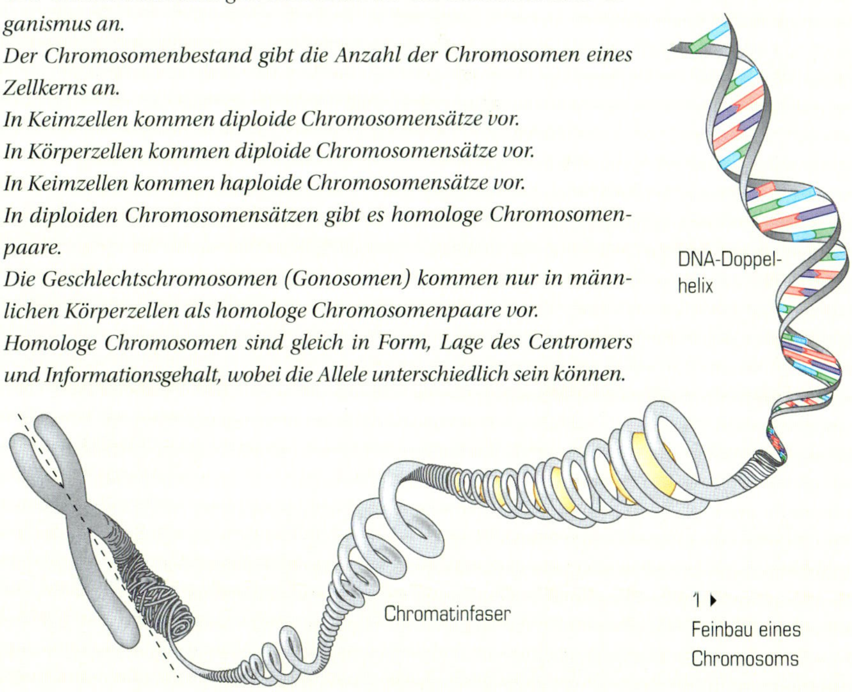

1 ▸ Feinbau eines Chromosoms

Erschließungsfeld

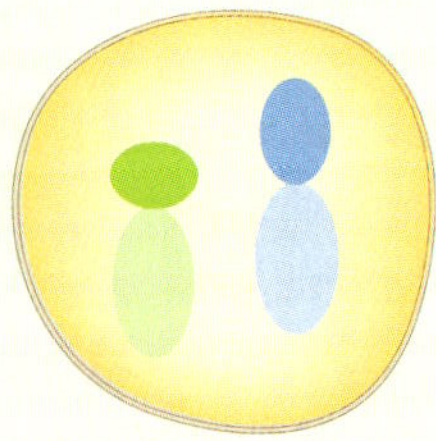

2. *Die nebenstehende schematische Darstellung verdeutlicht den Chromosomenbestand einer Tierzelle mit n = 2.*
   a) *Erläutere die Bedeutung der Symbolik.*
   b) *Stelle schematisch den Chromosomenbestand dieser Zelle für 2n = 4 dar.*
   c) *Fertige eine beschriftete schematische Zeichnung vom äußeren Bau eines Chromosoms an.*

3. *Vervollständige den folgenden Lückentext zum Aufbau der DNA:*

Die Abkürzung DNA steht für __1__ . Diese Nucleinsäure besitzt als räumliche Struktur eine __2__. Die Grundbausteine (Monomere) werden als __3__bezeichnet und bestehen jeweils aus dem Zucker __4__, einem Molekül __5__ und einer organischen __6__. Es sind vier Basen möglich: __7__, __8__, __9__ oder __10__ . Zwischen den komplementären Nucleotiden der Einzelstränge bestehen __11__. Dabei gilt eine „Bindungsregel", die besagt, dass jeweils Adenin und __12__ bzw. __13__ und Guanin verbunden sind.

Durch die Fähigkeit der Desoxyribonucleinsäure, sich identisch zu replizieren, kann die genetische Information von Zelle zu Zelle und von Generation zu Generation unverändert weitergegeben werden.

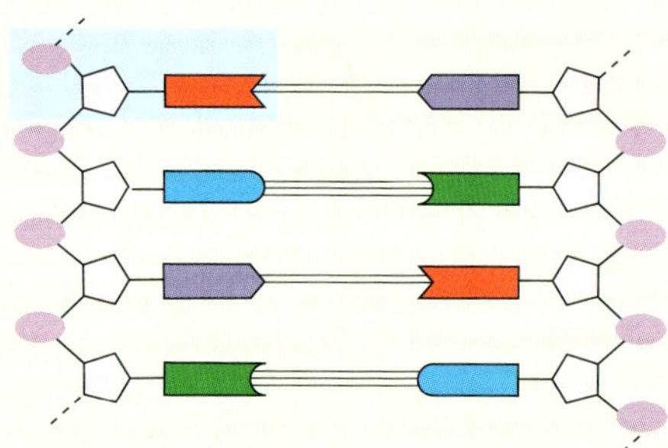

4. *Für ein DNA-Molekül wurde der Gehalt der unterschiedlichen Stickstoffbasen bestimmt. Die Analyse ergab für Thymin einen Anteil von 23 %. Nenne und begründe den Gehalt der anderen organischen Stickstoffbasen.*

5. *Erkläre die folgenden Merkmale des genetischen Codes:*
   - *Triplett-Code*
   - *spezifisch*
   - *universell*
   - *redundant (degeneriert)*
   - *nicht überlappend*

   Nutze dazu auch das Internet.

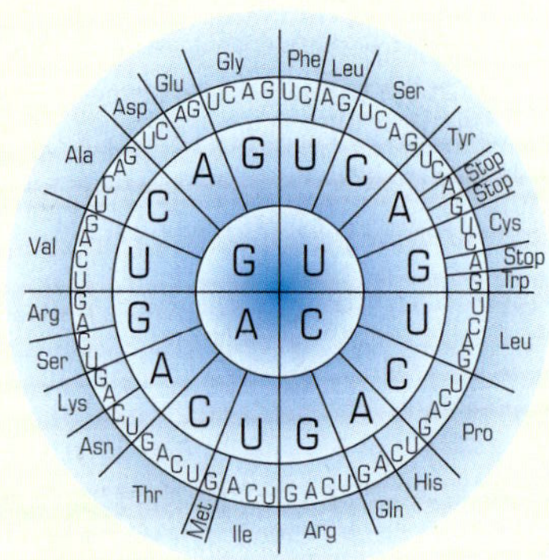

Erschließungsfeld

6. *Vergleiche Mitose und Meiose.*

Vergleichskriterien	Mitose	Meiose
Chromosomensatz der Mutterzelle		diploid
Anzahl der Teilungsschritte		zwei
Benennung der Teilungsphasen		
Anzahl der Tochterzellen		
Chromosomensatz der Tochterzellen	diploid	
Vorkommen bei Pflanzen	Bildungsgewebe (Vegetationspunkte und Kambium)	
Vorkommen bei Mensch und Tier		
Bedeutung		

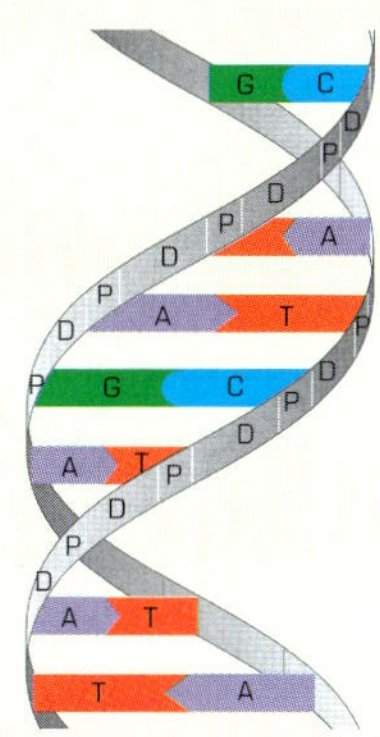

7. *Beschreibe einen Zusammenhang zwischen der molekularen Struktur der DNA und deren Funktion bei der Mitose und der Replikation.*

8. *Erkläre den Zusammenhang zwischen der geschlechtlichen Fortpflanzung und der Variabilität der Lebewesen.*

Die Realisierung der Erbinformation erfolgt über die **Proteinbiosynthese (Eiweißsynthese).** Dabei wird die Nucleotidsequenz der DNA in die Aminosäuresequenz des Polypeptids bzw. Proteins überführt.

9. *Stelle in einem Fließschema die Reaktionsorte, die Teilprozesse und die wesentlichen Reaktionsschritte der Proteinbiosynthese dar.*

10. *Für die Codierung, Übertragung und Realisierung der genetischen Information der meisten Organismen gilt stark vereinfacht das Schema in Abbildung a).*
Für HIV müsste das Schema entsprechend der Abbildung b) verändert werden. Erkläre die Abbildungen a) und b).

a)

b)

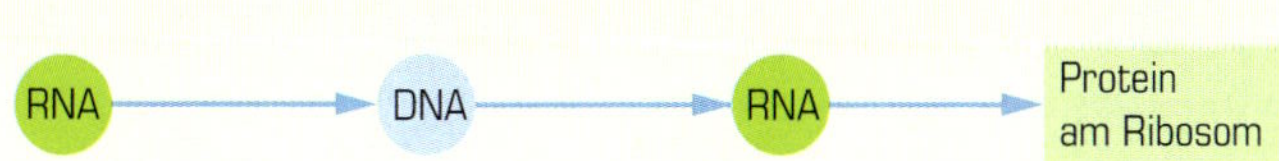

Veränderungen der Erbanlagen durch Mutationen

Hugo de Vries (1848–1935)

Mutation lateinisch mutare = verändern, mutari = sich verändern

Der niederländische Botaniker und Genetiker **Hugo de Vries,** einer der Wiederentdecker der mendelschen Regeln, beobachtete Ende des 19. Jh. bei seinen Kreuzungsexperimenten mit Pflanzen, dass immer wieder Pflanzen mit veränderten Merkmalen entstanden. Durch Weiterzüchtung dieser Merkmale stellte er fest, dass die Anlagen für diese Merkmale von Generation zu Generation konstant weitergegeben werden. Er nannte etwa 1901 diese auftretende erbliche Variabilität **Mutation** und schuf damit einen heute allgemein bekannten genetischen Fachbegriff. Selbstverständlich konnte er damals nicht wissen, welche Ursachen und Folgen Mutationen haben oder welche Mutationsformen es gibt.

Mutationen, als Veränderungen des Genotyps, können in Körper- oder Keimzellen auftreten (s. S. 38, 42). Welchen Anpassungswert Mutationen für die Phänotypen haben, hängt von der Mutationsform und dem Grad der Veränderung der genetischen Information ab (s. S. 11).

Mutationsursachen

Mutationen resultieren häufig aus Fehlern bei molekulargenetischen Prozessen wie der Replikation (s. S. 33) oder der DNA-Reparatur bzw. Fehlern bei der Chromosomenverteilung während der Zellkernteilung (Mitose, Meiose, s. S. 38, 42).

Bei der DNA-Replikation (s. S. 33) können beispielsweise Fehlpaarungen (Abb. 1) entstehen, weil von den Stickstoffbasen verschiedene Isomerieformen existieren. Ein nicht erkannter und reparierter Fehler bleibt als Mutation übrig.

Im menschlichen Eierstock verharren die Eizellen seit Beginn der Geschlechtsreife in der 1. Phase der Meiose (s. S. 42). Es bilden sich homologe Chromosomenpaare. Je älter die Eizellen werden, umso fester haften vermutlich die Chromosomen aneinander und trennen sich beim weiteren Verlauf der Meiose schlechter. Chromosomenfehlverteilungen, eine Mutation, können entstehen. Solchen Mutationen liegen **natürliche Ursachen** zugrunde, sie sind **spontan** verursacht.

Äußere, physikalisch-chemische Einflüsse können auch Mutationen auslösen, sie werden als **Mutagene** bezeichnet.

Zahlreiche physikalische oder chemische Faktoren können als Mutagene wirken (Abb. 1, S. 49). Unter natürlichen Bedingungen sind die Organismen an ihre Wirkung angepasst.

M **Mutationen sind spontane oder durch Mutagene induzierte Veränderungen des Genotyps, die zu Veränderungen im Phänotyp führen können. Sie sind erblich.**

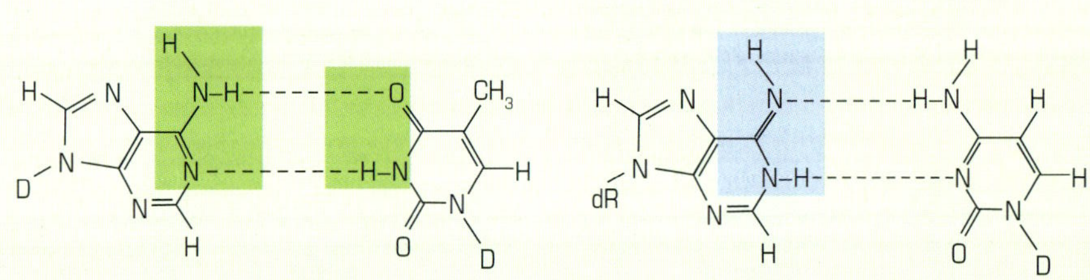

Adenin = Thymin   Adenin$_{Imino}$ = Cytosin

D ≙ Desoxyribose

1 ▸ Falsche Isomerieformen der Stickstoffbasen können zu Fehlpaarungen führen.

Einerseits wird die Aufnahme von Mutagenen vermieden (schmecken z. B. bitter) oder die Organismen tolerieren die Mutagene durch Entwicklung von Abwehrmechanismen (z. B. Pigmentierung gegen UV-Strahlung).

Die Verbreitung der einzelnen Organismenarten in ihren Lebensräumen wird nicht nur durch die Wirkung solcher wichtigen Umweltfaktoren wie Licht, Wasser, Temperatur usw. bestimmt, sondern auch durch das Wirken von Mutagenen. Den Träger des neuen Merkmals nennt man **Mutante.**

Durch Mutationen entsteht die Basis für die **erblich bedingte Variabilität der Organismen.** Sie sind somit ein bedeutender Faktor für die Neubildung von Arten und eine Voraussetzung für die Evolution der Organismen (s. S. 93).

Mutationsformen

Mutationen können ganze Chromosomensätze, einzelne Chromosomen oder die DNA selbst verändern. Entsprechend der betroffenen Struktur werden einzelne Mutationsformen unterschieden, nämlich Genom-, Chromosomen- und Genmutation (Abb. 3, S. 50).

Veränderungen in der Anzahl der Chromosomen im Vergleich zum natürlichen Chromosomenbestand werden als **Genom-** oder **Ploidiemutationen** bezeichnet. Man unterscheidet Abweichungen um gesamte Chromosomensätze **(Euploidie)** und ein Abweichen der Anzahl einzelner Chromosomen **(Aneuploidie).**

Es werden haploide Organismen (besitzen nur einen Chromsomensatz), diploide Organismen (besitzen zwei Chromosomensätze, normal) und polyploide Organismen (besitzen drei und mehr Chromosomensätze) unterschieden (Abb. 1, S. 50).

In der Natur kommt **Polyploidie** bei Pflanzen in gemäßigten und subpolaren Gebieten häufig vor. Offensichtlich besitzen sie unter den bestehenden klimatischen Bedingungen eine verbesserte Angepasstheit.

Das Gift der Herbst-Zeitlosen kann Genommutationen hervorrufen.

Mutagen	Quellen
chemisch	
Aflatoxine	sind Stoffwechselprodukte von Schimmelpilzen, in verschimmelten Lebensmitteln (z. B. Nüsse oder Getreide) ist ihre Konzentration besonders hoch
Colchicin	ist das Gift der Herbstzeitlosen *(Colchicum autumnale)*, es kann zur Herstellung von Karyogrammen oder zum Auslösen von Genommutationen genutzt werden
Dioxine	entstehen bei Vulkanausbrüchen oder Waldbränden in geringen Mengen, bei der Herstellung oder falschen Verbrennung von chlorierten Kohlenwasserstoffen wie Pestizide oder PVC können größere Mengen entstehen
physikalisch	
UV-Strahlung	kommt im natürlichen Sonnenlicht vor, durch Zerstörung der Ozonschicht erreichen größere Intensitäten die Erdoberfläche, UV-Lampen der Solarien belasten zusätzlich die Haut
Radioaktive Strahlung	hat ihren Ursprung in Kernspaltungsprozessen im Inneren der Erde oder in der kosmischen Strahlung, wird verstärkt durch Emissionen aus Kernkraftwerken, dem Fallout nach Unfällen, dem Bergbau nach radioaktiven Erzen oder durch militärische Einsätze radioaktiven Materials freigesetzt

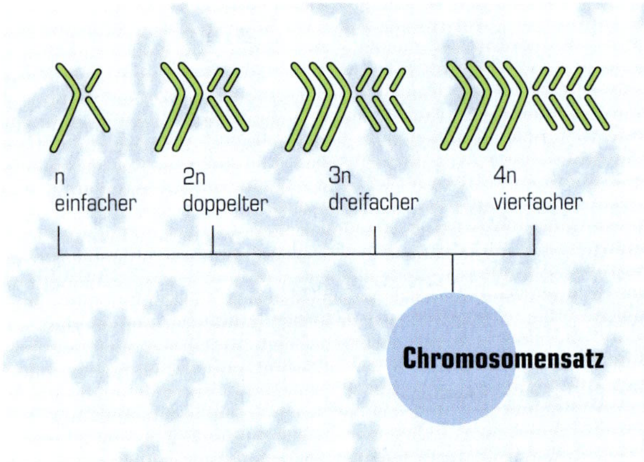

1 ▸ Vervielfachung des Chromosomensatzes

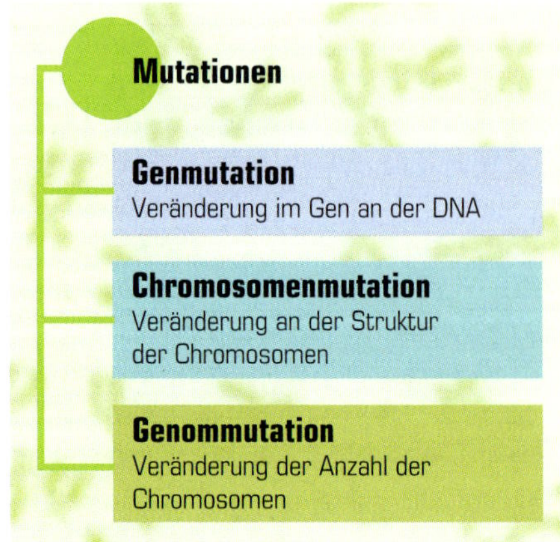

3 ▸ Formen der Mutationen

Auch viele unserer heutigen *Kulturpflanzen* sind polyploid und dadurch ertragsstark.

Im Tierreich kommt Polyploidie nicht so häufig vor. In den meisten Fällen führen jedoch vielfache Chromosomensätze meist zum Tod. Beispielsweise sind triploide menschliche Embryonen, die durch doppelte Befruchtung entstehen können, nicht lebensfähig.

Die genetisch bedingte Krankheit Katzenschreisyndrom ist eine Chromosomenmutation. Ursache dafür ist das Fehlen eines Chromosomenstücks am Chromosom Nr. 5.

Die Nichttrennung von homologen Chromosomenpaaren oder Schwesternchromatiden während der Meiose oder Mitose führt zu **Aneuploidien.** Nach der Befruchtung der Keimzellen können so *monosome* (ein Chromsom zu wenig) oder *trisome* (ein Chromsom zu viel) befruchtete Eizellen entstehen. Die phänotypischen Auswirkungen sind in der Regel negativ. Betroffene Organsimen sind meist nicht oder nur mit schweren Behinderungen lebensfähig.

Chromosomenmutationen sind Strukturveränderungen an Chromosomen, die über die Grenze eines einzelnen Genes hinausgehen. In den veränderten Chromosomen kann die Menge des Erbmaterials durch Verlust *(Deletion)* oder Verdoppelung *(Duplikation)* bzw. kann die Lage des Erbmaterials durch Umkehrung *(Inversion)* oder Tausch mit einem anderen Chromosom *(Translokation)* verändert sein. Lageveränderungen wirken sich meist nur gering auf den Phänotyp aus, lediglich seine Kreuzbarkeit ist erschwert.

Mit zunehmender Größe der betroffenen Stücke ähneln Mengenveränderungen den Aneuploidien.

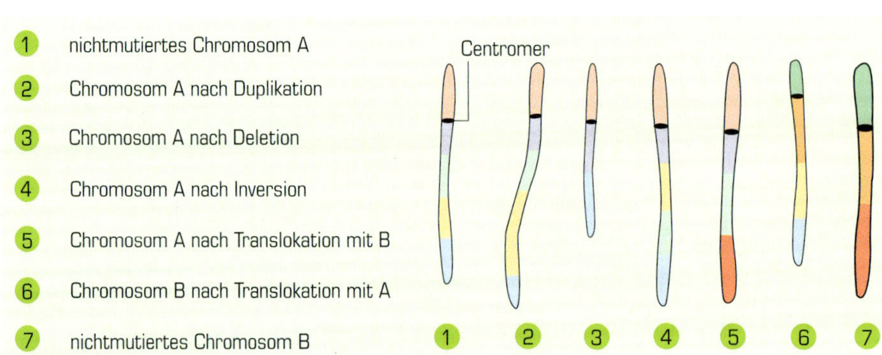

2 ▸ Formen von Chromosomenmutationen

Die Veränderungen an Genen werden als **Genmutation** bezeichnet.

Sie entstehen zufällig an beliebigen Stellen der Gene bzw. Chromosomen und sind somit im Sinne der Evolution ungerichtet. Erst der nach der Mutation entstandene Phänotyp wird in seiner Umwelt durch Selektion bewertet.

Es können einzelne Basen oder längere Genabschnitte betroffen sein. Je größer die veränderten Abschnitte sind (etwa ab 50 000 Basen), umso mehr ähneln die zellbiologischen Auswirkungen Chromosomenmutationen.

Häufig weist der mutierte Organismus andere Eiweißstrukturen auf. Durch Genmutationen entstehen neue Allele.

Grundsätzlich werden Basensubstitutionsmutationen und Leserastermutationen unterschieden.

Bei der *Basensubstitution* kommt es zum Austausch von Nucleotiden der DNA.

Das während der Translation (s. S. 36, 37) gebildete Eiweiß besitzt dann entweder eine andere Aminosäure oder hat sich aufgrund der Redundanz (mehrere Tripletts codieren eine Aminosäure) des genetischen Codes nicht verändert. Es kann auch kleiner sein, da ein zufällig entstandenes Stopp-Codon zum Translationsabbruch führte (Abb. 1).

Durch Einfügen (Insertion), Verdoppeln (Duplikation) oder Entfernen (Deletion) von Basen bzw. Genabschnitten verschiebt sich das *Leseraster der mRNA* am Ribosom (Abb. 1). Infolge des Rasterschubs bricht die Translation (s. S. 36, 37) meist ab, da Stopp-Codone vorzeitig entstehen. Es können auch Eiweiße mit falscher Aminosäurenfolge entstehen.

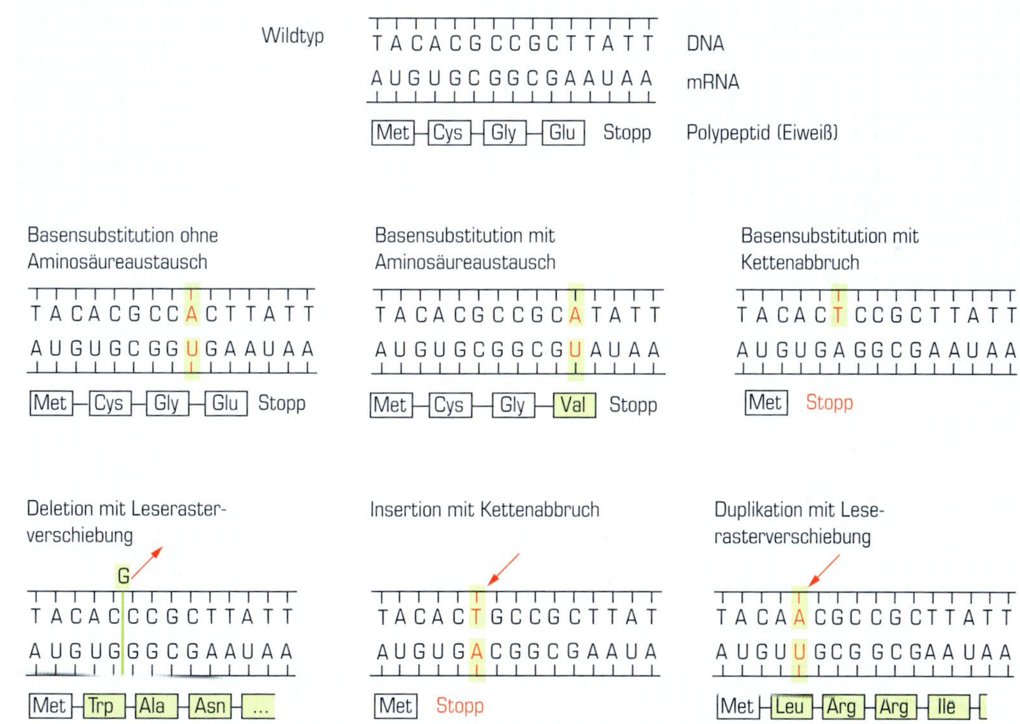

1 ▸ Entstehung von Genmutationen

Experimente

Die Untersuchung der DNA von Zellen der Mundschleimhaut ist ein gängiges Verfahren in der Gerichtsmedizin, um Täter zu überführen.

Mikroskopische Untersuchung der Zellen der Mundschleimhaut

Materialien:
Mikroskop, Objektträger, Deckgläschen, Streichholz, 2 Pipetten, Filterpapier, Wasser, Methylenblau- oder Eosinlösung, Zellen der Mundschleimhaut

Durchführung:
Schabe mit dem Streichholz ein wenig Mundschleimhaut ab (Hygiene beachten!) und übertrage diese auf einen Objektträger.
Vermische sie mit einem Tropfen Wasser und lege ein Deckgläschen auf.
Sauge mithilfe des Filterpapiers einen Tropfen der Farbstofflösung unter dem Deckgläschen durch. Betrachte die Zellen mithilfe des Mikroskops. Zeichne eine Zelle und beschrifte die erkannten Teile.

Auswertung:
Beschreibe den Bau der Zellen und erläutere die Funktion der Zellbestandteile.

Mikroskopische Untersuchung von Riesenchromosomen

Materialien:
Dauerpräparate der Riesenchromosomen von der Zuckmückenlarve (Chironomus) und Taufliege (Drosophila); Mikroskope

Durchführung:
Betrachte das jeweilige Objekt mithilfe des Mikroskops.
Fertige eine Skizze von einem Chromosomenabschnitt an.

Auswertung:
Beschreibe anschließend den Bau der Chromosomen.
Stelle eine Vermutung über die Bedeutung der Chromosomen für die Lebewesen auf.
Überprüfe deine Aussagen anhand des Lehrbuchs.

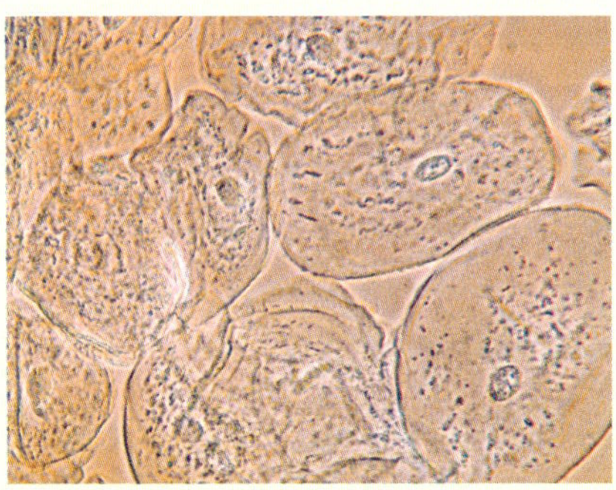

1 ▸ Mundschleimhaut

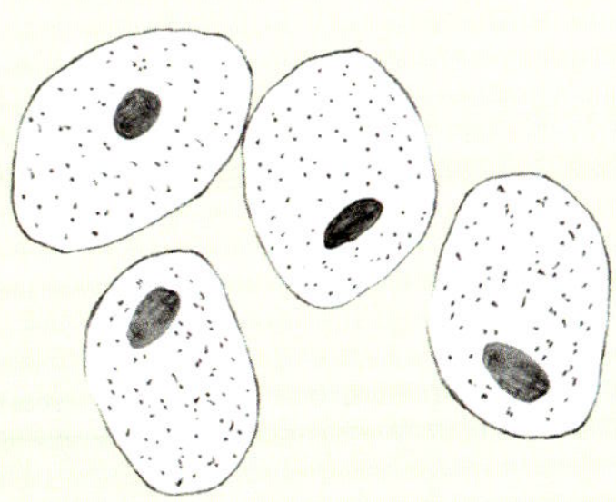

2 ▸ Mundschleimhaut (schematische Zeichnung)

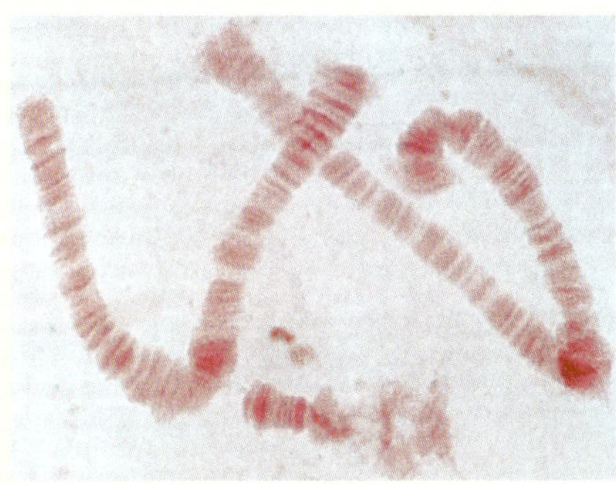

3 ▸ Riesenchromosom

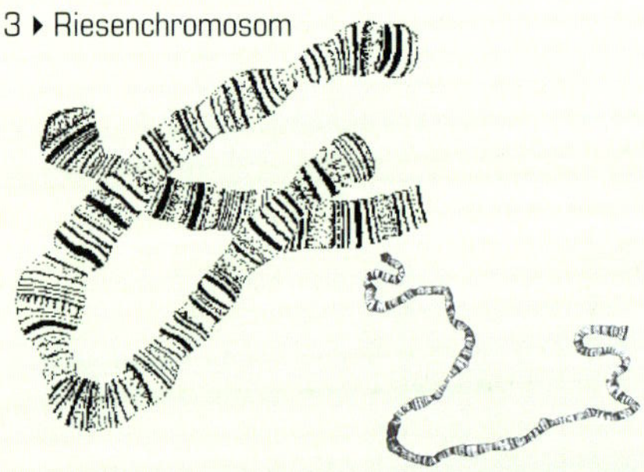

4 ▸ Riesenchromosom (schematische Zeichnung)

gewusst · gekonnt

1. a) Entwickle eine tabellarische Übersicht über die Bestandteile einer Pflanzen- und Tierzelle und ihre Funktionen.
   b) In welchen Zellbestandteilen ist Erbsubstanz vorhanden?

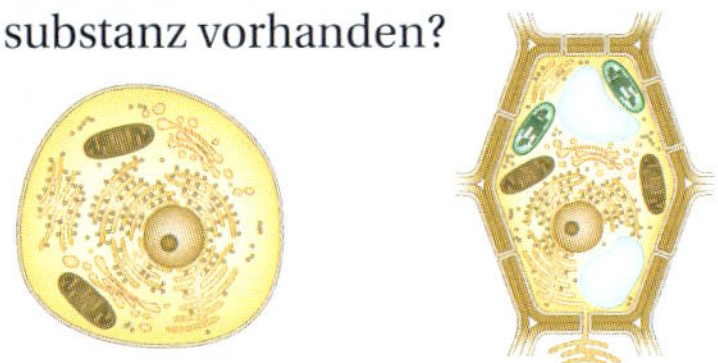

2. Ordne den folgenden Zellarten den entsprechenden Chromosomensatz zu: Spermazelle, Hautzelle, Nervenzelle, Eizelle, Pollenzelle, Zygote, Erbsensamen, Bohnensamen.
   Begründe deine Entscheidung.

3. Geschlechtszellen besitzen im Vergleich zur Zygote nur den einfachen Chromosomensatz. Begründe die Aussage.

4. Definiere die folgenden Begriffe: Karyogramm, Körperchromosomen, Geschlechtschromosomen, homologe Chromosomen, Halbchromosomen, doppelter Chromosomensatz. Informiere dich auch in Fachbüchern und im Internet.

5. Gegeben ist ein DNA-Strang mit folgender Basenfolge: TCT TAG AGA CCC GAG.
   a) Ergänze den fehlenden DNA-Strang zum Doppelstrang.
   b) Stelle zeichnerisch die Prozesse dar, die bei der identischen Replikation der DNA ablaufen. Kennzeichne die alten und neuen DNA-Stränge durch unterschiedliche Farbgebung.

6. Eiweiße bestehen aus Aminosäureketten. Ein Ausschnitt der Aminosäurenreihenfolge mit international üblichen Abkürzungen eines Wachstumshormons wird so dargestellt: . . . Gln-Gln-Glu-Met-Met-Phe-Ser-Trp . . .
   a) Ermittle die Namen der abgekürzt angegebenen Aminosäuren. Informiere dich dazu auch im Internet.
   b) Gib mithilfe der Code-„Sonne“ auf Seite 39 die Nucleotidreihenfolge der mRNA und DNA an.

7. Mikroskopiere ein Dauerpräparat von einer Wurzelspitze oder einem Vegetationskegel. Betrachte verschiedene Stadien der Kern- und Zellteilung dieser Körperzellen. Skizziere und ordne sie in der richtigen Reihenfolge.

8. Viren leben parasitisch in Wirtszellen. Sie stellen den Stoffwechsel der Wirtszellen so um, dass virusspezifisches Erbmaterial repliziert und virusspezifische Proteine synthetisiert werden. Zur Behandlung von Virusinfektionen werden Medikamente eingesetzt, die virusspezifische DNA-Polymerasen, Enzyme, welche die Replikation katalysieren, stärker hemmen als die der befallenen Wirtszellen.
   a) Beschreibe den Ablauf der identischen Replikation.
   b) Erkläre die Wirkungsweise solcher Medikamente und mögliche Nebenwirkungen

9. Das 1819 von PELLETIER und CARVENTOU entdeckte Gift der Herbst-Zeitlosen, das Colchicin, hemmt die Mitose. Es behindert den Transport der Chromosomen. Erkläre die Mutationen auslösende Wirkung des Giftes.

10. Beschreibe an einem pflanzlichen Beispiel den Ablauf der In-vitro-Vermehrung. Welche Vorzüge kannst du gegenüber herkömmlichen Vermehrungsverfahren erkennen? Informiere dich auch im Internet.

11. Suche Beispiele für die ungeschlechtliche und geschlechtliche Fortpflanzung bei Pflanzen und Tieren. Fasse deine Ergebnisse in einer Tabelle zusammen.

12. Eine Kartoffelknolle kann man geteilt oder ungeteilt in den Erdboden legen. Aus der Kartoffelknolle oder ihren Teilen entwickeln sich neue Kartoffelpflanzen.
a) Welche Art der Fortpflanzung liegt vor? Begründe.
b) Beschreibe eine weitere Möglichkeit der Fortpflanzung der Kartoffelpflanze.

13. Erkläre, wie durch die Meiose die Variabilität einer Art erhöht wird.

14. a) Definiere die Begriffe Mutation und Modifikation.
b) Nenne jeweils Beispiele und vergleiche beide Vorgänge.

15. a) Nenne Formen von Mutationen. Welche genetischen Ursachen liegen ihnen zugrunde?
b) Beschreibe für jede Mutationsform ein Beispiel.

16. Ordne folgende Merkmalsänderungen den Mutationen oder Modifikationen zu und begründe deine Zuordnung:
- unterschiedliche Größe von Bohnensamen einer Sorte
- Sommer- und Winterfell der Rehe
- gelbbraune Fellfärbung von Wüstentieren
- unterschiedliche Größe von Möhren einer Sorte
- mittelfruchtige und großfruchtige Fleischtomate
- unterschiedliche Süße von Weintrauben einer Sorte

17. Von allen in unseren Breiten vorkommenden Pilzvergiftungen entfallen 95 % auf den Grünen Knollenblätterpilz *(Amanita phalloides)*. 40 % aller Vergiftungen mit diesem Pilz enden tödlich. Die Amatoxine des Grünen Knollenblätterpilzes hemmen als langsam wirkende Gifte vor allem die RNA-Polymerase (Transkriptions-Enzym) in Zellkernen von Leberzellen. Dadurch wird die Proteinbiosynthese gehemmt. Nutze zur Beantwortung der Aufgaben auch das Internet.

a) Erkläre, welche Auswirkungen das Gift auf den Organismus hat.
b) Beschreibe den Ablauf des molekulargenetischen Prozesses, der von der Giftwirkung betroffen ist.

18. Simuliere mithilfe des angegebenen Satzes aus dreibuchstabigen Wörtern Genmutationen (Insertion, Duplikation, Deletion, Basensubstitution): UTA IST AUF DEM HOF UND HAT DEN HUT AUF.
Erläutere ihre Auswirkungen auf die Merkmalsbildung eines Organismus.

19. Beschreibe anhand der Abbildung auf der Seite 28 eine Chromosomenkarte des Menschen.

20. a) Nenne Lebensprozesse, die nur durch mitotische Teilungen realisierbar sind.
b) Erkläre an zwei Beispielen, wie die Kenntnisse über die Mitose in der Praxis angewandt werden. Informiere dich darüber auch im Internet.

1

Das Wichtigste auf einen Blick

Zelluläre Grundlagen der Vererbung

Im Zellkern befinden sich die Erbanlagen in Form von **Chromatinfäden.** Während der Kernteilung verdichten sie sich zu **Chromosomen.** Die Funktionsabschnitte der Erbanlagen werden als **Gene** bezeichnet. Gene sind Bildungsvorschriften für Eiweiße und bestimmen damit die Ausbildung von Merkmalen.

Der **Chromosomenbestand** ist die Gesamtheit der Chromosomen einer Zelle. Die artspezifische Anzahl der Einzelchromosomen im Zellkern ist der **Chromosomensatz.**

Der Mensch besitzt *22 homologe Chromosomenpaare* und *2 Geschlechtschromosomen* (XX weiblich, XY männlich).

Körperzellen besitzen einen **diploiden Chromosomensatz,** *Geschlechtszellen* einen **haploiden Chromosomensatz.**

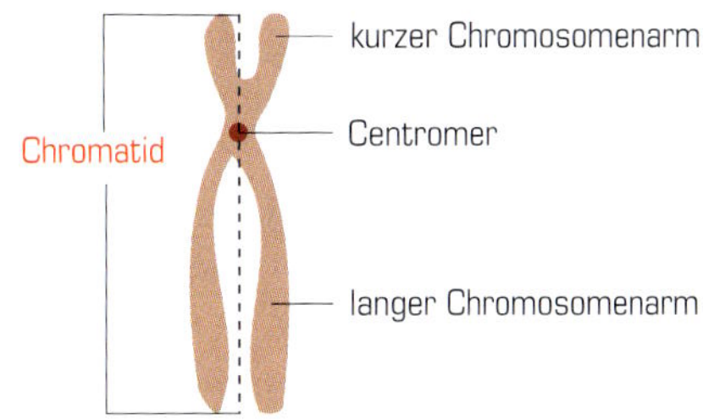

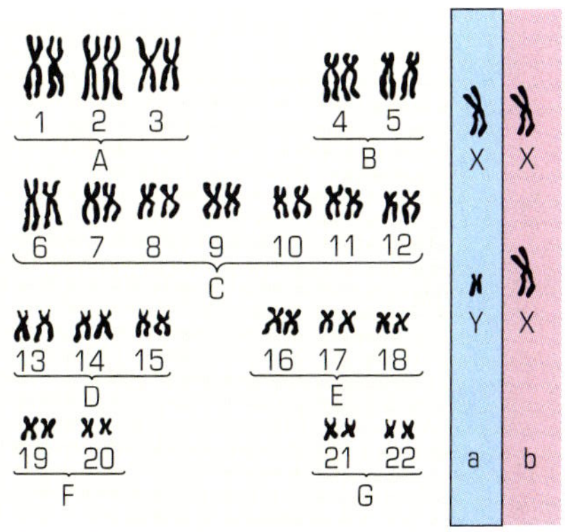

Molekulare Grundlagen der Vererbung und Realisierung der Erbinformation

Die **Desoxyribonucleinsäure (DNA)** ist ein chemischer Bestandteil des Chromatins bzw. des Chromosoms und Träger der Erbinformation.

Die **Ribonucleinsäure (RNA)** ist ein weiterer chemischer Bestandteil des Zellkerns, des Zellplasmas und der Ribosomen.

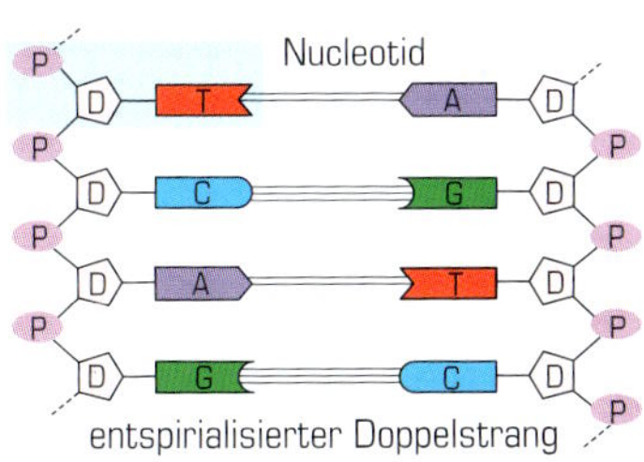

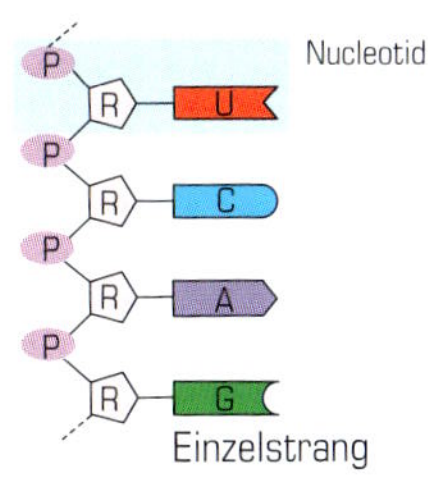

Die **identische Replikation** ist die Verdopplung der DNA. Dabei wird ein DNA-Doppelstrang (Elternstrang) mithilfe von Enzymen in zwei Einzelstränge, die als Matrizen für die Bildung neuer Doppelstränge dienen, gespalten.

Die Einzelstränge werden durch **komplementäre Basenpaarung** (A zu T, C zu G, T zu A, G zu C) unter Einwirkung von Enzymen zu zwei neuen identischen Doppelsträngen (Tochtersträngen) ergänzt.

Das Wichtigste auf einen Blick

Der **genetische Code** ist die Verschlüsselungsvorschrift der genetischen Information für die Eiweißsynthese.

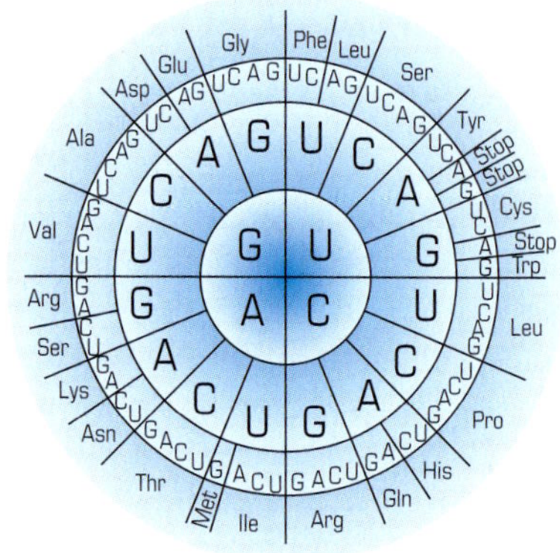

Eiweißsynthese (Proteinbiosynthese) verläuft in meheren Schritten, vom Gen zum Merkmal.
Die Eiweiße sorgen als Struktur- oder Enzymeiweiße für die Ausbildung der Merkmale eines Körpers. Sie sind durch die Reihenfolge ihrer Aminosäuren bestimmt.

DNA (Gen) → **mRNA** (Transport des Gens) → **Ribosom** (Synthese der Eiweiße) → **Eiweiße** mit bestimmter Aminosäurenfolge (Ausbildung bestimmter Merkmale)

tRNA (Transport der Aminosäuren) → **Ribosom**

Weitergabe der Erbinformation

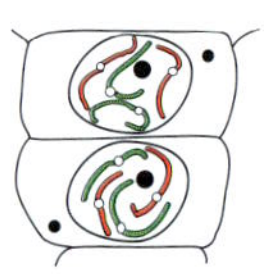

Weitergabe der Erbinformation bei der Teilung von Körperzellen durch **Mitose**

Aus einer Mutterzelle mit doppeltem Chromosomensatz entstehen zwei genetisch gleiche Tochterzellen mit doppeltem Chromosomensatz.

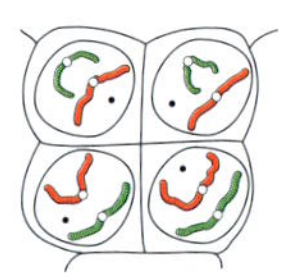

Weitergabe der Erbinformation bei der Bildung von Geschlechtszellen durch **Meiose**

Aus einer Mutterzelle mit doppeltem Chromosomensatz entstehen vier Tochterzellen mit einfachem Chromosomensatz

Veränderung der Erbanlagen durch Mutationen

Mutationen – durch Mutagene hervorgerufene Veränderungen der Erbsubstanz (im Genotyp); sie werden vererbt, wenn sie in den Geschlechtszellen vorliegen.

Mutationsformen

- Genmutationen: Veränderung im Gen
- Chromosomenmutationen: Veränderung der Struktur der Chromosomen
- Genommutationen: Veränderung der Chromosomenanzahl

1

1.3 Humangenetik

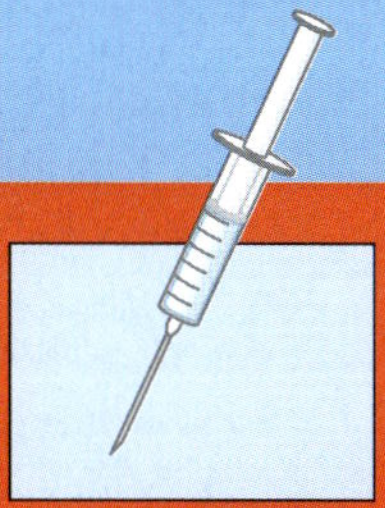

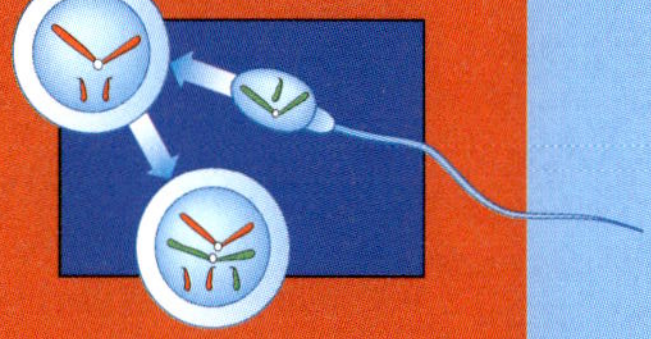

Erblich bedingte Veränderungen ▸▸ Individuen einer Art, beispielsweise Trauerweiden, Rinder, Menschen, ähneln sich in ihrem Äußeren. Beim genauen Betrachten, z. B. der Mitschüler, fällt aber auf, dass sie sich u. a. in Haarfarbe, Größe und Augenfarbe unterscheiden.

Genetisch bedingte Erkrankungen ▸▸ Eine Erkrankung ist dann genetisch bedingt, wenn sie durch Veränderungen in der Erbsubstanz von Zellen verursacht wird.

Integration Erbkranker ▸▸ Erbkranke Kinder brauchen vonseiten der Eltern und aller anderen Personen besondere Zuneigung und Unterstützung, damit sie in das soziale Umfeld integriert werden können.

Genetische Variabilität des Menschen

Genom – Gesamtheit aller Gene eines Individuums

Eine wichtige Eigenschaft des menschlichen **Genoms** ist seine Variabilität. Keine zwei Personen, auch eineiige Zwillinge nicht, besitzen identische Genome. Jeder Mensch ist ein genetisches Unikat.

Die **Variabilität** entstand und entsteht durch Mutationen und Rekombination. Während in nichtcodierenden Genombereichen unterschiedliche DNA-Sequenzen sehr oft auftreten, sind sie in codierenden Bereichen, den Genen (etwa 3 % des Genoms), seltener.

Häufig existieren vier bis fünf Allele von einem Gen. Es gibt aber auch Ausnahmen. Auf dem Chromosom 6 liegen Gene für Proteine, die an der Immunabwehr beteiligt sind. Von einem dieser Proteine, dem HLA-B-Protein, sind mindestens 60 verschiedene Allele bekannt.

Die verschiedenen Versionen der Gene werden als **Allele** bezeichnet. Allele eines Genes haben sehr ähnliche Nucleotidsequenzen und codieren damit ein etwas anderes Eiweiß. Durch die andere Struktur des Eiweißes verändern sich meist seine Eigenschaften und seine Funktion, was wiederum zu geänderten Merkmalen führt.

Trotz der Vielgestaltigkeit aller Allele, egal ob vier oder sechzig Varianten, im diploiden Genom eines Menschen können immer nur zwei dieser Allele vorkommen. Ein Allel stammt vom Vater, das andere von der Mutter.

Welches Allel eines Genes bzw. welche Anlage nun im Phänotyp des Menschen zur Merkmalsbildung führte, hängt von seiner Vererbung – dominant, rezessiv, intermediär, kodominant (gleich stark) – ab (s. S. 17).

Dunkle Haare sind dominant gegenüber hellen. Die Fähigkeit, den bitteren Stoff *Phenylthioharnstoff zu schmecken*, vererbt sich auch dominant. Etwa 70 % der Europärer besitzen die Schmeckfähigkeit. *Wellige Haare* entstehen intermediär aus den gemeinsam vorhandenen Anlagen für lockiges und glattes Haar.

So deutlich lässt sich die Vererbung bestimmter Gene des Menschen aber nur nachweisen, wenn ein Gen mit seinen verschiedenen Allelen merkmalsbildend ist. Sind mehrere Gene an der Ausbildung eines Merkmals beteiligt, können kaum noch Aussagen über die Vererbung getroffen werden. Es wird dann von polygenen Anlagen gesprochen. Die *Hautfarbe* wird beispielsweise so vererbt: Vereinfacht gesagt, sind hier wahrscheinlich mehr als acht Gene mit ihren Allelen „dunkle Pigmentierung“ bzw. „helle Pigmentierung“ beteiligt. Die Wirkung der Allele „addiert sich“, sodass unterschiedlich dunkle Hautfarben entstehen können.

Ursachen der Variabilität des Menschen sind Mutation und Rekombination.

1 ▸ Dunkle Haare werden dominant, wellige intermediär vererbt.

Vererbung der Blutgruppen

Blut (lateinisch: Sanguis) ist für die Menschen etwas ganz Besonderes. In vielen Geschichten oder Mythen geht es um diesen „Saft". Dem Blut wurden und werden die guten oder schlechten Eigenschaften von Menschen zugeschrieben. Als Nahrung dient es gar den Vampiren. All diese Aussagen sind wissenschaftlich betrachtet nicht haltbar, wenngleich einige von ihnen durchaus ein Fünkchen Wahrheit beinhalten. *Vampirfledermäuse* in Südamerika ernähren sich vom Blut gebissener Opfer. Gefährlich sind die Fledermäuse allerdings nur, weil sie z. B. die Tollwut übertragen können.

Die **Bluterkrankheit** (**Hämophilie,** S. 67), eine Blutgerinnungsstörung, wird vererbt, sie ist aber nicht verantwortlich für die charakterlichen Eigenschaften eines Menschen.

Vererbt werden auch die **Blutgruppen.** Sie stellen antigene Eigenschaften des Blutplasmas und der roten Blutzellen dar. Diese Eigenschaften sind nicht direkt an der Merkmalsbildung beteiligt. Es gibt aber Vermutungen, dass Menschen mit bestimmten Blutgruppenmerkmalen gegenüber Krankheiten widerstandsfähiger sein können.

Das könnte auch die unterschiedliche Häufigkeit von Blutgruppen in verschieden Regionen der Erde erklären.

Die Blutgruppen beim Menschen werden verschiedenen Blutgruppensystemen mit mehr als 60 verschiedenen Antigenen zugeordnet.

Die Vererbung der Anlagen für die einzelnen Blutgruppenmerkmale ist bekannt. Dadurch konnten schon vor dem Zeitalter der modernen genetischen Methoden, wie der Polymerase-Ketten-Reaktion (PCR), Vaterschaften bestimmt oder Personen über ihre verschiedenen Blutmerkmale identifiziert werden.

2 ▸ Karl Landsteiner (1868–1943)

Die beiden wichtigsten Blutgruppensysteme sind das **AB0-** und das **Rhesus-System** (Abb. 1). Das ABO-System hat die Blutgruppenmerkmale (Phänotypen) A, B, AB und 0 (Null), das Rhesus-System die Phänotypen Rh^+ und rh^-.

Beide Systeme werden durch **Antigene** auf den roten Blutzellen charakterisiert.

Die Systeme wurden von **Karl Landsteiner** (Abb. 2), einem österreichischen Arzt, entdeckt.

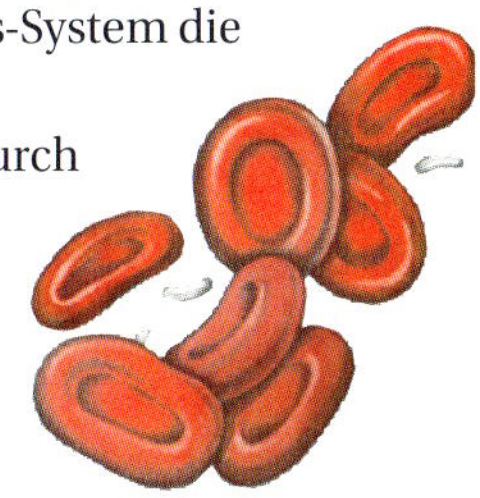

Antigene sind Moleküle, die sich an spezifische Antikörper des Immunsystems binden können. Häufig befinden sie sich auf Zelloberflächen, z. B. der roten Blutzellen.

Die Anlagen für die antigenen Merkmale des **AB0-Systems** liegen auf den beiden homologen Chromosomen Nr. 9. Es werden die Allele A, B und 0 (Null) unterschieden. Je nachdem, welche Allele für dieses Merkmal auf den Chromosomen (im Genotyp) gespeichert sind, unterscheiden sich die Blutgruppen im Phänotyp (Abb. 1).

ABO-Blutgruppen

Genotypen (Allelpaare)	Phänotyp (Blutgruppe)	Blutgruppen und Antigene	Lokalisation der Gene des ABO-Systems
AA, A0	A	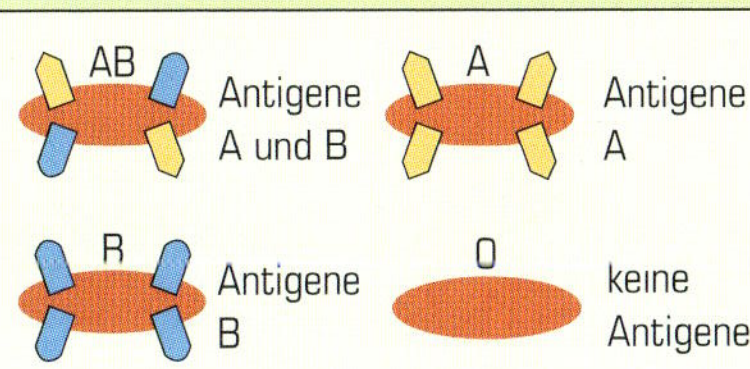	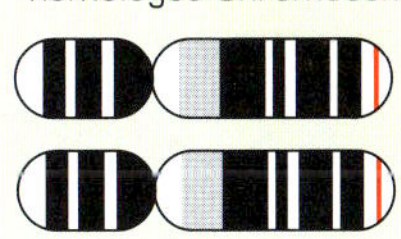
BB, B0	B		
AB	AB		
00	0		

1 ▸ AB0-Blutgruppensystem und Lokalisation von Blutgruppengenen

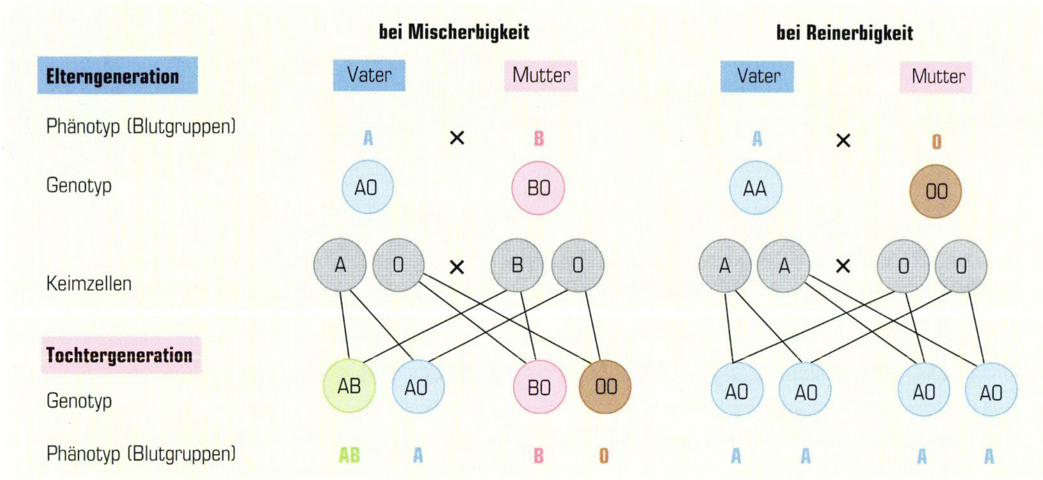

1 ▸ Beispiele zur Vererbung des ABO-Systems

Die Allele A bzw. B werden dominant gegen dem rezessiven Allel 0 vererbt. Die Allele A und B verhalten sich kodominant (gleich stark) zueinander, sie werden zu gleichen Teilen ausgebildet

Der Name des **Rhesus-Systems** ist historisch begründet und stammt aus seiner Erforschung. Es wurde an Rhesusaffen entdeckt. Etwa 85 % der Mitteleuropäer besitzen dieses Merkmal. Sie sind Rhesus positiv (Rh^+ oder D). Bei den restlichen 15 % ist das Merkmal nicht vorhanden – Rhesus negativ (rh^- oder d). Rhesus positiv wird dominant gegenüber Rhesus negativ vererbt (Abb. 2). Das Rhesus-System liegt auf dem homologen Chromosomenpaar Nr. 1.

Der Rh-Faktor hat in den Fällen klinische Bedeutung, wo eine rh^--Mutter ein rhesuspositives Kind erwartet.

Da beide Blutgruppensysteme auf unterschiedlichen Chromosomen lokalisiert sind, werden sie entsprechend der **3. mendelschen Regel** (s. S. 22) unabhängig voneinander vererbt. Es können somit viele unterschiedliche Blutgruppenkombinationen auftreten.

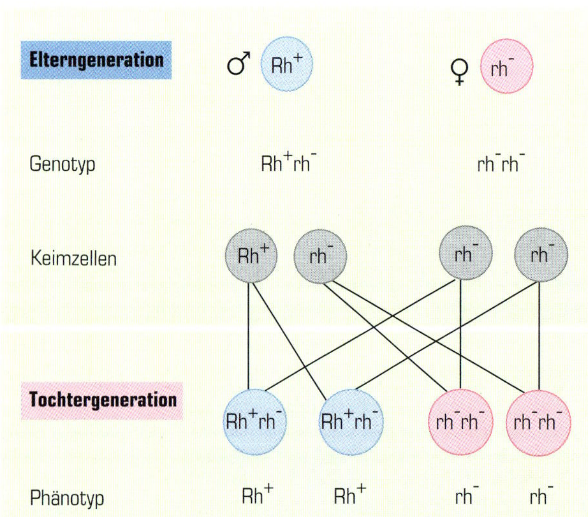

2 ▸ Beispiel zur Vererbung des Rhesus-Systems

Eltern	Mutter	Vater
Blutgruppen	AB Rh^+	B rh^-
Genotyp	AB Rh^+ Rh^+ oder AB Rh^+rh^-	B0 rh^-rh^- oder BB rh^-rh^-
Keimzellen	A Rh^+ A rh^- B Rh^+ B rh^-	B rh^- 0 rh^-
Genotypen Kinder	AB Rh^+rh^- AB rh^-rh^- BB Rh^+rh^- BB rh^-rh^-	A0 Rh^+rh^- A0 rh^-rh^- B0 Rh^+rh^- B0 rh^-rh^-
Blutgruppen Kinder	AB Rh^+ A Rh^+ B Rh^+	AB rh^- A rh^- B rh^-

3 ▸ Unabhängige Vererbung der Blutgruppensysteme

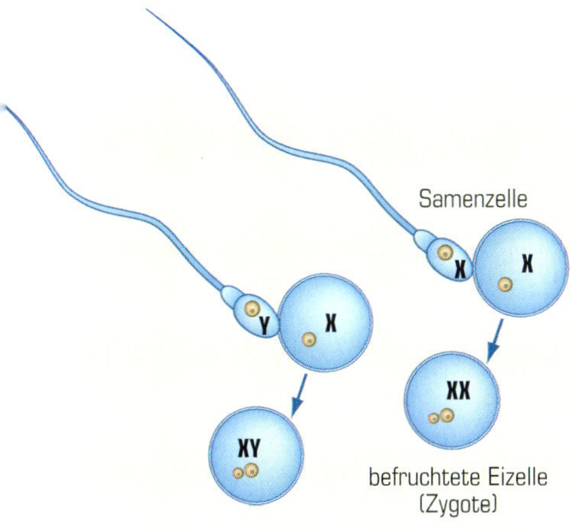

1 ▸ Festlegung des Geschlechts bei der Befruchtung der Eizelle

2 ▸ Geschlechtschromosomen bestimmen, ob ein Junge oder ein Mädchen geboren wird.

Vererbung des Geschlechts

Auch die Geschlechtsbestimmung beim Menschen erfolgt entsprechend den mendelschen Regeln. Insgesamt befinden sich in jeder Körperzelle des Menschen 46 Chromosomen, nämlich 44 Körperchromosomen (Autosomen) und 2 Geschlechtschromosomen (Gonosomen, Abb. 3).

Das Geschlecht eines Menschen wird durch die Geschlechtschromosomen festgelegt. Die Entscheidung über das Geschlecht erfolgt bereits bei der Befruchtung der Eizelle (Abb. 1). Die Eizelle enthält ein X-Chromosom, die Samenzelle ein X- oder ein Y-Chromosom (s. S. 28). Das Geschlecht wird bei der Befruchtung der Eizelle durch die Kombination der Geschlechtschromosomen bestimmt (XX = weiblich, XY = männlich).

Die **Vererbung des Geschlechts beim Menschen** kann schematisch dargestellt werden (Abb. 3). Theoretisch ist eine Geschlechtsverteilung von 1 : 1 zu erwarten. Praktisch werden aber auf 100 Mädchen 106 Jungen geboren. Man vermutet, dass Y-Spermien leichter und schneller beweglich sind und dadurch eher zur Befruchtung kommen.

Die Differenzierung des Geschlechts beginnt etwa am 35. Tag der Embryonalentwicklung. Bis dahin entwickeln sich die Anlagen für die Keimdrüsen und für die Geschlechtsorgane geschlechtsunabhängig. Hat der Embryo ein Y-Chromosom geerbt, wird dort jetzt ein Gen aktiv, das aus den Keimdrüsenanlagen Hoden entstehen lässt. Diese produzieren das männliche Sexualhormon Testosteron.

Das Hormon aktiviert als Signalstoff dann Gene im gesamten Genom, die eine männliche Differenzierung bewirken. Ohne dieses Gen, es ist fast die einzige Erbinformation auf dem Y-Chromosom, entstehen Eierstöcke. Dann entwickelt sich der Embryo weiblich.

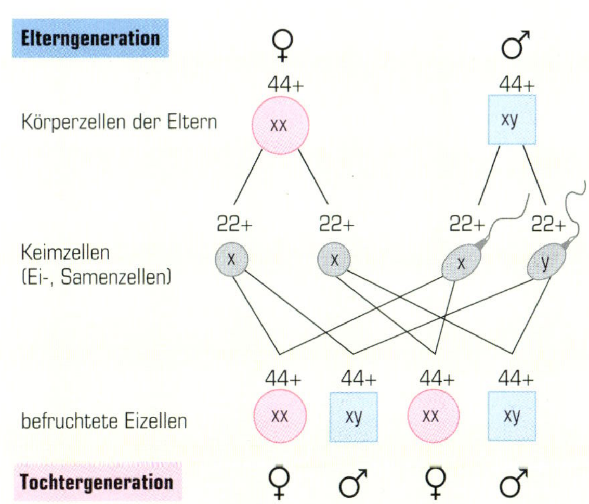

3 ▸ Vererbung des Geschlechts beim Menschen

Stammbaumanalysen

*Der **Familienstammbaum** verdeutlicht die Abstammung der nachkommenden Generationen väterlicher- und mütterlicherseits.*

Neben molekulargenetischen Methoden werden zur Erforschung der Vererbung beim Menschen auch **Stammbäume** aufgestellt. Mit ihnen kann die Vererbung der Anlagen von Merkmalen über Generationen hinweg verfolgt werden. Es können Aussagen getroffen werden, ob die Genotypen dominant, rezessiv oder intermediär bzw. kodominant ausgeprägt werden. Bei *Erbkrankheiten* können auch Aussagen über das Erkrankungsrisiko eines Kindes getroffen werden.

In Stammbäumen werden symbolhaft die Generationsfolgen von Familien dargestellt. Frauen werden mit einem Kreis, Männer mit einem Quadrat symbolisiert. Merkmalstragende Personen werden markiert. Zusätzlich können noch Merkmalsüberträger oder, wenn bekannt, die Genotypen der Personen dargestellt sein.

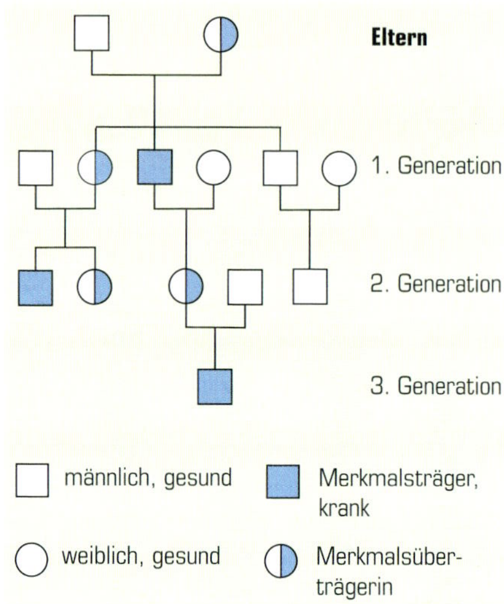

1 ▸ Modell für einen Stammbaum beim Menschen

Die Analyse von Stammbäumen, das Herausfinden, wie die Anlage zu einem Merkmal vererbt wird, erfolgt in der Regel nach dem Ausschlussprinzip aller möglichen Erbgänge.

Entscheidungshilfe zur Analyse von Stammbäumen

Drei verschiedene Phänotypen (starke, mittlere, keine Ausprägung des Merkmals)
- intermediärer bzw. kodominanter Erbgang a*a* aa* aa

Zwei verschiedene Phänotypen
(Merkmalsträger, Nichtmerkmalsträger)
- dominant-rezessiver Erbgang

a) *autosomale Vererbung* (merkmalstragende Gene liegen auf den Autosomen)
- dominante Vererbung (ein Allel reicht zur Ausbildung des Merkmals) AA Aa aa
- rezessive Vererbung (nur bei Reinerbigkeit Ausprägung des Merkmals) AA Aa aa

b) *gonosomale Vererbung*
(merkmalstragende Gene liegen auf den Geschlechtschromosomen)
- Y-chromosomale Vererbung (merkmalstragendes Gen liegt auf dem Y-Chromosom, nur Männer sind Merkmalsträger, extrem selten) XX XY_a XY_{a*}
- X-chromosomale Vererbung (merkmalstragendes Gen liegt auf dem X-Chromosom)
  - dominante Vererbung (ein merkmalstragendes Gen reicht zur Merkmalsausbildung bei beiden Geschlechtern aus)
    X_AX_A X_AX_a X_aX_a
    X_AY X_aY
  - rezessive Vererbung (bei Frauen nur bei Reinerbigkeit Ausprägung, bei Männern häufiger und immer Ausprägung des Merkmals)
    X_AX_A X_AX_a X_aX_a
    X_AY X_aY

■ merkmalstragende Gene, z. B. einer Erbkrankheit

■ merkmalstragende Phänotypen

1

Erbkrankheiten des Menschen

Wie bei allen Lebewesen finden auch bei uns Menschen während unseres Daseins Mutationen statt. Sie bedingen unsere genetische Variabilität, können aber auch **Erbkrankheiten** hervorrufen.

Je nachdem, ob erbkranke Menschen fortpflanzungsfähig sind oder nicht, werden die Ursachen der Erbkrankheiten, die mutierten Anlagen, weitervererbt (z. B. Phenylketonurie) oder die Erbkrankheiten entstehen immer wieder neu (z. B. DOWN-Syndrom).

M **Erbkrankheiten sind durch Veränderungen der Erbsubstanz verursachte Erkrankungen des Menschen. Sie sind noch nicht heilbar.**

Alle Mutationsformen und auch alle Vererbungsformen können bei Erbkrankheiten des Menschen auftreten (s. Tab.).

Je größer die Veränderung im Genotyp ist, umso geringer ist die Lebenserwartung und umso schwerwiegender sind in der Regel die Krankheitsbilder.

Diese nüchterne biologische Aussage macht unsere Verantwortung als Menschen sehr deutlich. Nach Möglichkeit sollte das Auftreten von Erbkrankheiten verhindert und das Leiden an den Krankheiten soweit wie möglich reduziert werden.

Eine wesentliche Aufgabe besteht darin, erkrankte Menschen in die Gesellschaft zu integrieren.

Genommutationen

Triploidie: Selten werden Eizellen von zwei Spermien doppelt befruchtet. Das führt zu einer Zygote mit einem triploiden (dreifachen) Chromosomensatz (Abb.). Diese Erkrankung heißt **Triploidie.** Die Embryonen sterben während ihrer Entwicklung.

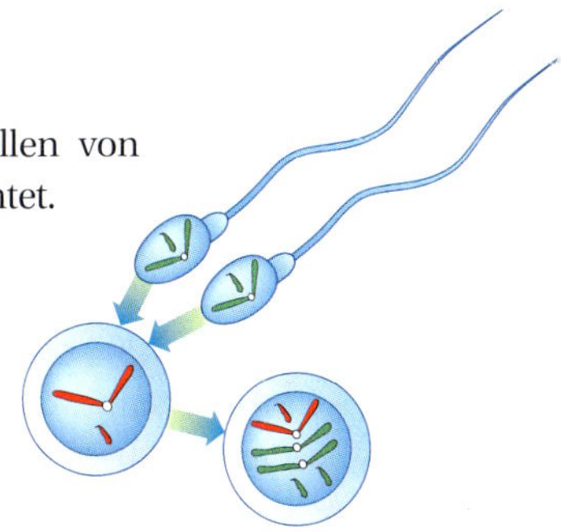

Trisomie 21: Eine erblich bedingte Krankheit ist die **Trisomie 21.** Dieses Erbleiden wurde erstmals 1866 durch den englischen Kinderarzt **JOHN LANGDON DOWN** (1828–1896) beschrieben. Sie wurde nach ihrem Entdecker als **Down-Syndrom** benannt.

Etwa ein von 700 Neugeborenen besitzt das 21. Chromosom dreimal und damit 47 Chromosomen.

Aus *genotypischer Sicht* ist die Trisomie 21 eine Fehlverteilung der Chromosomen (Abb. 2, S. 64).

Mutationsformen

Genommutationen	Chromosomenmutationen	Genmutationen
Triploidie, dreifaches Vorhandensein des gesamten Chromosomensatzes	**Katzenschrei-Syndrom,** fehlendes Stück an einem der homologen Chromosomen Nr. 5 (Deletion)	**Huntington-Krankheit,** autosomal-dominant
Trisomie 21, dreifaches Vorhandensein des 21. Chromosoms (DOWN-Syndrom)	**Translokationstrisomie 21,** Verknüpfen eines großen Stückes des 21. Chromosoms an ein anderes Chromosom (Translokation)	**Phenylketonurie und Mukoviszidose** autosomal-rezessiv **Bluterkrankheit** X-chromosomal-rezessiv

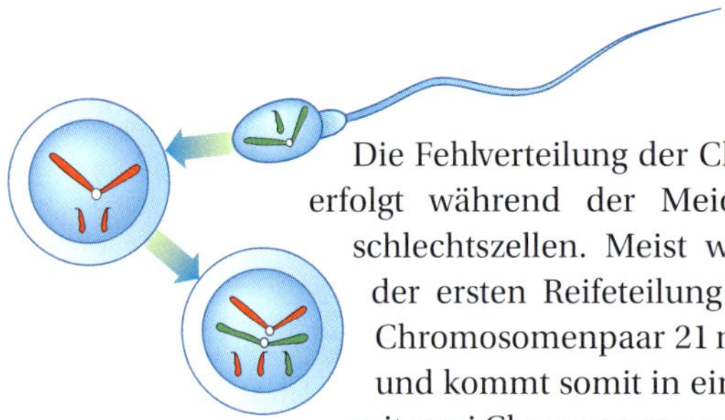

Die Fehlverteilung der Chromosomen erfolgt während der Meiose der Geschlechtszellen. Meist wird während der ersten Reifeteilung (s. S. 43) das Chromosomenpaar 21 nicht getrennt und kommt somit in einer Keimzelle mit zwei Chromosomen vor. In der befruchteten Eizelle befinden sich dann drei Chromosomen mit der Nummer 21.

Heute erreichen über 80 Prozent der Erkrankten das 30. Lebensjahr.

Besonders sind die Eizellen von Fehlverteilungen der Chromosomen gefährdet. Mit Beginn der Geschlechtsreife bei Frauen verharren sie mit gepaarten homologen Chromosomen in der ersten Phase der Meiose. Es wird angenommen, dass die Chromosomenpaare sich mit dem steigenden Alter der Frau immer schlechter voneinander trennen und somit diese Fehlverteilungen in den Eizellen auftreten können. Statistisch kann diese Aussage für die Trisomie 21 belegt werden, z. B. bei 20-jährigen beträgt die Häufigkeit 1 : 2300, bei 45-jährigen schon 1 : 46 pro Geburtenzahl.

Phänotypisch ist das DOWN-Syndrom mit einigen Auffälligkeiten im Kopf- und Gesichtsbereich gekennnzeichnet (Abb. 1). Die Kopfform ist weniger oval, die Ohren sitzen niedrig und die Nase ist flach. Die Augenlider bilden eine Lidfalte (Epikanthus). Aufgrund der Lidfalte wurde die Krankheit früher auch als *Mongolismus* bezeichnet, weil die Augen asiatisch aussehen.

Innere Organe, vor allem das Herz, weisen häufig Fehlbildungen auf. Männer sind unfruchtbar, Frauen können aber Kinder bekommen. Die Lebenserwartung ist heute immer noch eingeschränkt.

Am DOWN-Syndrom erkrankte Menschen sind geistig behindert. Je nach Mutationsform sowie ihrer Ausprägung und vor allem der gezielten frühzeitigen Förderung kranker Kinder, können sie je nach Lernfähigkeit ein hohes Maß an Selbstständigkeit erreichen.

Die Förderung wird vor allem durch die Anhänglichkeit und die Liebebedürftigkeit der Kranken unterstützt. Leider birgt die Kombination zwischen geistiger Behinderung und dieser Anhänglichkeit auch ein gewisses Missbrauchspotenzial in sich.

1 ▸ Seifenblasen pusten macht Spaß

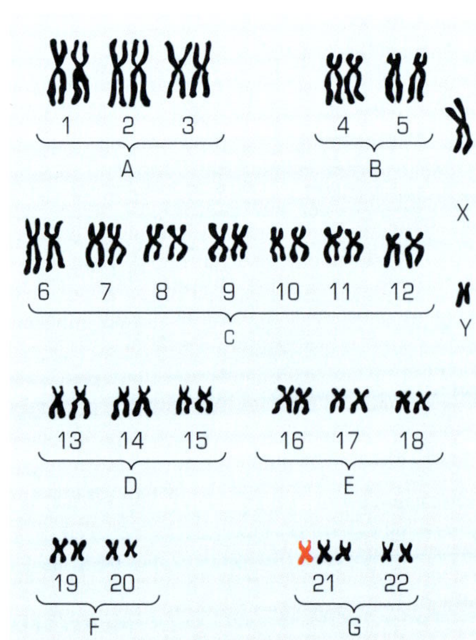

2 ▸ Karyogramm bei Trisomie 21

1

Chromosomenmutationen

Die Abbildung 1 zeigt das Karyogramm eines Mannes, bei dem an einem 14. Chromosom ein zusätzliches Stück hängt. Analysen der Chromosomenbänderung haben ergeben, dass es sich um den größten Teil des 21. Chromosoms handelt. Eine Chromosomenmutation liegt vor. Da das Stück des Chromosoms 21 an das 14. Chromosom verlagert wurde, andere Chromosomen sind auch möglich, wird von einer Translokation (s. S. 50) gesprochen.

Der größte Teil der Erbinformation des 21. Chromosoms liegt nun dreifach vor, was zum **Down-Syndrom** führt (s. S. 63). Aus genetischer Sicht wird diese Krankheit **Translokationstrisomie 21** genannt (Abb. 1). Von der Trisomie 21 unterscheidet sie sich durch ihre Altersunabhängigkeit. Andere Träger der Mutation, die ein normales und ein mutiertes 14. Chromosom sowie nur ein 21. Chromosom besitzen, sind gesund, können aber das mutierte Chromosom weitervererben und damit das Down-Syndrom auslösen.

Genmutationen

Einige Erbkrankheiten sind auf Veränderungen im Gen der DNA zurückzuführen. Sie sind **Genmutationen.**

Phenylketonurie (PKU): Das ist eine erbliche Stoffwechselerkrankung. Wir Menschen können die Aminosäure Phenylalanin nicht selber bilden. Sie ist essentiell und muss deshalb durch eiweißhaltige Nahrung aufgenommen werden. Im Stoffwechsel der Zelle wird dann Phenylalanin beim Aufbau von Proteinen genutzt, in die Aminosäure Tyrosin oder in geringem Umfang zu Phenylbrenztraubensäure umgewandelt.

Das Tyrosin selbst ist wieder Ausgangsstoff für die Proteinbiosynthese oder die Herstellung anderer Stoffe wie das Pigment Melanin oder den Botenstoff Dopamin. Zu viel Phenylalanin wird über Tyrosin zu Kohlenstoffdioxid und Wasser abgebaut (Abb 2). Weist das Gen für das Enzym Phenylalaninhydroxylase eine Genmutation auf, wird das Enzym funktionsuntüchtig gebildet.

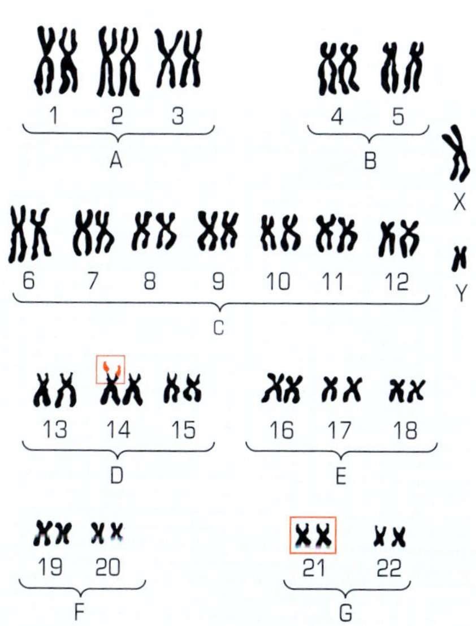

1 ▸ Karyogramm bei Translokationstrisomie 21

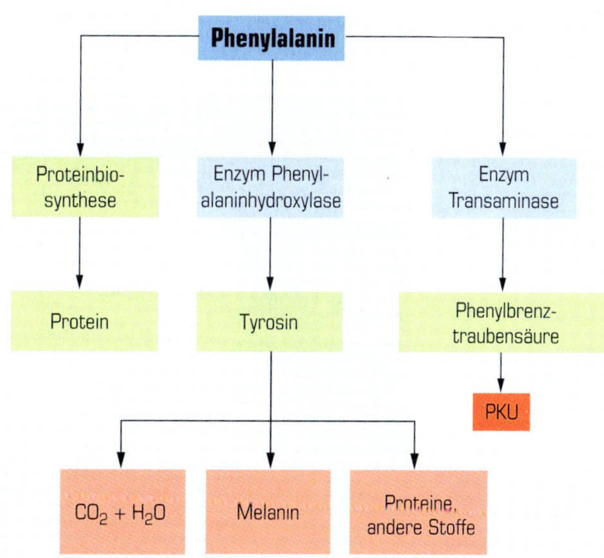

2 ▸ Phenylalaninstoffwechsel

Melanin ist ein Farbstoff, der in Haut, Haaren und der Regenbogenhaut des Auges vorkommt.

Der Überschuss an Phenylalanin kann nicht mehr abgebaut werden. Stattdessen wird er verstärkt zu Phenylbrenztraubensäure umgewandelt, die mit dem Urin ausgeschieden wird.

Daher stammt auch der Name der Krankheit **Phenylketonurie (PKU)**.

Durch diese Störung sammeln sich Phenylalanin und die Phenylbrenztraubensäure im Körper an. Beide Stoffe schädigen im Überschuss die Entwicklung des Gehirns bei Kindern und führen zu schweren geistigen Behinderungen. Durch Mangel an Tyrosin und damit Melanin kann die Haut erkrankter Kinder weniger pigmentiert sein.

Albinismus wird fast ausschließlich rezessiv vererbt. Beim Menschen sind aber auch in sehr seltenen Fällen andere Vererbungsmöglichkeiten bekannt.

Die Krankheit ist nicht heilbar, das defekte Gen müsste in allen Zellen des Körpers „repariert" werden. Behandelt werden die Krankheitssymptome durch eine phenylalaninarme Diätkost, die in der Regel mit der Pubertät beendet werden kann.

Zur Absicherung einer normalen Entwicklung werden alle Neugeborenen auf PKU getestet, um eine Behandlung rechtzeitig einleiten zu können *(Guthrie-Test)*.

Etwa 1 Kind von 10 000 wird reinerbig mit dem Defekt geboren. Etwa jeder 100. Mensch besitzt das PKU-Allel aber mischerbig im Genom.

Albinismus: Die genetisch bedingte Krankheit **Albinismus** zeichnet sich durch einen **Pigmentmangel** aus (Abb. 1). Es kommt hierbei zu Störungen der Herstellung dunkler Farbpigmente, dem Melanin. Es schützt unseren Körper vor schädlicher UV-Strahlung, indem es die Sonnenstrahlung absorbiert. Bei intensiver Sonnenstrahlung verstärkt sich die Bildung von Melanin, die Haut wird dunkler.

Von diesem Pigmentmangel sind die Körperoberfläche (Haut, Haare) und die Augen betroffen. Menschen mit dieser Krankheit haben eine weiße Haut und eine helle Augenfarbe.

Direkte gesundheitliche Schäden treten bei Albinismus in der Regel nicht auf. Jedoch führt der Pigmentmangel zu Spätschäden.

Da ein Schutz der Haut vor ultravioletter Strahlung fehlt, unterliegen betroffene Menschen einem sehr hohen *Hautkrebsrisiko*. Der Pigmentmangel führt auch zu Sehbehinderungen. Diese Menschen sind sehr lichtempfindlich. Die zunehmende Zerstörung von Netzhautzellen des Auges kann von einer Beeinträchtigung der Sehfähigkeit bis zur Erblindung führen.

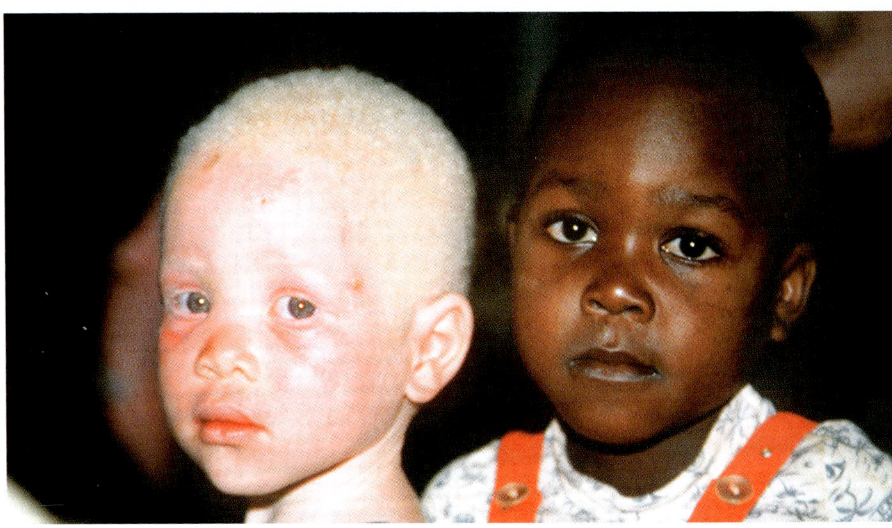

1 ▸ Kinder aus Afrika, eins mit Pigmentmangel (Albinismus)

1

Mukoviszidose: Die **Mukoviszidose** (Cystische Fibrose - CF) ist die häufigste autosomal-rezessiv vererbte Krankheit in Deutschland.

Die Bezeichnung Mukoviszidose (Mucoviscidose) stammt aus dem Lateinischen und leitet sich davon ab, dass bei der Erkrankung sehr zähe Körperschleime auftreten (mucos = schleimig; viscos = leimähnlich, zähflüssig).

Ein bestimmtes Eiweiß wird entweder nicht oder in einer funktionsgestörten Form von den Zellen hergestellt. Die Folge ist, dass Drüsenzellen nur noch einen sehr zähflüssigen Schleim (Sekret) abgeben. Die **Drüsenfehlfunktionen** führen im ganzen Körper zu Problemen.

Durch den sehr zähen Schleim wird der Gasaustausch, vor allem aber der Schleim- und Schmutztransport in der Lunge stark gestört. Krankheitserreger, die sich im Schleim der Lunge ansiedeln, führen immer wieder zu schweren Atemwegserkrankungen. Im Laufe der Zeit wird die Lunge zerstört, was letztendlich zum Tod führt.

Die Abgabe von Sekreten aus der Leber, der Bauchspeicheldrüse und der Darmwand ist auch behindert. Das kann zu erheblichen Schwierigkeiten bei der Verdauung führen.

Betroffene Männer sind unfruchtbar, weil die Bildung der Samenflüssigkeit gestört ist.

Die Krankheit ist bisher unheilbar. Abhilfe könnte nur eine Gentherapie schaffen, bei der das defekte Erbgut „repariert" wird. Erste Forschungsprojekte gibt es bereits.

Heute können nur die Krankheitssymptome in der Lunge oder dem Verdauungssystem behandelt werden. Das gelingt schon so gut, dass sich die Lebenserwartung erkrankter Menschen in den letzten Jahren deutlich erhöht hat.

Bluterkrankheit: Eine weitere erblich bedingte Krankheit ist die **Bluterkrankheit (Hämophilie).** Sie wurde bereits früh erforscht. Aufmerksam wurde man auf sie durch das gehäufte Auftreten in europäischen Herrscherhäusern, z. B. im englischen Königshaus (Abb. 1) und im russischen Zarenhaus.

Es gibt aber weltweit etwa 200 000 Menschen mit dieser erblich bedingten Krankheit.

Die Bluterkrankheit wird durch eine Genmutation ausgelöst. Durch die Veränderung des Gens, das auf dem X-Chromosom liegt, wird ein Faktor, der an der Blutgerinnung beteiligt ist, nicht gebildet.

Bei gesunden Menschen gerinnt das Blut in 5 bis 9 Minuten. Bluter haben eine Gerinnungszeit von mehr als 15 Minuten. Leichte Prellungen führen bei ihnen bereits zu großen Blutergüssen (Hämatomen). Verletzungen, wie sie z. B. beim Ziehen eines Zahnes entstehen, führen unbehandelt zu einem starken Blutverlust und können lebensbedrohlich sein.

Früher hatten Bluter deshalb keine hohe Lebenserwartung. Heute wird der fehlende Gerinnungsfaktor gentechnisch hergestellt und per Injektion verabreicht.

1 ▸ Queen Victoria (1819–1901)

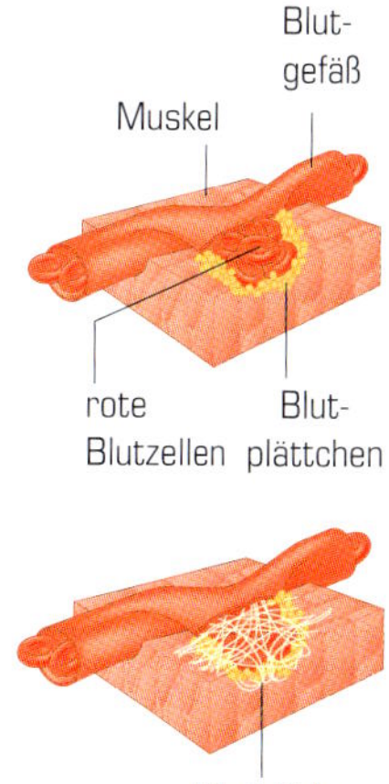

2 ▸ Der Vorgang der Blutgerinnung ist bei Bluterkranken verzögert.

Die Bluterkrankheit galt früher als „Geißel" der Könige, weil diese Krankheit besonders gehäuft in Königshäusern auftrat. Ursache dafür war, dass oft nahe Verwandte untereinander heirateten, wodurch das Risiko der Erkrankung stieg.

Die Bluterkrankheit wird X-chromosomal-rezessiv vererbt. Deshalb tritt sie vorwiegend bei Männern auf. Frauen mit einem mutierten Allel auf einem X-Chromosom sind Überträgerinnen, aber gesund, da sie noch ein zweites X-Chromosom mit einem gesunden Allel besitzen. Dies steuert die *Blutgerinnung* (Abb. 2, S. 67).

Wird das X-Chromosom mit dem mutierten Allel auf den Sohn vererbt, wird er Bluter sein. Frauen werden nur bluterkrank, wenn sich auf ihren beiden X-Chromosomen das mutierte Gen befindet.

Bei akuten Blutungen kann der Besitz eines **Notfallausweises** mit konkreten Angaben den Bluter vor ungeeigneten Medikamenten oder Maßnahmen am Unfallort schützen.

Zwischen den europäischen Fürstenhäusern wurden häufig Ehen geschlossen und Kinder gezeugt. Zwei Urgroßmütter von Philip Mountbatten, Herzog von Edinburgh, dem Mann von Königin Elisabeth II., waren Töchter von Königin Victoria (Abb. 1, S. 67).

Sie, die Töchter Alice und Beatrice, waren ebenfalls Überträgerinnen der Bluterkrankheit ihrer Mutter Victoria. Sie gaben das Allel aber nicht an ihren Urenkel weiter. Auch Elisabeth II. erbte nicht das Allel über ihren Urgroßvater Eduard VII., sodass die Kinder und Enkel des amtierenden englischen Königspaares, Elisabeth II. und Philip, nicht an der Krankheit leiden müssen. Der stark vereinfachte Familienstammbaum (Abb. 1) zeigt, wie schnell rezessive Erbkrankheiten gehäuft zum Erscheinen kommen können.

Die Bluterkrankheit ist eine erblich bedingte Krankheit, die auf Genmutation am X-Chromosom beruht. Das mutierte Gen auf dem X-Chromosom vermindert stark die Gerinnungsfähigkeit des Blutes.

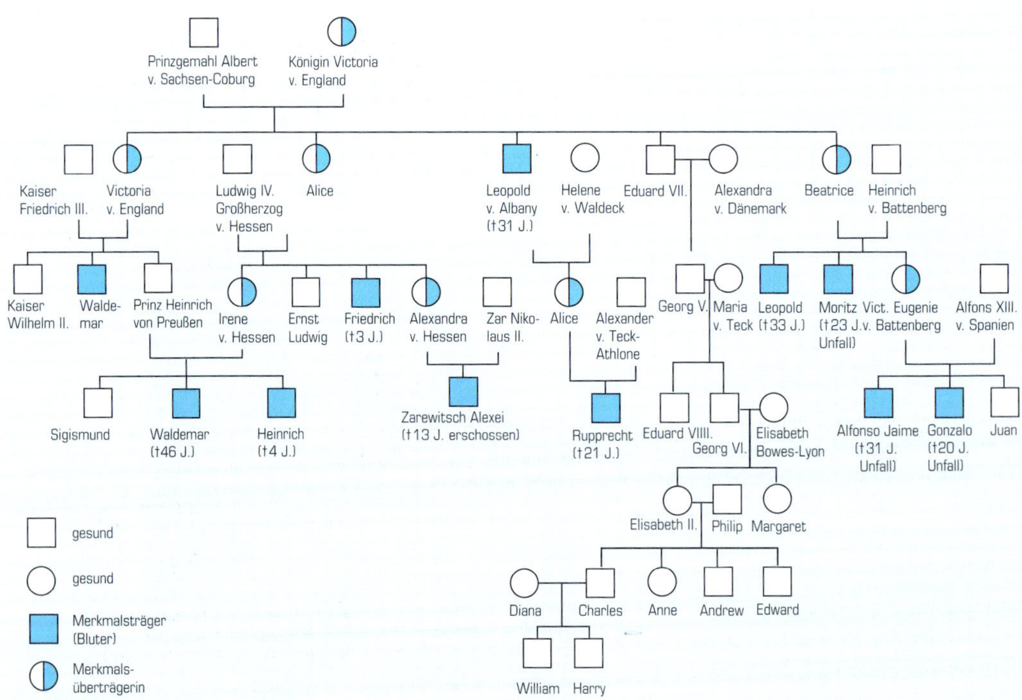

1 ▸ Familienstammbaum zur Vererbung der Bluterkrankheit in europäischen Fürstenhäusern (Auswahl)

Humangenetische Beratung und ethische Probleme

Von 100 Neugeborenen weisen rein statistisch 4 bis 6 genetische Defekte auf. Nach heutigem Kenntnisstand sind genetische Faktoren bei weit mehr als 2000 Krankheiten beteiligt. Deshalb gewinnt die Berücksichtigung genetischer Aspekte bei der Erkennung, Ursachenanalyse, Prophylaxe und Therapie von vielen Krankheiten zunehmend Bedeutung. In zahlreichen Fällen besteht bereits die Möglichkeit, exakte Aussagen und Prognosen über das Auftreten von Risiken und möglichen genetischen Defekten zu machen.

Elternpaare, die befürchten, ein erbkrankes Kind zu bekommen, können sich an eine **humangenetische Beratungsstelle** wenden. Anzeichen für eine solche Befürchtung können u. a. sein:

- wenn bei einem der Partner oder in dessen Familie ein Erbleiden vorhanden ist oder der Verdacht besteht;
- wenn bei der Mutterschaftsvorsorge Anhaltspunkte für ein genetisch bedingtes Risiko bestehen (z. B. erhöhtes Alter der Mutter, Geburt eines vorangegangenen Kindes mit Erbkrankeit, Auffälligkeit im Ultraschall);
- wenn zwei oder mehr Fehlgeburten in der Familie bekannt sind.

Eltern können aber eine humangenetische Beratungsstelle auch aufsuchen, wenn sie allgemeine Fragen zur Familienplanung und zu humangenetischen Untersuchungsmöglichkeiten haben.

Wie läuft eine genetische Beratung ab?

In einem einführenden Gespräch muss zunächst geklärt werden, ob es sich tatsächlich um eine genetisch bedingte Krankheit handelt, denn nicht alle angeborenen Behinderungen sind Erbkrankheiten. Dazu wird die Vorgeschichte der betreffenden Krankheit (Anamnese), die bei einem der Partner und deren Familie aufgetreten ist, aufgenommen und ein **Familienstammbaum** angefertigt.

Der Familienstammbaum sollte über drei Generationen, also bis zu den Großeltern reichen. Mit ihm wird die spezifische familiäre Belastung ermittelt, und zwar auf der Basis der Vererbungsregeln. Allerdings sind auch Grenzen vorhanden. Bei einigen vererbten Krankheiten kann man einen Gesunden nicht von einem Überträger unterscheiden.

Wenn alle erforderlichen Daten vorliegen, werden Ursache und Auswirkung der vorhandenen genetischen Erkrankung verständlich vermittelt und erläutert.

Für die Abklärung der genetischen Ursachen und des Erbverhaltens einer Krankheit kann der Humangenetiker auf verschiedene Möglichkeiten zurückgreifen (Abb. 1). Dazu gehören u. a. der **Bluttest** zur Erkennung von mischerbigen gesunden Anlagenträgern und die **Fruchtwasseruntersuchung.**

Auch bestimmte Umwelteinflüsse während der Schwangerschaft, z. B. eine Infektion mit Rötelnviren, Medikamenten-, Alkohol- und Drogenmissbrauch, können zu Schäden führen.

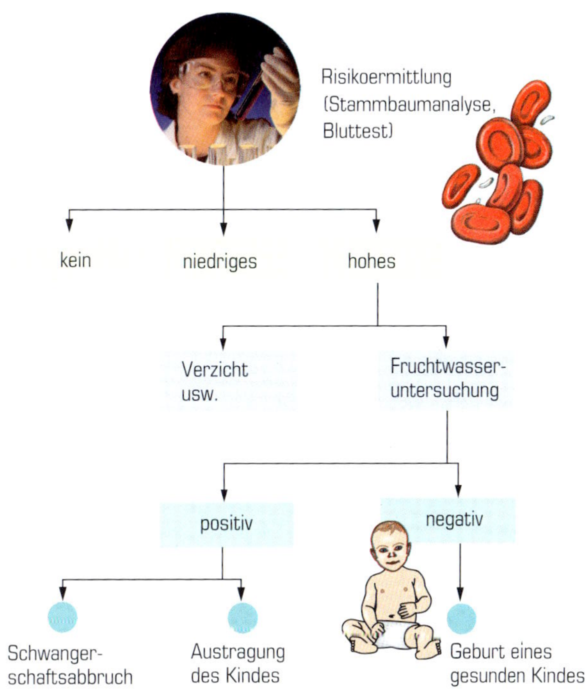

1 ▸ Möglichkeiten und Konsequenzen genetischer Familienberatung

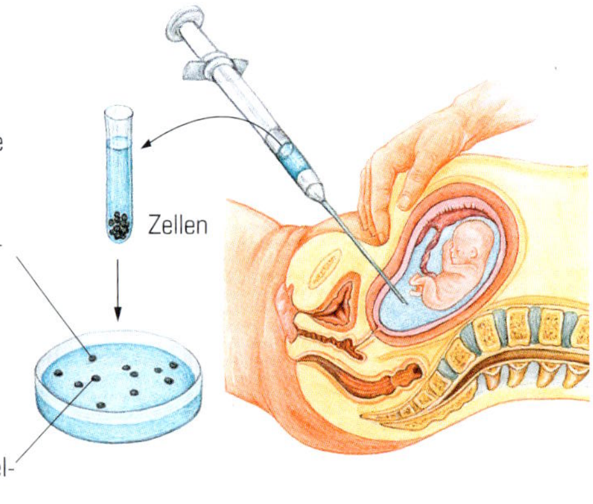

1 ▸ Fruchtwasseruntersuchung – ein Verfahren zur vorgeburtlichen Diagnostik

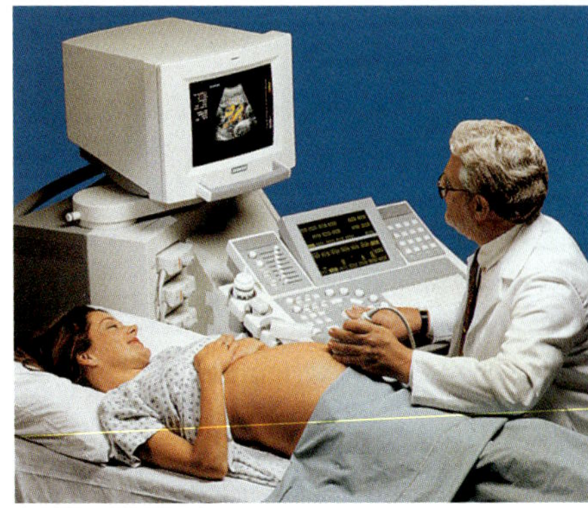

2 ▸ Mithilfe der Ultraschalluntersuchung kann man die Entwicklung des Embryos verfolgen.

Mit dem **Bluttest** (Heterozygotentest) kann nun ermittelt werden, ob die betreffende Person mischerbiger Überträger einer Krankheit ist oder nicht, z.B. bei Rotgrünsehschwäche, Sichelzellenanämie. Dieser Test lässt sich auch an embryonalen Zellen durchführen.

Des Weiteren ist die **Fruchtwasseruntersuchung** ein Verfahren, um mögliche genetische Defekte bereits beim Embryo zu erkennen. Sie wird in der 15. bis 18. Schwangerschaftswoche durchgeführt. Wegen des Risikos, eine Frühgeburt auszulösen, sollte diese vorgeburtliche Diagnostik nur in begründeten Fällen vorgenommen werden. Gründe für eine Fruchtwasseruntersuchung sind u.a.:

- Bei einem Elternteil ist eine Chromosomenanomalie bekannt.
- Es wurde bereits ein Kind mit einer Chromsomenveränderung geboren.
- Die Mutter ist über 35 Jahre alt.
- Die Mutter ist während der Schwangerschaft erkrankt, dadurch besteht ein Risiko für eine ungestörte Embryonalentwicklung.

Es ist sehr wichtig, die Talente erbkranker Kinder zu fördern. So gibt es zahlreiche Betriebe und Werkstätten, in denen Erbkranke arbeiten.

Die Rat suchenden Paare können selbst entscheiden, ob sie eine Fruchtwasseruntersuchung durchführen lassen, um weitere Gewissheit zu erlangen. Bei positiven Resultaten ist zu entscheiden, ob man die in § 218 geregelte Möglichkeit zum Schwangerschaftsabbruch nutzen oder das prognostizierte Risiko mit all seinen Konsequenzen akzeptieren will.

Das Ziel einer humangenetischen Beratung besteht u. a. darin, die Partner durch die umfassende Information auf der Basis vollständiger und aktueller Kenntnisse der medizinischen und genetischen Fakten zu befähigen, für sich eine angemessene Entscheidung zu treffen.

Erbkranke Kinder bedürfen vonseiten der Eltern, Geschwister und aller anderen Personen einer besonderen Zuneigung, Unterstützung und Hilfe. Verständnis und Mitgefühl sind vonnöten, denn Menschen mit erbbedingten Krankheiten sind doch „anders". Bei geistiger Behinderung können sie beispielsweise Gefahren nicht richtig einschätzen, oft sind sie anderen gegenüber gutgläubig und unbekümmert.

Wenn erbkranke Kinder eine Sonderschule besuchen, lernen sie vor allem, wie sie selbstständig werden und ihr Leben gestalten können. Manche lernen lesen und schreiben, manche entfalten musikalische bzw. handwerkliche Talente.

Die **Integration Erbkranker** in das schulische bzw. berufliche Leben einer Gemeinschaft ist für sie von besonderer Wichtigkeit.

1

Erschließungsfeld

Anwendung der Erschließungsfelder Vielfalt, Struktur und Funktion sowie Information auf die Grundlagen der Humangenetik

Die **Humangenetik** stellt heute eine bedeutende Wissenschaftsdisziplin dar. Die Analyse der Erbinformation auf der Ebene der Nucleinsäuren einerseits und der Phänotypen andererseits ermöglichen Aussagen über den spezifischen Informationsgehalt der Gene und über Faktoren, die Änderungen in Genen bewirken.
Als **Analysemethoden** haben sich dabei vor allem vier Verfahren durchgesetzt:
- Stammbaumanalysen,
- Zwillingsforschung,
- populationsgenetische Untersuchungen
- cytogenetische und biochemische Untersuchungen.

Die Chromosomenpräparation zählt zu den Standardverfahren bei humangenetischen Untersuchungen. Dabei werden die Chromosomen einer Zelle im Metaphase-Stadium fixiert, angefärbt und geordnet. Durch die Nummerierung und Ordnung der Chromosomen erhält man eine Chromosomenkarte, ein **Karyogramm** (Abb.).

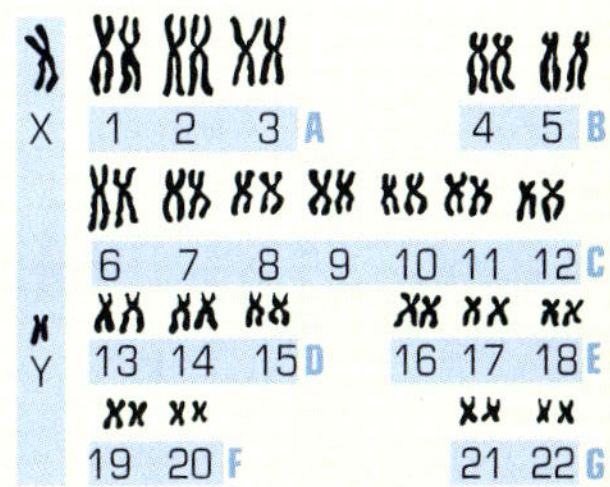

1 ▸ Karyogramm des Menschen

1. *Analysiere das abgebildete Karyogramm eines Menschen. Begründe deine Aussagen. Beachte dabei folgende Schwerpunkte:*
   - *Welcher Chromosomenbestand und Chromosomensatz liegt vor?*
   - *Aus welcher Zellart stammt das Karyogramm?*
   - *Welchem Geschlecht muss das Karyogramm zugeordnet werden?*

Die **Stammbaumanalyse** versucht, auf der Basis der Aussagen von Familienmitgliedern das Auftreten eines bestimmten Merkmals über mehrere Generationen hinweg zu verfolgen. Durch die Verwendung von internationalen Symbolen entstehen „Stammbäume", die einen Rückschluss vom Phänotyp auf den Genotyp und somit Wahrscheinlichkeitsaussagen über das Auftreten dieses Merkmals in Folgegenerationen ermöglichen.

Tipp: Die Symbole findest du im Tafelwerk.

2. *Stelle in einem Stammbaum die möglichen Genotypen der Eltern sowie die Phäno- und Genotypen der Kinder dar, wenn der Vater die Blutgruppe A und die Mutter die Blutgruppe AB hat.*

3. *Eine Familie hat vier Kinder, die alle unterschiedliche Blutgruppen besitzen: Kind 1 = AB; Kind 2 = A; Kind 3 = 0; Kind 4 = B.*
   a) *Entwickle ein geeignetes Verfahren, mit dessen Hilfe die Geno- und Phänotypen der Eltern dieser Kinder ermittelt werden können.*
   b) *Nenne die Geno- und Phänotypen.*
   c) *Erkläre die verschiedenen Phänotypen der Kinder mithilfe eines geeigneten Erschließungsfeldes.*

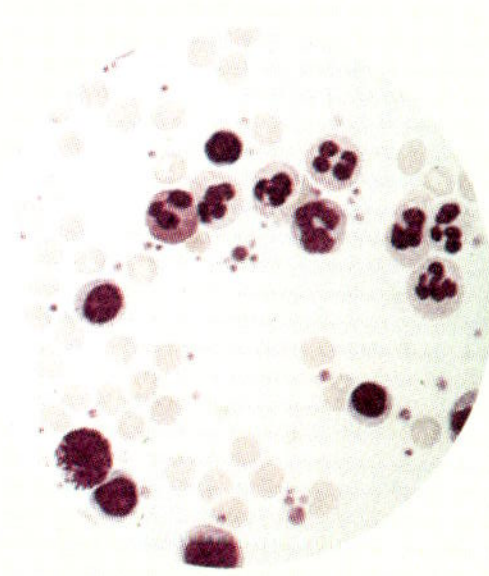
2 ▸ Blutausstrich des Menschen

Erschließungsfeld

Die Veränderungen des menschlichen Erbguts durch Mutationen können Ursache von **Krankheiten** sein.

4. *Interpretiere die Abbildung zu Ursachen von Krankheiten an den genannten Beispielen.*

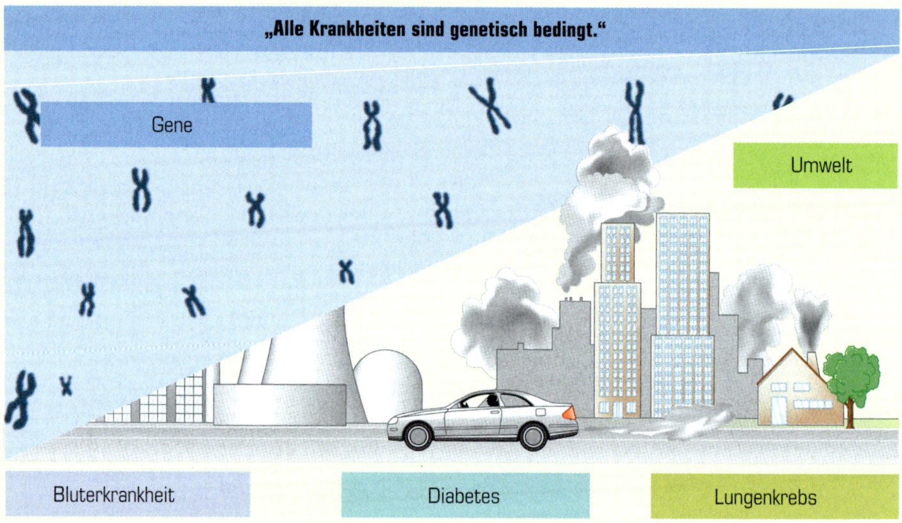

5. *In einer Familie ist bereits mehrfach die Bluterkrankheit aufgetreten. Im Rahmen einer genetischen Beratung sollte die Wahrscheinlichkeit des Auftretens dieser Erbkrankheit bei künftigen Kindern ermittelt werden. Dabei entstand der folgende Stammbaum:*

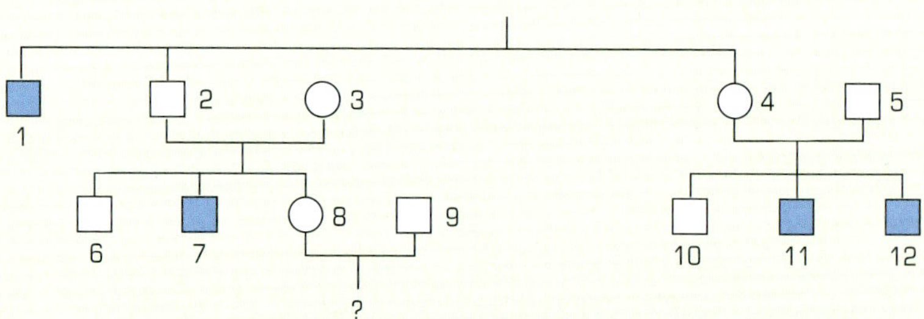

a) *Analysiere mithilfe des Stammbaumes den Vererbungsmodus der Bluterkrankheit. Begründe deine Aussagen.*

b) *Nenne die möglichen Genotypen der Personen 1, 2, 3, 4, 5, 8 und 11.*

c) *Welche Aussagen bezüglich des zu erwartenden Kindes wird die genetische Beratungsstelle den Eltern machen, wenn es a) ein Junge oder b) ein Mädchen wird? Begründe deine Aussagen unter Verwendung einfacher Kreuzungsschemata.*

d) *Beschreibe Ursachen und Folgen sowie eine mögliche Therapie der Bluterkrankheit.*

1

Erschließungsfeld

Eine der häufigsten genetisch bedingten Stoffwechselerkrankungen in Deutschland ist die **Phenylketonurie (PKU).** Bei dieser rezessiv vererbten Stoffwechselstörung wird die Aminosäure Phenylalanin nicht zu Tyrosin umgebaut. Es kommt zur Anreicherung von Phenylalanin und zu einem teilweisen Umbau von Phenylalanin zu Stoffwechselnebenprodukten, wie Phenylbrenztraubensäure und Phenylessigsäure. Die daraus entstehende Veränderung des chemischen Zellmilieus führt zur Schädigung von Gehirnzellen.

6. *Vervollständige das untere Fließschema zur PKU. Setze dazu folgende Sachverhalte richtig ein:*
   - *Tyrosin*
   - *Anreicherung*
   - *Schädigung von Nervenzellen („Schwachsinn")*
   - *Gen a`a` (mutiertes Gen)*
   - *teilweiser Umbau zu Phenylbrenztraubensäure*
   - *Mutation*
   - *Veränderung des chemischen Zellmilieus*

7. *Erkläre anhand des Fließschemas die Wechselwirkung zwischen Ursache und Folgen der PKU. Beachte dabei auch die Erschließungsfelder Information sowie Struktur und Funktion.*

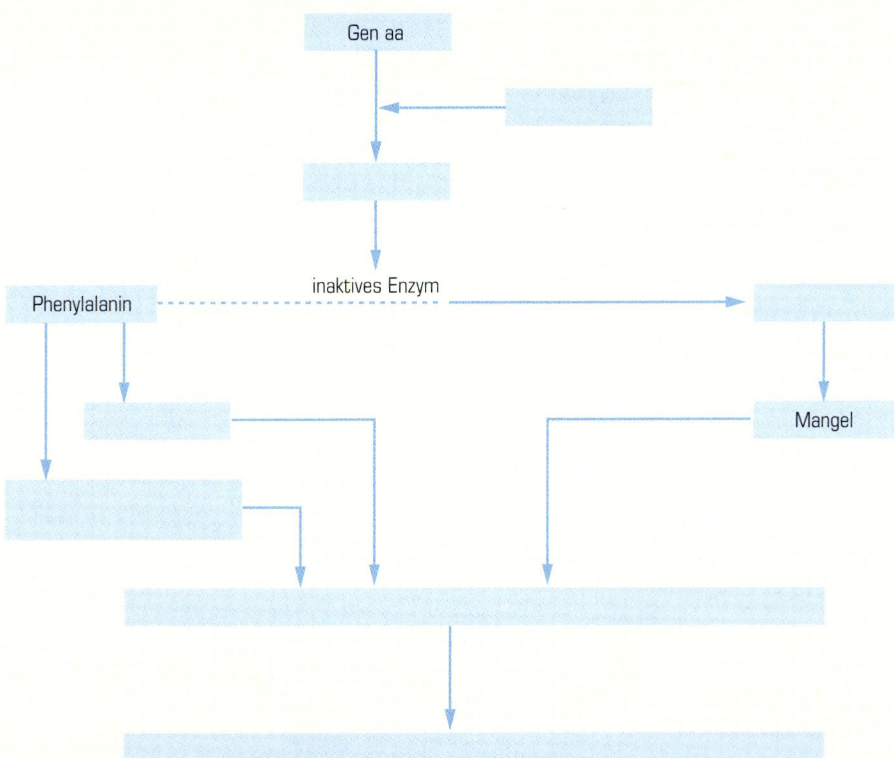

gewusst · gekonnt

1. In der Rechtsmedizin dient bzw. diente das Wissen zur Vererbung der einzelnen Blutgruppenallele zum Nachweis strittiger Vaterschaften.

Blutgruppe Mutter	A	AB	0	B
Blutgruppe Kind	B	AB	0	AB

a) Gib von den Müttern und Kindern die möglichen Genotypen der Blutgruppen an.
b) Ermittle die Genotypen und die Blutgruppen (Phänotypen) möglicher Väter.
c) Schließe Väter mit nicht möglichen Blutgruppen aus.

2. Das Down-Syndrom ist die häufigste erblich bedingte Krankheit des Menschen.
a) Nenne mögliche genetische Ursachen für das Syndrom.
b) Informiere dich über die Häufigkeit des Auftretens dieser Krankheit in den unterschiedlichen Altersgruppen. Ziehe Schlussfolgerungen für die Vorsorge.
c) Vergleiche die Trisomie 21 mit der Translokationstrisomie 21.

3. Phenylalanin und Phenylbrenztraubensäure können die Plazenta durchdringen.
a) Begründe die Probleme, die sich bei einer an PKU erkrankten Schwangeren ergeben.
b) Welche Gegenmaßnahme kann ergriffen werden?

4. Die Inuit (Eskimos) ernähren sich anders als Europäer. Ihre Nahrung ist fast ausschließlich tierisch. Untersuchungen ergaben, dass in Alaska und Grönland etwa 9 % der einheimischen Bevölkerung eine Unverträglichkeit für Rohrzucker aufweisen. Sie besitzen zu wenig Saccharase, ein Enzym, das Rohrzucker im Darm spaltet.
a) Begründe die mögliche Vererbungsform, die aus dem abgebildeten Stammbaum hervorgeht. Gib die möglichen Genotypen an.

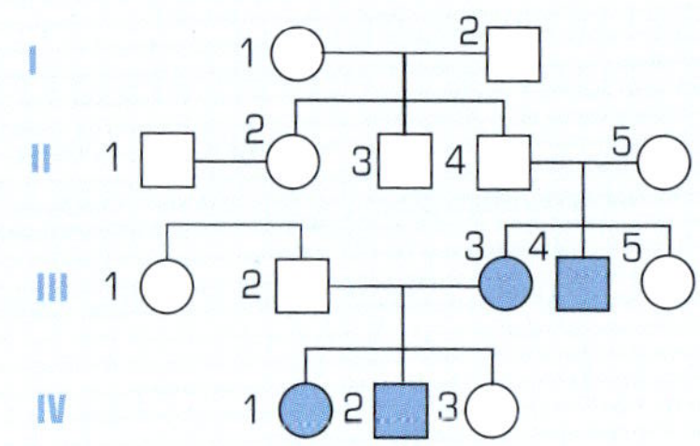

b) Die Kinder nahe verwandter Eltern besitzen ein höheres Risiko zur Ausbildung von Erbkrankheiten. Begründe.
c) Welche Erklärung könnte es für das relativ häufige Auftreten dieser Krankheit bei den Inuit (Eskimos) geben?

5. Die weitaus meisten Formen des Albinismus werden durch ein rezessives mutiertes Allel vererbt. Der abgebildete Stammbaum stellt die Vererbung einer sehr seltenen Albinismusform dar. Hinzukommende Partner sind keine genotypischen Merkmalsträger.
Begründe die mögliche Vererbungsform, die aus dem abgebildeten Stammbaum hervorgeht. Gib die möglichen Genotypen an.

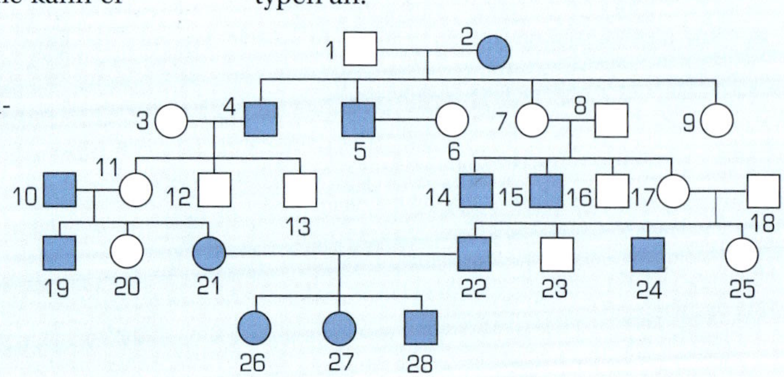

1

Das Wichtigste auf einen Blick

Genetische Variabilität des Menschen

Eine wichtige Eigenschaft des menschlichen Genoms ist seine **Variabilität.** Keine zwei Personen, auch eineiige Zwillinge (Abb. rechts) nicht, besitzen identische Genome. Jeder Mensch ist ein genetisches Unikat. Die Variabilität entstand und entsteht durch Mutationen und Rekombination.
Die verschiedenen **Versionen der Gene** werden als **Allele** bezeichnet. Allele eines Genes haben sehr ähnliche Nucleotidsequenzen und codieren damit ein etwas anderes Eiweiß. Durch die andere Struktur des Eiweißes verändern sich meist seine Eigenschaften und seine Funktion, was wiederum zu geänderten Merkmalen führt (Variabilität).

Induviduen einer Art variieren in ihren Merkmalen.
Beispiele dafür sind die Vererbung der Anlagen für die **Blutgruppenmerkmale** (ABO-System und Rhesus-System) und auch die **genotypische Geschlechtsbestimmung** durch die Geschlechtschromosomen (XX, XY).

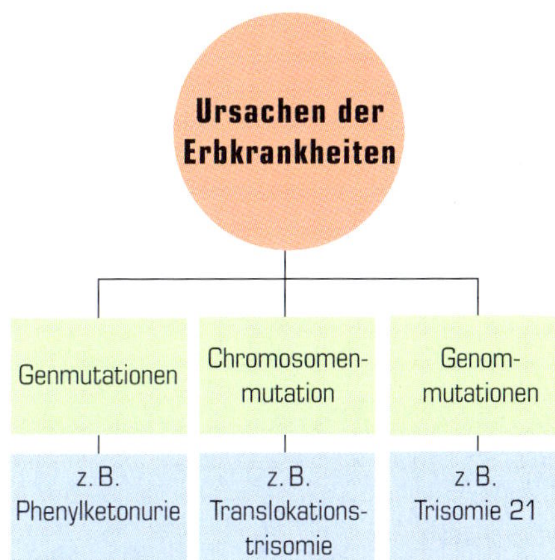

Erbkrankheiten des Menschen

Erbkrankheiten sind durch Veränderungen der Erbsubstanz (Mutationen) verursachte Erkrankungen des Menschen. Sie sind noch nicht heilbar.

Humangenetische Familienberatung ist für Eltern sinnvoll, die sich unklar darüber sind, ob bei ihren Kindern mit dem Auftreten einer erblich bedingten Krankheit zu rechnen ist.

Mithilfe von **Familienstammbäumen, Bluttests** und **Fruchtwasseruntersuchungen** kann man feststellen, ob ein genetischer Defekt vorliegt.
Menschen mit einer genetisch bedingten Krankheit bedürfen besonderer Zuneigung und Hilfe.

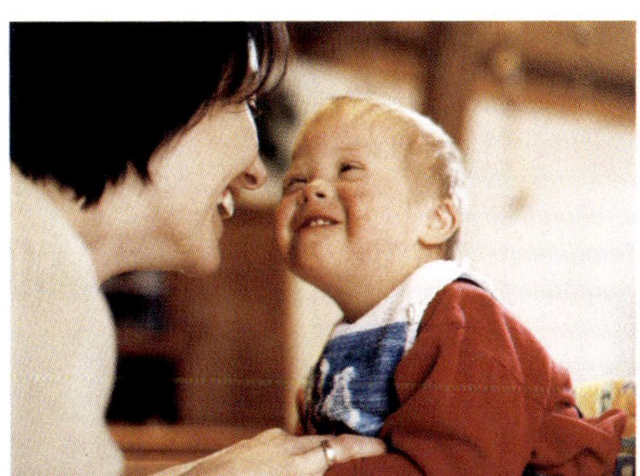

1.4 Anwendung genetischer Kenntnisse

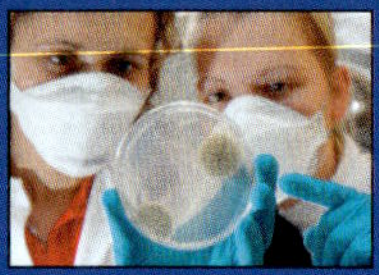

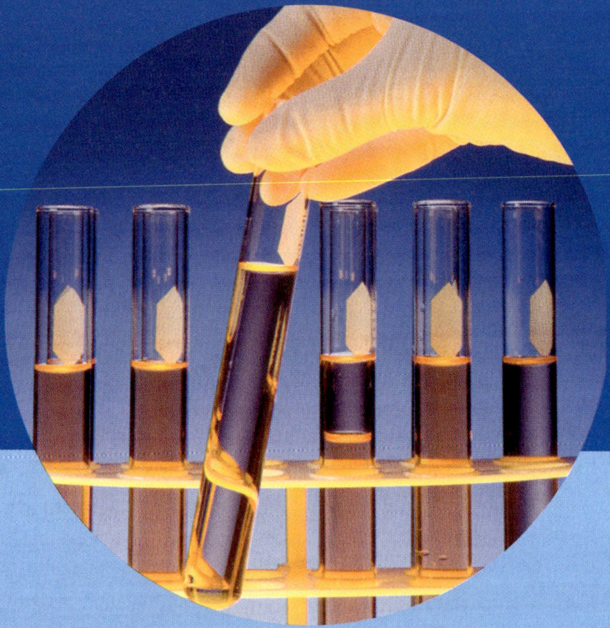

Schaf Dolly – erster Klon ⏩ Im Februar 1997 schockierten schottische Wissenschaftler die Weltöffentlichkeit mit der Nachricht, erstmals aus Körperzellen eines erwachsenen Schafes ein genetisch identisches Lamm erzeugt zu haben. Dabei wurde der Zellkern einer Euterzelle in eine unbefruchtete Eizelle eingepflanzt. Diese wiederum wurde in die Gebärmutter einer „Leihmutter" platziert.

Gentechnik – Fluch oder Segen ⏩ Diese Frage beschäftigt seit Langem die Gemüter. Denn beim Wort Gentechnik ist noch häufig die Horrorvision des genetisch maßgeschneiderten Menschen in greifbarer Nähe. Während die Befürworter für eine Freigabe aller gentechnischen Experimente sind, sprechen sich die Gegner für ein generelles Verbot aus.

Züchtungsmethoden

Kombinationszüchtung (Kreuzungszüchtung)

Die **Neukombination** der Erbanlagen ist eine Ursache für die genetische **Variabilität** der Organismen. Sie ergibt sich aus der Trennung und Verteilung der Chromosomen mit den Genen bei der Bildung der Geschlechtszellen und der Zufälligkeit der Kombination der Gene bei der Befruchtung (s. S. 45, 46).

Bei der *geschlechtlichen Fortpflanzung* werden Gene neu gemischt und nach dem Zufallsprinzip verteilt; auf diese Weise entstehen neue, individuelle Genotypen.

Während der Bildung der Geschlechtszellen kann es zu einem Stückaustausch zwischen den Chromosomen kommen. Dadurch können einige ihrer Gene ausgetauscht werden. Danach verteilen sich die Chromosomen und die Gene, die sie tragen, nach dem Zufallsprinzip auf verschiedene Geschlechtszellen.

Jede aus einer Befruchtung hervorgehende befruchtete Eizelle (Zygote) enthält infolge der zufälligen Vereinigung einer Samen- mit einer Eizelle eine einzigartige Ansammlung von Genen. Die geschlechtliche Fortpflanzung sorgt also in jeder Generation für eine **Neukombination** alter Gene zu einer neuen genetischen Ausstattung.

Der Mensch führt bei der **Tier- und Pflanzenzüchtung** gezielt Neukombinationen der Erbanlagen durch. Auch dadurch erhöht sich die Vielfalt der Organismen. So wurden durch **Kombinationszüchtung (Kreuzungszüchtung)** z. B. verschiedene *Kartoffel-* und *Tomatensorten* (Abb. 1) oder auch *Getreidesorten* mit höheren Erträgen und größerer Widerstandsfähigkeit gegenüber den Umweltfaktoren gezüchtet.

Bei der Bildung von Geschlechtszellen werden die von der Mutter und dem Vater stammenden Chromosomen zufällig auf die Tochterzellen verteilt. Dadurch werden auch die Gene mit ihrer Erbinformation neu kombiniert (s. S. 42, 43, Meiose).

Bei der **Züchtung neuer Pflanzensorten** und **Tierrassen** werden vom Menschen bewusst Pflanzen- und Tiermerkmale verändert. Dazu müssen von Wissenschaftlern neue Kombinationen der Erbanlagen in langjährigen **Kreuzungsexperimenten** gesucht werden. Dabei greift der Züchter auf Methoden wie Auslese von Organismen mit bestimmten Merkmalen, gezielte Kreuzung mit ausgewählten anderen Organismen und gründliche statistische Auswertung der Kreuzungsergebnisse über mehrere Generationen zurück.

Reife Tomaten einer gezahnten Sorte

1 ▸ Tomatensorten, durch Züchtung entstanden

Reife Tomaten der Sorte Mandarin

Reife Tomaten der Sorte Milchperle

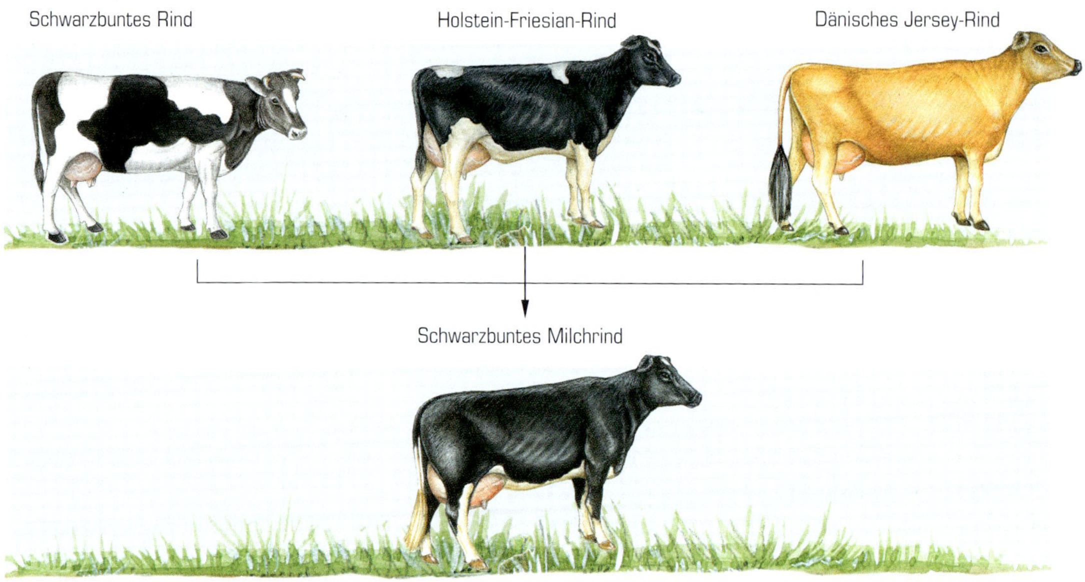

1 ▸ Rinderrassen, durch Züchtung entstanden

Der Ur- oder Auerochse z. B. gab pro Jahr ca. 600 Liter Milch. Die jährliche Milchleistung der heutigen Rinder liegt im Durchschnitt bei 5 000 bis 7 000 Litern, in Abhängigkeit von Rasse und Haltung. Einzelne Rinder erreichen eine Jahresmilchleistung von mehr als 11 000 Litern.

Ziele bei der **Pflanzenzüchtung** sind höhere Erträge sowie Widerstandsfähigkeit gegen Krankheiten und Schädlinge. Aber auch eine leichte maschinelle Ernte und Verarbeitung, eine gute Lagerfähigkeit und Anpassung an Kulturbedingungen sowie bestimmte konkrete Qualitätsmerkmale werden angestrebt.

Teilweise sind dies auch Ziele der **Tierzüchtung.** Die Züchtung von Haus- und Nutztieren ist nur möglich, wenn sich die Tiere „in Gefangenschaft" fortpflanzen.

So wird auch bei den Tieren durch **Kombinationszüchtung** versucht, Anlagen für wertvolle Merkmale unterschiedlicher Tierrassen miteinander zu kombinieren und in Höchstleistungsrassen zu vereinen.

Es sind z. B. im *Schwarzbunten Milchrind* die Gene für hohe Milchleistung des *Holstein-Friesian-Rindes,* für hohen Milchfettgehalt die Gene des *Dänischen Jersey-Rindes* und die Gene des *Schwarzbunten Rindes* für gute Fleischbildung vereint (Abb. 1).

Sind die Züchtungsziele erreicht, kommt es darauf an, die erhaltenen Zuchtformen möglichst schnell, identisch, ohne Neukombination der Gene zu vermehren. Dazu werden **Techniken des Klonierens** verwendet.

Pflanzensorten werden so z. B. durch die Zellkulturtechnik vermehrt (s. S. 40, 83).

Das *Schwarzbunte Milchrind* beispielsweise wird zur Zucht und Vermehrung identischer Hochleistungstiere genutzt (Abb. 1, S. 79).

Nur ein sehr geringer Teil der auf der Erde vorkommenden Pflanzen- und Tierarten wird gegenwärtig als **Nutzpflanzen** und **Nutztiere** vom Menschen für seinen Lebensunterhalt genutzt.

Da die Menschheit ständig wächst, müssen weiterhin neue Pflanzensorten und Tierrassen gezüchtet werden.

Kombinations- bzw. Kreuzungszüchtung beruht auf der bewussten Neukombination der Erbanlagen verschiedener Eltern, um in der Tier- und Pflanzenzüchtung erwünschte Rassen bzw. Sorten zu erhalten.

Selektionszüchtung

Bei der Kombinationszüchtung wird die Variabilität der Arten genutzt. Sind die Züchtungsziele jedoch erreicht, erweist sich die Variabilität als Nachteil. Durch weitere Kombinationen von Generation zu Generation verändern sich die Merkmale der Zuchtformen. Erwünschte Eigenschaften können somit verloren werden. Die **Selektion** (Auslese), ein Evolutionsfaktor (s. S. 93), vermindert je nach Selektionswert bestimmter Merkmale die Häufigkeit von Allelen merkmalsbestimmender Gene. Selektion fördert die Konstanz der Arten.

Die Möglichkeit einer zielgerichteten Auslese nutzt auch der Mensch bei der **Selektionszüchtung.**

Erhaltene Zuchtformen, z. B. nach der Kombinationszüchtung oder der gezielten genetischen Veränderung durch die Gentechnik, werden bei der Vermehrung immer wieder bezüglich ihrer Merkmale überprüft.

Nur die besten Merkmalsträger (Phänotypen) kommen zur weiteren Zucht. Über viele Jahre, sogar Jahrzehnte können so Zuchtformen mit hoher Konstanz bewahrt werden.

Selektionszüchtung kann aber auch zu neuen Pflanzensorten oder Tierrassen führen. Die natürliche Variabilität führt immer zu geringen Merkmalsabweichungen im Laufe der Generationen. Werden immer wieder nur bestimmte Merkmale zur Zucht ausgelesen, verändern sich die Zuchtformen mit der Zeit.

Nachkommen mit gleichen (identischen) Erbanlagen (Genen) bilden einen Klon. Klone entstehen durch ungeschlechtliche Fortpflanzung (s. S. 39).

1

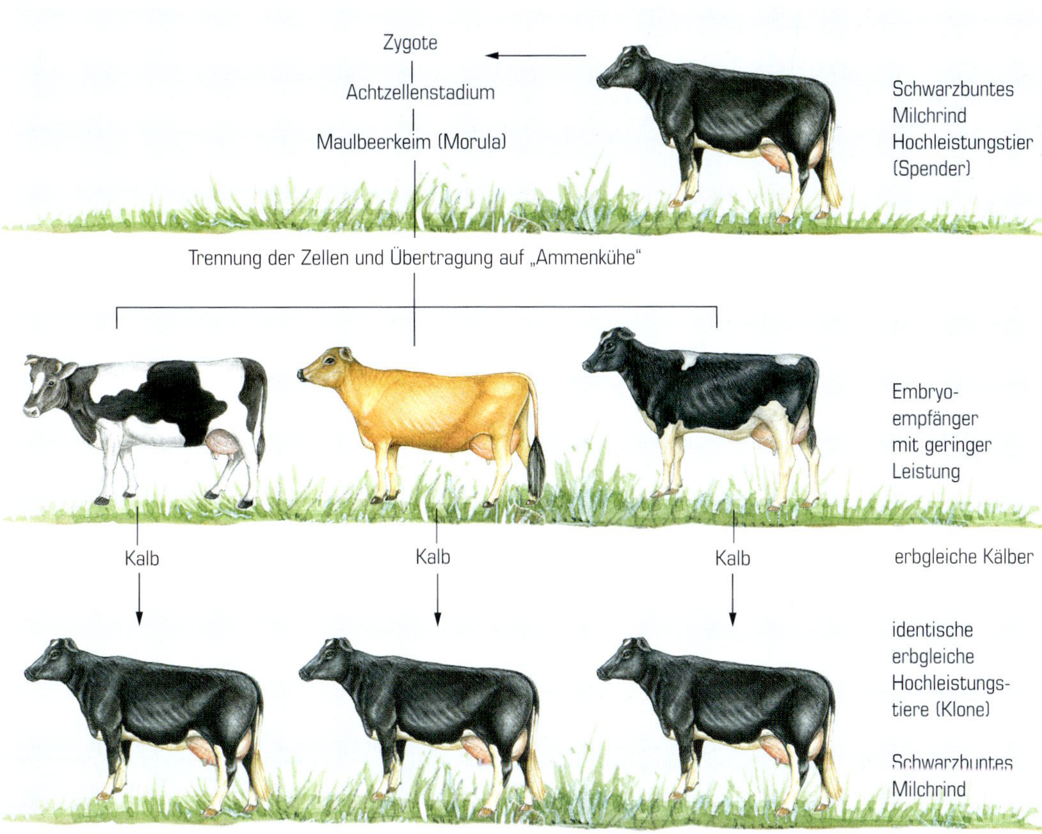

1 ▸ Zucht und Vermehrung hochleistungsfähiger Rinderrassen durch Klonierung

1 ▸ Verschiedene Kohlsorten, die alle aus dem Wildkohl gezüchtet wurden.

Eines der besten Beispiele sind wahrscheinlich die vielen bekannten *Kohlsorten,* die selektiv aus dem unkrautartig aussehenden Wildkohl gezüchtet wurden. Bei jeder Sorte wurde Wert auf andere Merkmale gelegt (Abb. 1).

Selektionszüchtung beruht auf der bewussten Auslese und Weitervermehrung erwünschter Zuchtformen.

2 ▸ Brokkoli entstand durch Mutationszüchtung.

Mutationszüchtung

Biologen haben herausgefunden, dass große Anteile der Wildpflanzenarten mit zunehmendem Breitengrad und damit ungünstigerem Klima polyploid sind (s. S. 49, 50). Ihr Vorteil besteht in einer höheren Variabilität (mehr als 2 Allele pro Gen) und vermutlich einer höheren Genaktivität. Diese Phänomene wurden in der Pflanzenzüchtung genutzt.

Bei der **Mutationszüchtung** wird der Evolutionsfaktor Mutation (s. S. 93) gezielt vom Menschen zur Erlangung der Zuchtziele eingesetzt. Durch **Mutagene** (s. S. 48, 49) werden Mutationen ausgelöst.

Zur **Polyploidisierung** kann z. B. das Gift der *Herbst-Zeitlosen* (Colchicin) eingesetzt werden. Es hemmt die Funktion des Spindelapparates während der Meiose (s. S. 42, 43) und verhindert somit die Reduktion des Chromosomensatzes. Radioaktive Strahlung löst meist **Genmutationen** aus und führt somit zur Merkmalsänderung.

Die Mutationszüchtung ist, im Vergleich zur Gentechnik, nicht sehr zielgerichtet. Die Folgen einer ausgelösten Mutation werden erst sichtbar, wenn sich ein Phänotyp entwickelt hat. Viele Fehlschläge sind die Regel. Erwünschte Mutanten werden selektiert und weiter vermehrt.

Die *Nektarine,* eine Pfirsichform, oder der *Brokkoli* (Abb. 2) entstanden durch Mutationszüchtung. Zuchtformen von *Himbeeren* sind beispielsweise tetraploid.

Viele **Kulturpflanzen** des Menschen wurden durch Züchtung polyploid. Ihre Erträge und Widerstandfähigkeit gegenüber Schädlingen sind in der Regel höher als bei diploiden Wildformen.

In der **Tierzucht** hat sich die Mutationszüchtung nicht durchgesetzt, weil die Tiere meist starben.

Mutationszüchtung beruht auf dem Prinzip der Erweiterung der genetischen Variabilität durch künstlich induzierte Mutationen.

1

Gentechnik – Nutzen und Risiken

Im Jahre 1972 wurden zum ersten Mal DNA-Stücke verschiedener Organismen verknüpft. Schon ein Jahr später konnte gezeigt werden, dass sich solche DNA über Artgrenzen hinweg in fremde Erbanlagen einfügen lässt und dort in Proteine „übersetzt“ wird. Die **Gentechnik** war „geboren“.

Während zunächst nur mit Bakterien gearbeitet wurde, entwickelte sich die Gentechnik rasend schnell, nachdem in den 1980er Jahren viele neue Methoden wie die *künstliche Vervielfältigung von DNA (PCR)* oder die *Sequenzierung von DNA* entwickelt wurden.

Neben Bakterien konnten dann auch pflanzliche oder tierische Organismen genetisch verändert werden. Sie sind **transgene Organismen.**

Die Anwendungsbereiche der Gentechnik sind sehr vielfältig. Gentechnische Verfahren werden vor allem in folgenden Bereichen angewendet:

- Medizin mit Diagnose- und Behandlungsverfahren
- Arzneimittelforschung und -herstellung,
- Landwirtschaft mit Pflanzen- und Tierzüchtung
- Nahrungsmittelproduktion
- industrielle Produktion von Enzymen beispielsweise für Waschmittel
- Verbrechensbekämpfung mit Abstammungsnachweisen und Personenidentifizierung
- biologische Forschung

M **Gentechnik (Gentechnologie) umfasst die theoretischen Grundlagen und praktischen Methoden zur Isolation, Analyse und Veränderung von DNA, deren Übertragung in andere Organismen sowie ihre Vermehrung und Realisierung in diesen Organismen.**

Gentechnische Veränderung

Das **gentechnische Verändern von Organismen** ist im Prinzip recht einfach. Gewünschte Erbinformationen müssen gewonnen und in Wirtsorganismen eingeschleust werden. Die nachfolgende Vermehrung der Wirtsorganismen bzw. die Herstellung des gewünschten Genproduktes sind dann der Erfolg des Verfahrens. In Wirklichkeit ist jeder Schritt des Verfahrens sehr kompliziert.

In der Gentechnik werden häufig **Bakterien** verändert. Sie enthalten im Plasma zahlreiche ringförmige, doppelsträngige DNA-Moleküle **(Plasmide),** die spezielle Erbinformationen tragen. Plasmide können von einer Zelle in die andere übertragen werden. Gentechniker nutzen Plasmide zum Transport von Genen von einer Spenderzelle in eine Empfängerzelle (Abb. 1).

Polymerase-Chain-Reaction (PCR) ist eine Methode zur Vervielfältigung von DNA. Das Enzym Polymerase katalysiert den Prozess.

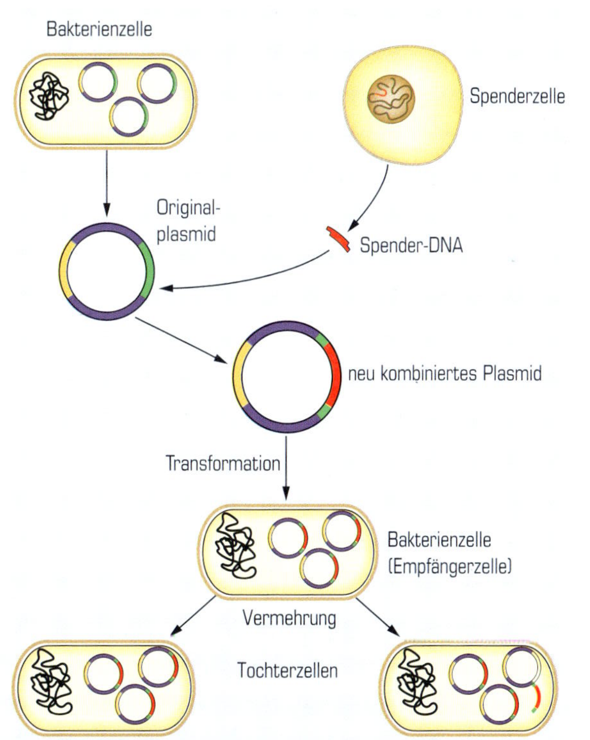

1 ▸ Übertragung von neu kombinierten Plasmiden in die Empfängerzelle

Herstellung von Insulin

Als eines der ersten Medikamente wird das **Hormon Insulin** schon seit 1980 im industriellen Maßstab mit gentechnisch veränderten Bakterien hergestellt.

Insulin wird zur Behandlung der *Zuckerkrankheit (Diabetes mellitus)* eingesetzt und senkt den Blutzuckerspiegel.

Dieses Hormon besteht aus insgesamt 51 Aminosäuren (Eiweißbausteine), die eine A- und eine B-Kette bilden. Beide Ketten sind miteinander verbunden. In den Zellen der Bauchspeicheldrüse wird zuerst eine 110 Aminosäuren lange Vorstufe des Insulins hergestellt, die dann ihre funktionstüchtige Struktur erhält und in den Körper abgegeben wird.

Das gentechnologische Herstellungsverfahren des Insulins verläuft so ähnlich wie seine Biosynthese.

In Bakterien der Art *Escherichia coli* wurde dazu ein Plasmid, das die Bildungsvorschrift für die Insulin-Vorstufe beinhaltet, eingefügt. Die **Insulinherstellung** verläuft in drei Stufen:

- Vermehrung der Bakterien in Bioreaktoren, Bildung der Insulinvorstufe,
- Isolierung der Insulinvorstufe aus abgetöteten Bakterien,
- Abspalten der überschüssigen Aminosäuren aus der Insulinvorstufe, Bildung von Insulin.

Gentechnik in der Pflanzenzucht

Zur **Übertragung neuer Gene in Kulturpflanzen** wird u. a. der genetische Parasitismus des Bodenbakteriums *Agrobacterium tumefaciens* bei Pflanzen genutzt. Sein sogenanntes Ti-Plasmid programmiert die Pflanzenzellen um und lässt die Zellen Bakteriennährstoffe bilden. Gentechnisch veränderte, ungefährliche Ti-Plasmide können mithilfe des Bakteriums in das Genom von Pflanzenzellen integriert werden. Aus den neu kombinierten Zellen werden vollständige transgene Pflanzen regeneriert (Abb. 1, S. 83).

Gentechnik in der Pflanzenzucht

Ziele	Eigenschaft	Pflanzenart
Ertragssicherung	Virusresistenz	Tomate, Gurke
	Herbizidtoleranz	Mais, Raps, Soja, Zuckerrübe
	Insektenresistenz	Kartoffel, Mais, Baumwolle
Qualitätsverbesserung	Haltbarkeit Vitamin-A-Zusatz	Tomate Reis
	Einheitliche Stärke Lysin-Zusatz	Kartoffel, Weizen Soja

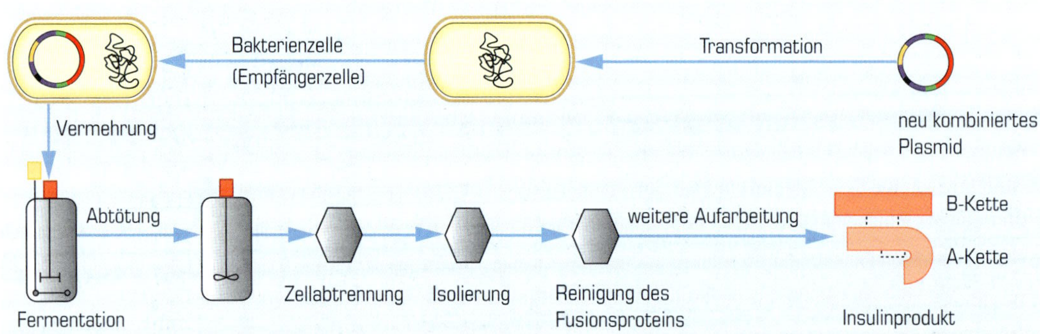

1 ▸ Gentechnologischer Prozess der Insulinherstellung

1

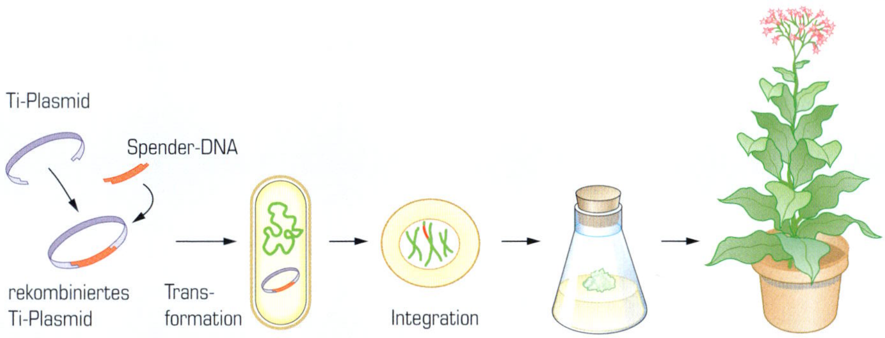

1 ▸ Genübertragung bei Pflanzen

Bei der Tomatensorte „FlavrSavr“ verzögert ein eingefügtes Gen die Synthese des Enzyms Polygalacturonase. Es ist während des Reifeprozesses der Tomaten für den Abbau von Teilen der Zellwände verantwortlich, wodurch die Früchte weich werden.

Das wird durch ein Gen verhindert, das eine RNA codiert, die komplementär zur mRNA des Enzyms ist. Bei der Reifung der Tomate werden dann beide RNA gebildet und bilden Doppelstränge.

Die Translation der mRNA wird verhindert, das Enzym wird nicht gebildet. Die Tomate wird langsamer weich und widersteht länger Fäulniserregern.

Risiken der Gentechnik

Trotz der gewaltigen Möglichkeiten, die die Gentechnik in sich birgt, macht man sich schon seit Beginn Gedanken, welche Gefahren die gezielten Veränderungen von Erbanlagen mit sich bringen. Am meisten wird befürchtet, dass sich transgene Organismen mit Wildarten kreuzen und sich so ihre neuen Eigenschaften verselbstständigen. Nicht kalkulierbare Folgen für die irdischen Ökosysteme könnten je nach übertragener Eigenschaft die Folge sein.

Ist die Gentechnik ein Fluch oder ein Segen für die Menschheit?

Diese Frage wird so immer wieder gestellt werden.

Die Gentechnik kann bei ihrer ethischen Beurteilung nicht pauschal behandelt werden. Die Forderung nach der Freigabe aller **gentechnischen Experimente** auf der einen Seite und die nach einem generellen Verbot der Gentechnik auf der anderen Seite spiegeln die derzeitigen konträren Auffassungen in politischen und anderen öffentlichen Diskussionen wider.

Die Hauptbedenken gegen die Anwendung gentechnischer Methoden beruhen einerseits auf einer denkbaren *Gefährdung unserer Umwelt,* andererseits auf der Möglichkeit *der gezielten Manipulation des genetischen Materials des Menschen.* Beides sind mögliche Gefahren, die durch geeignete Gesetze eingegrenzt werden können.

Um Missbrauch auszuschließen, verbietet das Embryonenschutzgesetz von 1991 in Deutschland, Menschen zu klonen und an frühen Embryonen zu forschen.

2 ▸ Tomaten mit festem Fruchtfleisch

gewusst · gekonnt

1. Züchtungen führen nicht immer zu Varianten, die der Züchter anstrebt. Nenne Ursachen für diese Erscheinung.

2. Lebendimpfstoffe gegen Virusinfektionen (z.B. Röteln, Masern und Kinderlähmung) enthalten Viren, die keine krankmachenden Eigenschaften mehr besitzen, aber den Körper gegen die Krankheit immunisieren. Bei der Herstellung dieser Impfstoffe wird größter Wert auf die genetische Konstanz der Viren gelegt. Begründe diesen Sachverhalt.

Masern

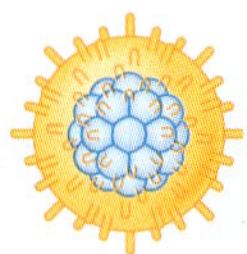
Röteln

3. Bei der Zucht vom Wellensittich (Melopsittacus undulatus) treten vier Gefiederfärbungen (grün, blau, gelb, weiß) auf. Sie entstehen durch unterschiedliche Pigmentierung der äußeren Federteile und des Federkerns. Die Färbung der einzelnen Federbereiche wird durch je ein Gen bestimmt. Jedes dieser Gene existiert in Form von zwei Allelen.
Eine Gelbfärbung des äußeren Federbereiches wird durch das dominante Allel G bewirkt. Der Federkern färbt sich blau aufgrund des dominanten Allels B. Die beiden rezessiven Allele (g bzw. b) dieser Gene führen durch Pigmentverlust zur Farblosigkeit.
   a) Fertige ein Kreuzungsschema zur Kreuzung von zwei heterozygoten, grünen Wellensittichen mit den Genotypen GgBb an.
   b) Begründe das Zustandekommen der Färbung und ermittle, in welchen Zahlenverhältnissen die verschiedenen Gefiederfärbungen auftreten.

   c) Erläutere Möglichkeiten zur Zucht weiterer Farbnuancen und Gefiedermusterungen des Wellensittichs.

4. Die Züchtung von Pflanzen und Tieren kann eigentlich als künstliche, vom Menschen gesteuerte Evolution angesehen werden.
   a) Begründe die Aussage.
   b) Vergleiche Kombinations-, Selektions- und Mutationszüchtung hinsichtlich der Schaffung von Variabilität und Erhaltung von Konstanz bei den Zuchtformen.
   c) Welchen Vorteil bietet die Züchtung transgener Organismen gegenüber der Mutationszüchtung?

5. a) Werte das Diagramm in Bezug auf die Veränderungen der Anbaufläche aus.

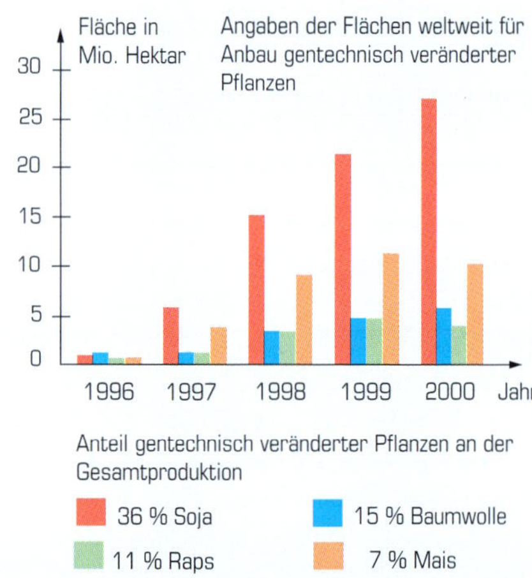

   b) Erkläre, wieso der Anbau von gentechnisch veränderter Soja so stark ansteigt.
   c) Ermittle, welche Interessengruppen für und welche gegen den Anbau dieser Pflanzen sind. Welche Motivationen haben diese Gruppen?
   d) Diskutiere, ob es Möglichkeiten gibt, den Anbau solcher Pflanzen sicherer zu machen. Informiere dich im Internet.

1

Das Wichtigste auf einen Blick

Züchtung und Züchtungsmethoden

Bei der **Züchtung** neuer Pflanzensorten und Tierrassen werden vom Menschen bewusst Merkmale der Arten verändert.

Züchtungsmethoden

Kombinationszüchtung
beruht auf der bewussten Neukombination der Erbanlagen verschiedener Elternformen, z. B. Kartoffel-, Tomatensorten, Rinderrassen.

Selektionszüchtung
beruht auf der bewussten Auslese und Weitervermehrung erwünschter Zuchtformen, z. B. Kohlrabi, Blumenkohl.

Mutationszüchtung
beruht auf künstlich ausgelösten Mutationen, z. B. Nektarine, Brokkoli.

Nutzen und Risiken der Gentechnik

Gentechnik (Gentechnologie) umfasst die theoretischen Grundlagen und praktischen Methoden zur Isolation, Analyse und Veränderung von DNA, deren Übertragung in andere Organismen sowie ihre Vermehrung und Realisierung in diesen Organismen.

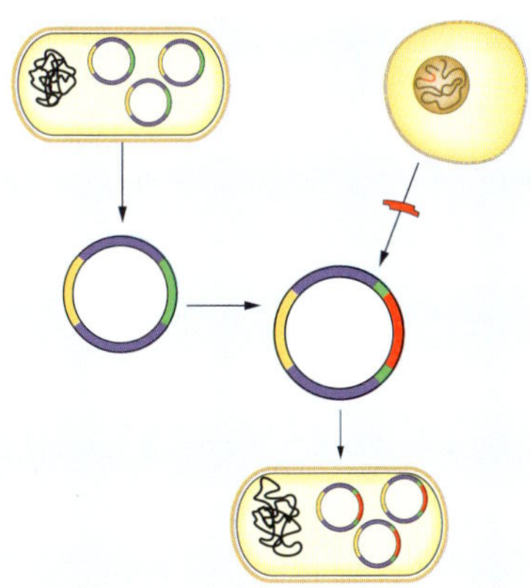

Nutzen bringt die Gentechnik bereits u. a. in der Pflanzen- und Tierzüchtung, in der Humanmedizin und bei der Produktion einer Vielzahl von Stoffen (z. B. Arzneimittel, Insulin).

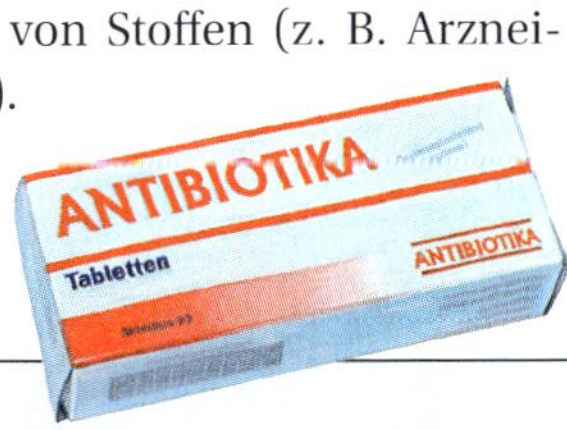

Risiken der Gentechnik liegen sowohl in der Gefährdung unserer Umwelt durch genveränderte Organismen als auch in der Möglichkeit, am Erbmaterial des Menschen gezielt manipulieren zu können.

2 Entstehung der Artenvielfalt durch Evolution

2

2.1 Prinzipien der Evolution der Organismen

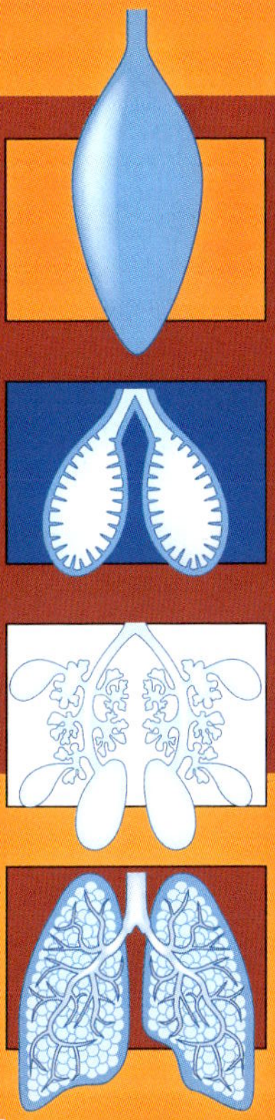

CHARLES DARWIN – Begründer der auf natürlicher Selektion beruhenden Evolutionstheorie ▸▸ Die Abstammungslehre prägt in vielen Bereichen unser Weltbild. Erst vor ca. 150 Jahren wurden die theoretischen Grundlagen für die Evolutionstheorie gelegt, vor allem durch CHARLES DARWIN.

Züchtung – ein Ausleseverfahren? ▸▸ Züchtung ist ein Ausleseverfahren, mit dem die Menschen gezielt in die Evolution eingreifen, um gewünschte Merkmale in der Nachfolgegeneration zu erhalten.

Differenzierung, Zentralisierung – Entwicklungsrichtungen der Evolution ▸▸ An bestimmten Organen bzw. Organsystemen kann man die Progression der Lebewesen nachvollziehen. Während die Lungen der Lurche fast undifferenziert aufgebaut sind, sind die der Vögel und Säuger stark differenziert und viel leistungsfähiger.

Evolutionstheorien – ein Überblick

Louis Pasteur (1822–1895) in seinem Labor

Zu allen Zeiten und in allen Kulturkreisen haben sich Menschen die Frage nach ihrer eigenen Herkunft und die aller anderer Lebewesen gestellt. Sie haben auf diese Fragen sehr unterschiedliche Antworten gefunden.

Die **Evolution** (Entwicklung der Lebewesen) ist auch heute, insbesondere im Bereich der Religion, ein heftig diskutierter Themenbereich.

Schöpfungsmythen

Mythos = Sage, Dichtung von Göttern, Helden, Geistern; legendäre glorifizierte Person

Als Schöpfung versteht man in vielen Religionen die Erschaffung der Welt, der Lebewesen und der unbelebten Natur durch eine eigenständige Macht, z.B. einen Gott. In allen Kulturen, die eine eigene Weltanschauung oder Religion entwickelt haben, gibt es **Schöpfungsmythen.** Alle beantworten meist sehr bildhaft die Frage nach der Herkunft der Götter, der Menschen und der Welt.

Ein bis heute bei vielen Menschen als absolute Wahrheit geltender Mythos ist in der biblischen **Schöpfungsgeschichte** niedergelegt. Bis ins 19. Jahrhundert hinein galt die göttliche Schöpfung auch vielen Naturwissenschaftlern als gesicherte Grundlage. Sie stimmte nämlich mit ihrer Alltagserfahrung überein, dass Eltern einer Tier- oder Pflanzenart immer wieder Nachkommen derselben Art hervorbringen. Schöpfungsmythen sind keine wissenschaftlichen Theorien.

Die Legende vom Schafbaum entstand wohl im 14. Jahrhundert. Im tatarischen Khanat Chadli sollten Kürbisse wachsen, die sich nach dem Ausreifen öffneten und an denen ein Lamm mit weißer Wolle und sehr schmackhaftem Fleisch zutage kommen sollte.

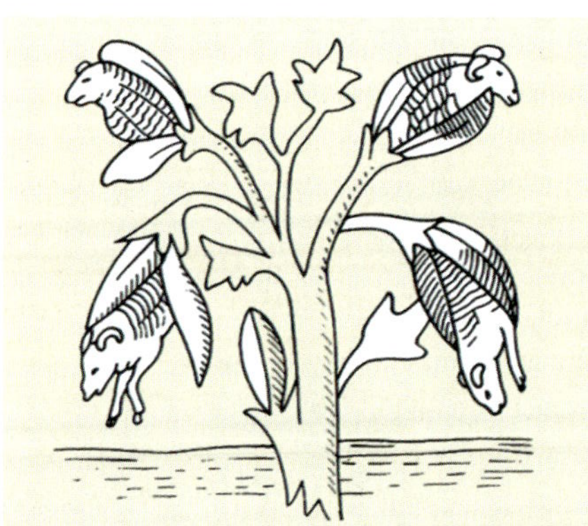

1 ▸ Mittelalterliche Darstellung des Schafbaumes

Evolutionstheorien vor Darwin

Sehr frühe Vorstellungen über die Entwicklung von Lebewesen wurden schon in der Antike vom griechischen Naturforscher und Philosophen **Aristoteles** (384–322 v. Chr.) geäußert.

Dieser prägte die lange Zeit akzeptierte Vorstellung, dass niedere Tiere einfach aus dem Zusammenrinnen eines Urstoffs entstehen würden. Noch bis weit über das Mittelalter hinaus stellte man sich vor, dass z.B. *Würmer* oder *Motten* aus Schlamm und Unrat entstehen würden. So verwundern auch Darstellungen nicht, bei denen nach mittelalterlicher Vorstellung die *Schafe* aus den Kürbissen des Schafbaums (Abb. 1) entstehen. Als Früchte des Schafbaums wurden übrigens die Kürbisse angesehen.

Solche heute sicherlich in das Reich des Aberglaubens einzuordnenden Vorstellungen wurden erst durch die Versuche von **Louis Pasteur** (1822–1895) widerlegt. Er konnte nachweisen, dass Lebewesen nicht spontan aus Schmutz oder Ähnlichem entstehen, sondern nur aus Lebewesen hervorgehen können. Seine Experimente zeigten, dass sich aus sterilen, von allen lebenden Keimen befreiten Stoffen keine Lebewesen entwickeln können.

Obwohl schon mehrere erfolgreiche Artkreuzungen vorlagen, herrschte bis zu Beginn des 19. Jahrhunderts auch in der Biologie die Lehre von der **Konstanz der Arten** vor. Aber die wachsenden Kenntnisse, vor allem über die Vielfalt der Lebewesen, bereitete die Grundlage für die Frage, wie sich diese Vielfalt entwickeln konnte.

2

Die erworbenen Eigenschaften „lange Hälse" und „lange Vorderbeine" vererbten sich auf die Nachkommen. Sie konnten ihre Nahrung erreichen.

Die Nachkommen hatten durch häufiges Strecken nach Blättern schon etwas längere Hälse und Vorderbeine. Auch diese Nachkommen streckten sich nach dem Laub.

Urgiraffen hatten kurze, gleich lange Hälse und Vorderbeine. Die Tiere versuchten, durch Strecken des Halses das Laub der Bäume zu erreichen.

1 ▸ LAMARCKS Theorie über die Stammesentwicklung der Giraffen hat sich als unrichtig erwiesen.

Bei der Entwicklung des Evolutionsgedankens leistete **JEAN BAPTISTE DE LAMARCK** einen wichtigen Beitrag. Er war der Erste, der den Namen „Biologie" verwendet hat.

LAMARCK besaß eine große Artenkenntnis, aus der heraus er versuchte, Gedanken zur Abstammung der Lebewesen zu formulieren. So erkannte er, dass
- eine mehr oder minder große Ähnlichkeit von Organismen als ein Maß für eine abgestufte Verwandtschaft gedeutet werden kann;
- Organismen in ihrem Bau und in der Funktion ihrer Organe gut an die Umwelt angepasst sind;
- sich Organismen auch während ihres Lebens individuell an die Umwelt anpassen können.

JEAN BAPTISTE DE LAMARCK (1744–1829) französischer Naturforscher (Studium der Medizin, Chemie, Botanik, Zoologie), prägte die Begriffe Wirbeltiere, Wirbellose und stellte ein System der Tiere auf.

LAMARCKS Evolutionslehre ging davon aus, dass sich Tier- und Pflanzenindividuen an ändernde Umweltbedingungen anpassen. Als Folge würden z.B. bestimmte Organe schwächer oder stärker genutzt. Durch Gebrauch oder Nichtgebrauch würden die Organe (und Strukturen) mehr oder weniger stark ausgeprägt (Abb. 1). Auf diese Weise käme es zu beobachtbaren Veränderungen im Bauplan der Lebewesen **(Lamarckismus).**

LAMARCK ging davon aus, dass diese Veränderungen erblich seien, d.h., es erfolge eine **Vererbung erworbener Eigenschaften auf die Nachkommen** (Abb. 1). Er versuchte so, die Angepasstheit der Arten (lamarckistisch) zu erklären.

Während die von LAMARCK gewonnenen Erkenntnisse immer wieder bestätigt wurden, hat sich seine Hypothese über die **Vererbung erworbener Eigenschaften als nicht richtig** erwiesen. Modifikationen sind nicht vererbbar.

GEORGES DE CUVIER (1769–1832) ist der Begründer der **„Katastrophentheorie"**. Sie besagt, dass Naturkatastrophen Organismen vernichten und danach neue Arten geschaffen werden.

GEORGES DE CUVIER (1769–1832)

Die Begründung der Abstammungslehre durch DARWIN

CHARLES ROBERT DARWIN wird im Jahre 1809 als fünftes Kind einer Arztfamilie in England geboren. Er gilt als der Begründer der Abstammungslehre. Am 19. April 1882 stirbt DARWIN an Herzschwäche.

DARWIN gilt als der Begründer der Abstammungslehre. Nach Beendigung seines Studiums konnte er 1831, als 22-Jähriger, bei einer Vermessungsreise mit dem Segelschiff „Beagle" in südamerikanische Gewässer mitfahren.

Diese Reise (27.12.1831 bis 2.10.1836) wurde von DARWIN später als der „Beginn meines wirklichen Lebens" bezeichnet.

Während der ganzen Reise glaubte DARWIN noch an die *Konstanz der Arten.* Zweifel tauchten erst bei der Aufarbeitung des mitgebrachten Materials und der Durchsicht der vielen festgehaltenen Einzelbeobachtungen auf.

Am stärksten prägte DARWIN der Aufenthalt der „Beagle" im Bereich der **Galapagosinseln.** Er erforschte von 1831–1836 die Küstenregionen und Inseln der Südhalbkugel. Hier hatte er die Möglichkeit, die Geologie sowie die Tier- und Pflanzenwelt genauer zu studieren.

Er fand über zehn verschiedene Finkenarten, die trotz deutlicher Merkmalsunterschiede im Bereich des Schnabels und der Ernährungsweise (s. S. 95) starke Übereinstimmungen zeigten.

Die von DARWIN gewählten Formulierungen vom „struggle for life" führten auch zu Missverständnissen in der Auslegung.

Im Jahre 1858 erhielt DARWIN von dem Engländer **ALFRED RUSSEL WALLACE** das Manuskript der Darstellung einer Evolutionstheorie, die weitgehend mit seiner übereinstimmte.

WALLACE hatte seine Vorstellungen auf weiten Forschungsreisen entwickelt. In seinen Ansichten hinsichtlich der Erblichkeit der „Variationen" war er DARWIN sogar überlegen.

Daraufhin entschloss sich DARWIN, seine Erkenntnisse zu veröffentlichen. Am 24. November 1859 erschien die erste Auflage von DARWINS **„Entstehung der Arten durch natürliche Auslese"** (englischer Originaltitel: *On the origin of species by means of natural selection*). Dieses sein Hauptwerk, von dem mehrere Auflagen erschienen, erweiterte und korrigierte der Naturforscher bis an sein Lebensende.

DARWIN ging von Beobachtungen aus, die er auch als Taubenzüchter gewonnen hatte. Jeder, der Tiere züchtete, wusste zur damaligen Zeit, dass unter den Nachkommen von Zuchttieren immer auch solche mit besonders starker oder schwacher Herausbildung von Merkmalen vorkamen, selten sogar welche mit Neubildungen. Die Weiterzucht solcher Individuen **(künstliche Zuchtwahl)** führte im Laufe der Zeit zu Individuen, die von der Ausgangsform erheblich abwichen.

DARWIN erkannte nun, dass in der Natur vergleichbare Vorgänge ablaufen müssten, wobei es zu klären galt, wer hier die Rolle des Züchters übernahm und welches die Kriterien der Auswahl waren.

Bei der Untersuchung möglicher Ursachen, die ein Überleben begünstigen, sind die Individuen die „besseren" Nachkommen, die sich in der Auseinandersetzung mit der Umwelt behaupten müssen. Es sind u. a. diejenigen, die widerstandsfähiger gegenüber Krankheiten oder erfolgreicher bei der Nahrungsbeschaffung sind.

DARWIN formulierte es so: Im *„Kampf ums Dasein"* zeichnet sich ein *„Überleben der Bestgeeigneten"* ab.

2

Durch natürliche Auslese von Generation zu Generation überlebten nur die Giraffen mit den langen Hälsen und Vorderbeinen.

Nachkommen mit längeren Hälsen und Vorderbeinen konnten die Blätter erreichen, sie fraßen, überlebten (natürliche Auslese) und konnten die Erbanlagen für diese Merkmale weitervererben.

Urgiraffen hatten kurze, aber unterschiedlich lange Hälse und Vorderbeine infolge spontaner Variationen (Mutationen).

1 ▸ DARWINS Theorie über die Stammesentwicklung der Giraffen

Selbstverständlich ist eine solche **„natürliche Zuchtwahl"** oder **Selektion** nur dann möglich, wenn auch Merkmalsunterschiede zwischen den Individuen einer Art bestehen. Diese Unterschiede (von DARWIN **Variationen** genannt) existieren und werden durch die natürliche Zuchtwahl innerhalb der Nachkommenschaft „sortiert".

DARWIN erkannte zwei Arten von Veränderungen:

- die *milieubedingten Variationen* (heute Modifikationen), z. B. den Schiefwuchs von Bäumen bei ständigem Wind,
- die *spontanen Variationen* (heute Mutationen), z. B. das Auftreten roter Blüten bei sonst weiß blühenden Pflanzen.

ERSNT HAECKEL (1834–1919) verbreitete wie kein anderer die Evolutionstheorie von DARWIN in Deutschland. Deshalb wurde er auch der „deutsche DARWIN" genannt.

DARWIN war der Erste, der die Evolution als einen dynamischen Prozess mit entgegengerichteten Kräften erkannte, wobei die Überproduktion der Nachkommen die Basis für die „aussondernde" Selektion bietet. Ein Merkmal, das heute noch vorteilhaft ist, kann morgen in einer veränderten Umwelt schon wieder nachteilig sein. Durch die Verschiedenheit und die Selektion bleiben tierische und pflanzliche Strukturen flexibel und folgen gewissermaßen den Umweltänderungen auf dem Fuß. Das Ergebnis dieses Vorgangs nennt man **Anpassung.** Zur Verdeutlichung ist es sinnvoll, das Beispiel der **Veränderung der Giraffen** aus der Sicht DARWINS zu betrachten (Abb. 1).

DARWINS **Erkenntnisse** besagen:

- Die Lebewesen erzeugen eine Überproduktion von Nachkommen.
- Die Nachkommen sind nicht völlig gleich; es existieren Variationen.
- Durch „natürliche Zuchtwahl" oder Auslese wird das Überleben der bestangepassten Nachkommen gesichert.
- Alle Arten sind veränderlich.
- Die heutigen Organismenarten haben sich im Verlauf langer Zeiträume aus anderen Formen entwickelt.

Evolutionsfaktoren der synthetischen Evolutionstheorie

Unter Population versteht man die Gesamtheit aller Individuen einer Art in einem bestimmten Lebensraum. Sie stellen eine Fortpflanzungsgemeinschaft dar.

Die **Evolution** ist in ihrem Verlauf nicht vorherbestimmt. Vielmehr ist dieser Verlauf abhängig von der Wechselwirkung zwischen den Umweltbedingungen und den Lebewesen. Nicht alle Umwelteinflüsse sind dabei aber für den Verlauf der Evolution wesentlich.

Man fasst die wirksamen Einflüsse als **Evolutionsfaktoren** zusammen. Für die Evolution bedeutsam ist dabei die Wirkung der Faktoren auf **Populationen** und nicht auf die einzelnen, oft kurzlebigen Individuen. Die *Rehe* eines Waldes oder die *Rapspflanzen* eines Rapsfeldes, sie alle bilden Populationen.

Die einzelnen Individuen einer Population tragen in der Regel unterschiedliche Gene. Die Gesamtheit aller Gene eines Individuums bezeichnet man als **Genom.** Die Summe der in den Genen enthaltenen Informationen eines Organismus ist der **Genotyp** (Erbbild).

Der Genotyp beeinflusst wiederum das Erscheinungsbild eines Individuums, seinen **Phänotyp** (s. S. 9).

Auch bei uns Menschen kann man feststellen, dass wir nicht alle gleich aussehen. Dies ist verständlich, wenn man sich überlegt, dass wir alle unterschiedliche Erbinformationen tragen, also einen anderen Genotyp besitzen.

Die Gesamtheit aller Genotypen der Individuen einer Population bezeichnet man als **Genpool** der Population.

Das äußere Erscheinungsbild, der Phänotyp, wird auch durch die verschiedenen Aktivitäten eines Individuums geprägt. Dies bedeutet z. B., dass Menschen, die viel Krafttraining machen, eine größere Muskelmasse besitzen als untrainierte. Diesen Vorgang bezeichnet man als **Modifikation** (s. S. 12). Im Sinne DARWINS handelt es sich um milieubedingte Variationen.

Diese Veränderungen sind nicht genetisch bedingt und bewirken deshalb keine Veränderung der Individuen im Verlauf der Evolution.

Wesentliche **Evolutionsfaktoren** sind *Mutation, Neukombination der Erbanlagen (Rekombination), natürliche Auslese (Selektion)* und *Isolation*.

1 ▸ Wildkohl – Zuchtformen auf der Basis von Mutationen und Auslese

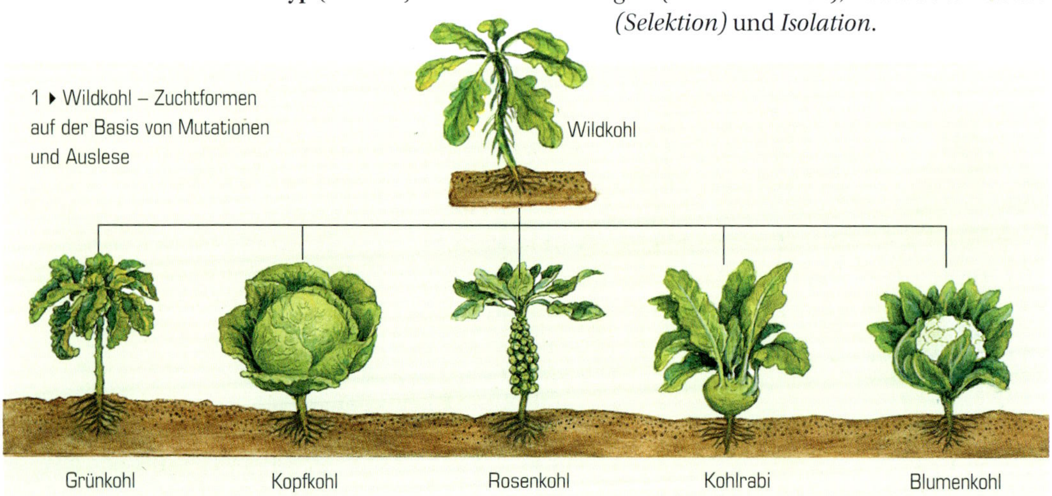

Mutationen

Alle **natürlichen Mutationen** (Veränderungen im Erbgut, S. 51) erfolgen richtungslos, d. h. zufällig.

Durch Mutationen erhöht sich die Vielfalt der Genotypen in einer Population. Dadurch entstehen immer wieder veränderte oder neue Merkmale, z. B. Zuchtformen aus dem Wildkohl (Abb. 1, S. 92). Diese zufälligen Merkmalsänderungen sind eine Voraussetzung für die Evolution. Nun kann die **Auslese (Selektion)** wirksam werden.

Neukombinationen der Erbanlagen (Rekombination)

Ein weiterer Faktor, der die Evolution beeinflusst und die Voraussetzung für die Artenvielfalt schafft, ist die durch die Sexualität bewirkte Neukombination der Gene (s. S. 46). Bei der Keimzellenbildung und Befruchtung kommt es durch die **Neukombination der Gene** zu einer Erhöhung der Anzahl von unterschiedlichen äußeren Erscheinungsbildern und damit zur Erhöhung der **Variabilität (Veränderlichkeit)** von Organismen derselben Art. Beispiele für Variabilität sind die Gehäuse von Schnirkelschnecken (Farben, Bänderung, Abb. 1), die Größe und Form von Laubblättern bei der Walnuss oder die Größe, das Gefieder und die Farbe der Haustauben.

Die Neukombination der Gene bei der geschlechtlichen Fortpflanzung nutzen die Züchter für die **Züchtung** von neuen Pflanzensorten und Tierrassen aus. Sie lassen nur die Individuen zur Fortpflanzung zu, die die Erbanlagen für die angestrebten Zuchtziele besitzen.

Natürliche Auslese (Selektion)

Ein weiterer Evolutionsfaktor ist die **natürliche Auslese** oder **Selektion.** Ihre Wirkung besteht darin, dass die Häufigkeit

1 ▸ Variabilität der Bänderung von Schnirkelschneckengehäusen

von weniger tauglichen Individuen einer Gruppe von Lebewesen, bezogen auf die bestehenden Umweltverhältnisse, verringert wird. Das bedeutet, dass diejenigen Individuen, deren Gene eine günstige Anpassung an die bestehende Umwelt bewirken, überleben und sich verstärkt fortpflanzen können, während andere Individuen zugrunde gehen. Hierdurch bestimmt die natürliche Auslese die Richtung der Evolution. Sie wirkt also als richtunggebender Evolutionsfaktor.

Durch die Auslese wird die Nachkommenschaft derjenigen Gruppe von Lebewesen erhöht, die besser an die Umwelt angepasst ist.

Die Mutationen und Rekombinationen schaffen sozusagen das „Rohmaterial" für die dann wirkende Auslese (Selektion). Während beide Faktoren Veränderungen im Genotyp bewirken, wirkt die Auslese über den Phänotyp, d. h. über die ausgebildeten Merkmale. Insofern ist die Evolution primär durch die **Wechselwirkung dieser Faktoren** bedingt.

Die Mutationen, d. h. die sprunghaften Erbveränderungen, stellen zunächst die Voraussetzungen dafür dar, dass Lebewesen einer Art unterschiedliche Merkmale zeigen. Gäbe es keine Mutationen, die zu verschiedenen Ausprägungen führen, wäre die Wahrscheinlichkeit, zu überleben und Nachkommen zu erzeugen, bei den Lebewesen gleich.

Ein Beispiel für das Zusammenwirken von Mutation und Auslese findet man z.B. beim *Birkenspanner (Biston betularia,* Abb. 1*)*.

Von ihm existieren zwei Formen, eine hell gefärbte Form und eine dunkel gefärbte Form. Beide Schmetterlingsformen leben vor allem auf Birken, deren Stamm in der Regel hell gefärbt ist. Sie unterscheiden sich durch eine Mutation des Gens, welches für die Produktion des Farbstoffes *Melanin* zuständig ist.

Je nachdem, welche Gebiete man untersuchte, wurden unterschiedlich viele der einen bzw. anderen Form gefunden. Für die beiden Formen ergeben sich unterschiedliche Möglichkeiten der Tarnung gegenüber ihren Fressfeinden auf den natürlichen Untergründen. Auf hellem Untergrund ist die helle Mutante schwer auszumachen, während sie auf dunklem Untergrund leicht zu erkennen ist und für Feinde eine leichte Beute darstellt (Abb. 1).

In Gebieten mit hoher Industrialisierung und damit in der Regel stärkerer Luftverschmutzung findet man vorwiegend Bäume, die kaum oder keinen Flechtenbewuchs zeigen und darüber hinaus durch Ruß- und Staubablagerungen eher dunkel gefärbt sind. In solchen Gebieten fand man ein deutlich stärkeres Auftreten der dunkleren Form und ein geringeres Auftreten der hellen Form des Birkenspanners.

Die hell gefärbten Flechten bedecken normalerweise die Baumrinde und sind ein sogenannter Bioindikator für saubere Luft. Demgegenüber ist die Verteilung in gering oder unbelasteten Gebieten eher umgekehrt. Offensichtlich wird jeweils die Mutante durch Fressfeinde, in der Regel Vögel, reduziert, die sich deutlich vom Untergrund abhebt, während die andere durch die gute Tarnung eher übersehen wird und somit überlebt. Die überlebenden Tiere können sich dann fortpflanzen. So kommt es dazu, dass in der nächsten Generation mehr Tiere der Form da sind, die sich besser an die Umwelt angepasst zeigt.

Seit vielen Jahrhunderten betreibt der Mensch gezielt Auslese, indem er bestimmte Tiere **züchtet.** So wurden viele Tiere, die als Wildtiere lebten, eingefangen und gezähmt. Es wurden über viele Generationen hinweg bestimmte Eigenschaften herausgezüchtet.

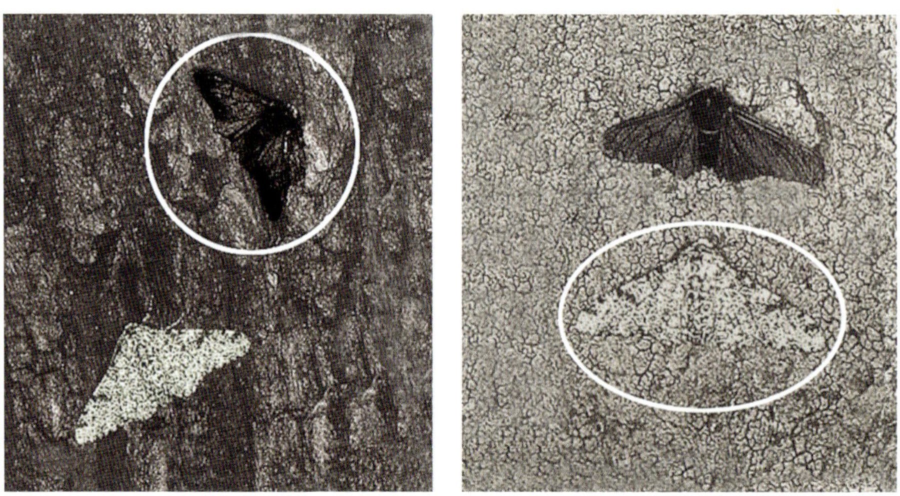

1 ▸ Helle und dunkle Formen vom Birkenspanner auf dunklem bzw. hellem Untergrund

Beispiele dieser als Zucht und **Domestikation** bezeichneten Vorgehensweise sind unsere *Rinder, Hunde, Pferde* und *Schweine* (Abb. 1). Es wurden immer die Tiere für die weitere Zucht selektiert, die bestimmte Eigenschaften besaßen, die es zu erhalten oder zu verstärken galt. Auch viele Kulturpflanzen (z. B. *Getreide*) wurden aus Wildpflanzen auf diese Weise gezüchtet.

1 ▸ Domestikation (Züchtung) von Haustieren aus Wildtieren

Die natürliche Auslese (Selektion) ist ein richtunggebender Evolutionsfaktor, da von Generation zu Generation jeweils die an vorherrschende Umweltbedingungen bestangepassten Individuen erhalten bleiben.

Isolation

Durch die Beobachtungen DARWINS sind die Wirkungsweisen der Evolution für uns verständlicher geworden.

Als DARWIN sich die Vogelwelt der von ihm bereisten Galapagosinseln (1 000 km vor der Küste Ecuadors im Pazifik liegend) genauer ansah, fand er über zehn verschiedene Finkenarten (s. S. 90). Sie zeigten trotz deutlicher Merkmalsunterschiede im Bereich des Schnabels und der Ernährungsweise starke Übereinstimmungen. Dies deutete auf eine nahe Verwandtschaft unter ihnen hin (Abb. unten).

Bei Betrachtung der Finken des südamerikanischen Festlands zeigte sich, dass hier nur eine einzige Finkenart zu finden war. Sie lebte auf dem Boden und fraß Körner. Diese Art muss den auf den Inseln lebenden **Darwinfinken** als Stammart gedient haben.

Die Entwicklung müsste sich so vollzogen haben: Einige wenige Finken der Festlandart wurden auf die Inseln verschlagen, wo noch keine Finken existierten. Sie wurden von der Stammart isoliert, d. h. in der Folge fand keine Kreuzung zwischen den *Darwinfinken* auf Galapagos und den *Festlandfinken* mehr statt.

Auf den Galagosinseln lebende Finkenarten

Auf den Galapagosinseln vor der Küste Ecuadors (Südamerika) lebende Finkenarten sehen ähnlich aus, unterscheiden sich aber in der Schnabelform. Sie sind Nahrungsspezialisten (Körnerfresser, Pflanzenfresser) und besiedeln verschiedene Biotope (Boden, Kakteen, Bäume).

Aus einer gemeinsamen Urform, einem auf dem Boden lebenden und körnerfressenden Finken des südamerikanischen Festlandes, entstanden neue Finkenarten: z. B.

- Dickschnabel-Grundfink (Körnerfresser, am Boden lebend),
- Kaktus-Grundfink (Körnerfresser, auf Kakteen lebend),
- Spechtfink (Insektenfresser, auf Bäumen lebend),
- Mittlerer Baumfink (Insektenfresser, auf Bäumen lebend).

Die Evolution verlief in den beiden Gruppen unterschiedlich, weil die Umweltbedingungen auf den Inseln und dem Festland, die auf die beiden Finkengruppen einwirkten, so unterschiedlich waren wie die Mutationen, die in den getrennten Gruppen auftraten.

Die folgende Auseinanderentwicklung in viele verschiedene Finkenarten ist dadurch zu erklären, dass die Konkurrenz bei der Nahrungsnutzung dazu führte, dass verschiedene Angebote, wie Samen, Insekten, Früchte usw., genutzt wurden. Die Umwelt wurde gewissermaßen in verschiedene Bereiche aufgeteilt, in denen die Umweltbedingungen und die auftretenden Mutationen innerhalb der verschiedenen Gruppen zu verschiedenen Ausprägungen von Strukturen, hier z.B. von Schnäbeln, führten.

Den gesamten Vorgang bezeichnet man als **Einnischung.** Nur dadurch ist das Nebeneinander vieler Arten im gleichen Lebensraum möglich. Die Arten kommen sich nicht gegenseitig in die „Quere". Sie sind keine Konkurrenten.

Die Einnischung stellte als Form der Anpassung einen notwendigen Teil des Evolutionsvorganges dar. Durch sie wurden sich die Gruppen so „fremd", dass sie sich nicht mehr miteinander fortpflanzten, wodurch neue Arten entstanden sind (Artspaltungsprozess, Abb. 1). Hierbei wurden jeweils die Tiere ausgelesen, die vorteilhafte Mutationen aufwiesen. Es kam zu Artspaltungen, d. h., aus ursprünglich einer Art waren mehrere Arten entstanden (Abb. 1). Man kann also feststellen, dass **die Isolation eine Voraussetzung für die Entstehung neuer Arten ist.**

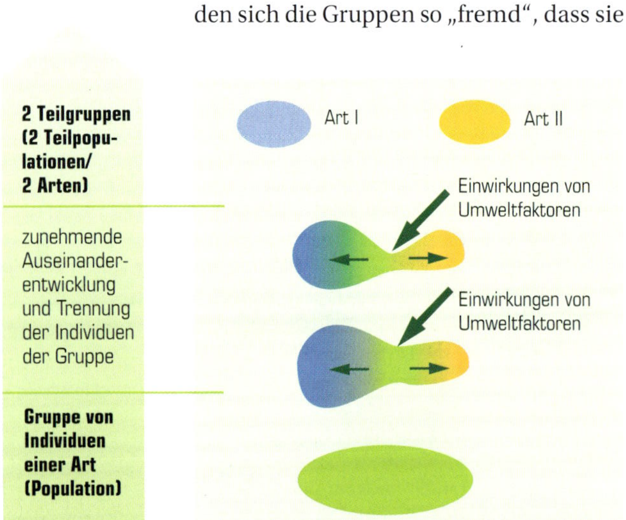

1 ▸ Entstehung von Arten (Modellvorstellung)

M

Unter der Isolation versteht man die teilweise oder vollständige Unterbindung der Paarung und damit des Genaustausches bei der geschlechtlichen Fortpflanzung zwischen Individuen einer Art.

Es werden verschiedene **Formen der Isolation** unterschieden.

Bei der *geografischen Isolation* (räumliche Isolation) werden die Individuen einer Art räumlich getrennt und verteilt, z.B. durch Meere, Seen, Gebirge, Wüsten, Gletscher.

Bei der *ökologischen Isolation* besiedeln die Individuen der neuen Arten verschiedene Biotope im gleichen geografischen Gebiet (z.B. Darwinfinken auf Galapagos, Abb. 1, S. 95).

Bei der *fortpflanzungsbiologischen Isolation* besitzen die Individuen der neuen Arten unterschiedliche Fortpflanzungszeiten bzw. unterschiedliches Paarungsverhalten (z.B. unterschiedliche Laichzeiten - Wasserfrosch Mai/Juni; Grasfrosch Februar/ April).

Zusammenfassend kann man feststellen: Die **Mutation** bildet die „Rohstoffe" für die Evolution.

Durch die **Neukombination der Gene** wird die erbliche Variabilität erhöht.

Die **Auslese** gibt den Erbveränderungen eine bestimmte Richtung. Durch **Isolation** werden Prozesse des Austausches von **Erbgut** eingeschränkt.

Carl von Linné – ein schwedischer Naturforscher und Systematiker

Carl von Linné wurde am 23. Mai 1707 in Rashult (Schweden) geboren. Nach Abschluss des Gymnasiums studierte er Medizin und später Botanik. Auf Forschungsreisen erkundete er die drei Naturbereiche Mineralien, Tiere und Pflanzen.

1735 erschien sein bedeutendstes **Werk „Systema naturae"**, eine Bestandsaufnahme des Mineralien-, Tier- und Pflanzenreiches der Erde.

Linné vertrat anfangs die Auffassung, dass die Arten und deren Anzahl konstant seien, dass es so viele Arten gäbe, wie Gott sie erschaffen habe. Doch sie wären ungeordnet, aber durch Ähnlichkeit verbunden.

Entsprechend zahlreicher übereinstimmender Merkmale und Ähnlichkeiten ordnete er die Lebewesen in Arten, Gattungen, Ordnungen und Klassen ein.

Schon 1758 teilte er die Tiere in die Klassen Säugetiere, Vögel, Amphibien (Lurche), Fische, Insekten und Würmer.

Ein besonderes Verdienst Linnés besteht darin, dass er schon den Menschen in die Klasse der Säugetiere einbezog.

Auf seinem Landgut Hammarby legte er eine große Pflanzensammlung an.

Er beschrieb und ordnete z. B. etwa 7300 Pflanzenarten und 4200 Tierarten. Jedes Lebewesen bekam einen Artnamen.

Carl von Linné gelang es, die Lebewesen nach Baumerkmalen (z. B. Anzahl der Staubblätter, Anzahl der Fruchtblätter) zu ordnen. Durch die geringe Zahl der Merkmale war es mit seinem System leicht, gefundene Pflanzen einzuordnen.

Individuen, die in wichtigen Baumerkmalen übereinstimmten und sich untereinander fortpflanzen konnten, fasste er zur **Art** zusammen und gab jeder Art zwei Namen: einen **Artnamen** und einen **Gattungsnamen,** z. B. *Weiße* (Artname) *Taubnessel* (Gattungsname).

Arten, die bestimmte gleiche Merkmale haben, fasste er zu **Gattungen,** Gattungen wiederum mit bestimmten gleichen Merkmalen zu **Familien,** Familien entsprechend

zu **Ordnungen** und diese zu **Klassen** zusammen. So entstand das sogenannte **künstliche System.** Künstlich deshalb, weil es die verwandtschaftlichen Beziehungen nicht berücksichtigte.

Dennoch war Linné der entscheidende Durchbruch bei der Ordnung der Lebewesen gelungen.

Jeder Artname enthielt ein Wort für die Gattung, der das Lebewesen angehört, und ein Wort für die Art selbst. Diese Bezeichnung von Lebewesen wird **binäre Nomenklatur** (aus zwei Einheiten bestehende Zusammenstellung) genannt.

Bis heute wird die von ihm geschaffene binäre Bezeichnung für die Bildung von Artnamen verwendet. Diese binäre Bezeichnung stellt eine Vereinheitlichung und auch eine Vereinfachung dar (z. B. Laubfrosch – *Hyla arborea L.*; Stockente – *Anas platyrhynchos L.*).

Ab 1738 arbeitete er als praktischer Arzt, ab 1739 war er Präsident der Schwedischen Akademie der Wissenschaften, ab 1741 Professor in Uppsala.

1747 wurde er zum königlichen Leibarzt ernannt, 1762 erhielt er aufgrund seiner Leistungen den Adelstitel.

Am 10. Januar 1778 starb er in Uppsala.

Heute versuchen die Wissenschaftler, die Lebewesen in ein **natürliches System** einzuordnen. Dazu ist es erforderlich, die verwandtschaftlichen Beziehungen der Lebewesen zu erforschen.

Systematik *nennt man die Wissenschaft von der Ordnung der Lebewesen.*

Evolutionsrichtungen

Differenzierung ist ein Vorgang während der Entwicklung und des Wachstums eines Lebewesens, bei dem sich Zellen, Gewebe oder Organe in Bau und Funktion in verschiedene Richtungen entwickeln.

Betrachtet man den Evolutionsprozess, wie er von den Anfängen bis zu den heute lebenden Organismen verlaufen ist, so lassen sich gewisse Richtungen feststellen.

Im Zuge der Evolution ist allgemein eine **Komplizierung des Baues von Organismen** zu verzeichnen. Hierzu gehören neben der **Differenzierung** und **Spezialisierung** in verschiedene Gewebe und Organe mit zunehmender Leistungsfähigkeit auch eine **Zentralisierung** wesentlicher Strukturen sowie deren **Verlagerung ins Innere.** Das Ziel besteht darin, die Abhängigkeit von äußeren Umweltfaktoren zu verringern. Vielfach werden solche Entwicklungstendenzen in Form von sogenannten **Progressionsreihen** verdeutlicht (Abb. 1).

Zentralisierung ist ein Vorgang, bei dem eine Konzentration in Bau und Funktion auf bestimmte Zellen, Gewebe oder Organe erfolgt.

Diese Reihen, die sich für Blutkreislaufsysteme, Atmungsorgane, Gehirne usw. aufstellen lassen, sind aber nicht so aufzufassen, als wenn sich eine Struktur jeweils aus der vorher abgebildeten entwickelt hätte. Sie stellen (vorläufige) Endstufen in der Entwicklung der verschiedenen Organismengruppen dar.

Zunehmende Differenzierung und Zentralisierung von Organsystemen

Zunehmende Differenzierung gibt es z. B. bei Tieren und Pflanzen.

Die **Progressionsreihe der Atmungsorgane** von *Lurchen, Kriechtieren, Vögeln* und *Säugetieren* (Abb. 1) zeigt eine zunehmende Vergrößerung der für den Gasaustausch in der Lunge verfügbaren Fläche. Diese Oberflächenvergrößerung wird durch zunehmende Ausbuchtung und Auffaltung des Lungengewebes erreicht (einfache sackförmige Lunge, einfach gekammerte Lunge, fein verästelte Lunge mit Lungenbläschen).

Die zunehmende Differenzierung der Atmungsorgane ist ein überzeugendes Beispiel für die Zunahme der Organisationshöhe von Organen oder Organsystemen **(Progression)** verbunden mit Leistungssteigerung und einer Zunahme der Umweltunabhängigkeit.

Die **Froschlunge** ist durch ihren einfachen Bau nicht besonders leistungsfähig.

Lurche (Feuchtlufttiere, wechselwarm)	**Kriechtiere** (Trockenlufttiere, wechselwarm)	**Vögel** (Trockenlufttiere, gleichwarm)	**Säuger** (Trockenlufttiere, gleichwarm)
sackförmig, einfach gekammert	einfach und mehrfach gekammert	verästelt mit Lungenbläschen	

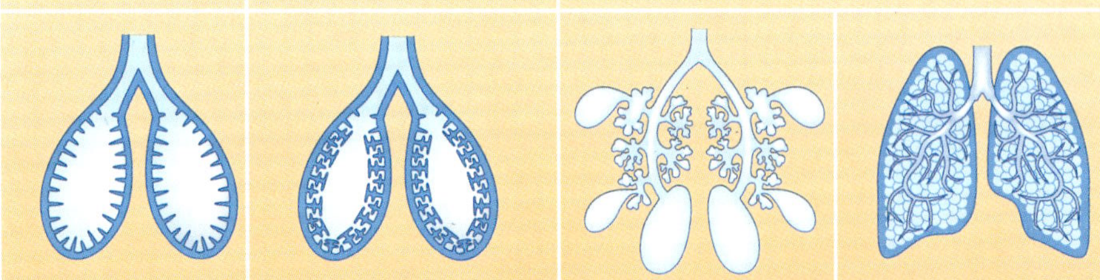

undifferenziert → zunehmende Differenzierung und Zentralisierung

1 ▸ Differenzierung der Lungen bei Lurchen, Kriechtieren, Vögeln und Säugern

Seinen Sauerstoffbedarf deckt der wechselwarme *Frosch* bis zur Hälfte über seine feuchte, dünne Haut (Feuchtlufttier).

Die **Lunge der Vögel** (Trockenlufttiere, gleichwarm) ist besonders leistungsfähig. Vögel benötigen zum Fliegen nämlich viel Energie. Diese Energie wird durch den Abbau der Nährstoffe in den Zellen so umgewandelt, dass sie genutzt werden kann. Für diesen Vorgang wird sehr viel Sauerstoff benötigt.

Die Vogellunge ist durch ihren Bau an diesen hohen Sauerstoffbedarf sehr gut angepasst. Sie ist im Inneren sehr fein verästelt, sodass eine große innere Oberfläche entsteht.

Die innere Oberfläche der Vogellunge ist im Verhältnis zur Oberfläche der Lunge eines Menschen größer. Dadurch kann besonders viel Sauerstoff aufgenommen und mit dem Blut in alle Teile des Körpers transportiert werden.

Die **Säugetiere** (Trockenlufttiere, gleichwarm) besitzen wie der Mensch, eine Lunge mit *schwammartiger Struktur aus Lungenbläschen.*

Die Nervensysteme verschiedener Tiergruppen

Ein weiteres Beispiel zur Verdeutlichung der **Differenzierung** und **Zentralisierung** bieten die Nervensysteme verschiedener Tiergruppen (Abb. 1).

Während einfache Nervensysteme, z. B. das der *Schwämme* oder des *Süßwasserpolypen,* kaum differenziert, sondern eher netzartig aufgebaut sind, zeigen die Nervensysteme der *Insekten* schon eine Differenzierung und Zentralisierung in Form eines Strickleiternervensystems (Bauchmark). Dabei treten neben den Nervenverbindungen auch Nervenknoten auf, die im Kopfbereich meist eine besonders deutliche Ausprägung in Form eines großen Knotens („einfaches Gehirn") erfahren. Eine noch stärkere Differenzierung und Zentralisierung findet man bei den *Wirbeltieren,* z. B. *Hund, Katze* und dem *Menschen,* wo ein **Zentralnervensystem** (ZNS) existiert. Dieses Zentralnervensystem wird in *Gehirn* und *Rückenmark* unterteilt.
Diese Zentralisierung mit der weiteren Differenzierung des Großhirns innerhalb der Wirbeltiere und beim Menschen ist die Voraussetzung für die komplexen Lern- und Gedächtnisleistungen der Tiere und des Menschen.

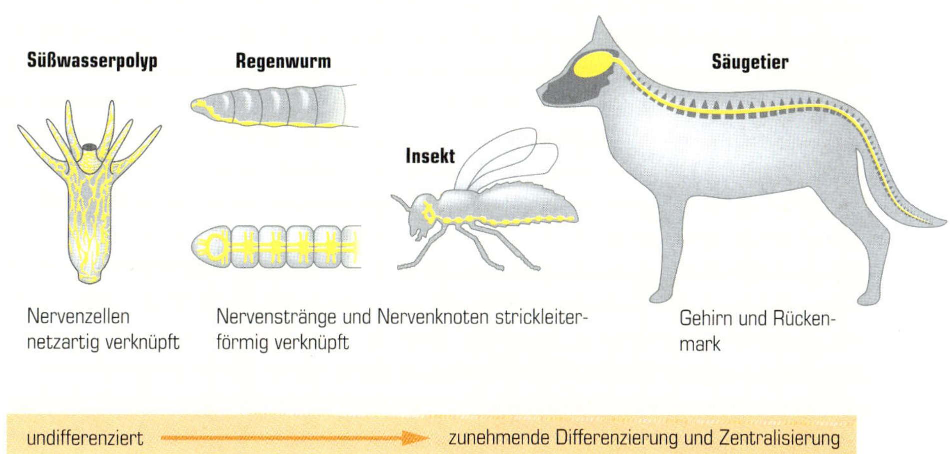

1 ▸ Differenzierung und Zentralisierung der Nervensysteme

Auch innerhalb der **Pflanzen** ist eine Differenzierung und Zentralisierung von Strukturen festzustellen (Abb. 1).

Mit zunehmender Größe der Pflanzen, vor allem aber mit zunehmender Besiedlung trockener Standorte, konnten die Pflanzen besser überleben, die einen guten Verdunstungsschutz hatten. Sie verringerten die Verdunstung (Transpiration) über die Pflanzenoberfläche.

Darüber hinaus musste verdunstendes Wasser schnell im Pflanzenkörper ausgeglichen werden (Ausbildung von Wurzeln und Leitgewebe).

Im Verlauf der Stammesgeschichte haben deshalb die Pflanzen besser überlebt, die besondere *Leitgewebe,* aber auch *Abschluss-, Stütz-* und *Festigungsgewebe* herausgebildet haben (Abb. 1). Diese Gewebe findet man ebenfalls in den Wurzeln und Laubblättern der höheren Pflanzen.

Die **Moose** besitzen nur einen geringen Verdunstungsschutz und *kein* oder ein *nur schwach entwickeltes Leit- und Festigungsgewebe* (Abb. 1). Sie besitzen keine Gliederung in die Grundorgane Blatt, Sprossachse und Wurzel, sondern weisen Strukturen auf, die man als Moosblättchen, Moosstämmchen und Rhizoid bezeichnet. Sie besiedeln überwiegend feuchte Standorte.

Die **Farnpflanzen** und die **Samenpflanzen** weisen neben der Gliederung in die Grundorgane Blatt, Sprossachse und Wurzel (Abb. 1) zunehmend *differenzierte Abschlussgewebe, Wasseraufnahme-* und *Leitungsgewebe* sowie *Festigungsgewebe* auf.

Die Gewebe in den Sprossachsen der verschiedenen Pflanzengruppen sind aber unterschiedlich stark differenziert (Abb. 1).

Im Verlauf der stammesgeschichtlichen Entwicklung bewirken Differenzierungen und Zentralisierungen von Zellen, Geweben und Organen Leistungssteigerungen. Diese führen jeweils zu einer Zunahme der relativen Umweltunabhängigkeit der Organismen.

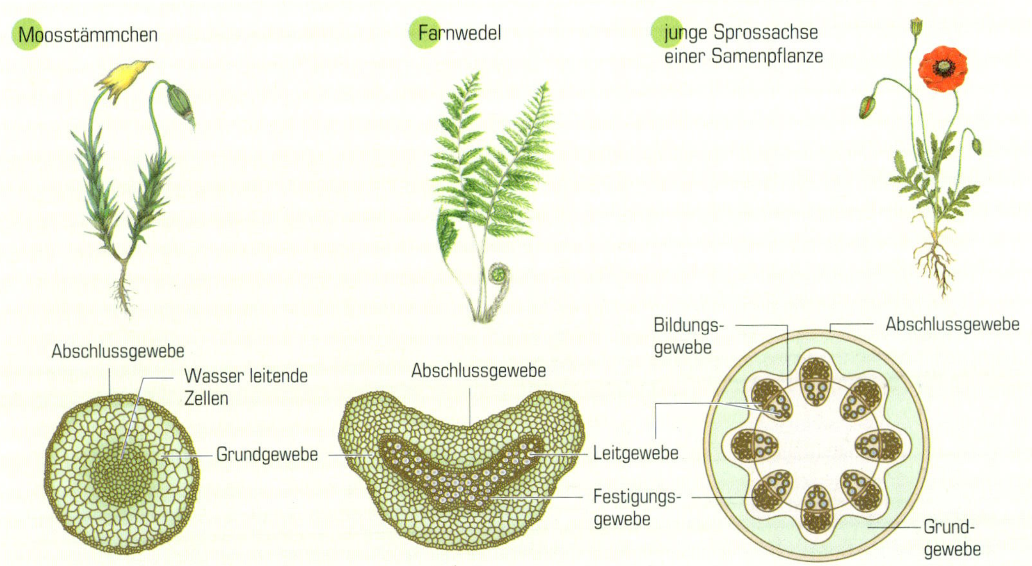

1 ▸ Differenzierung der Gewebe in den Querschnitten von Moosstämmchen und den Sprossachsen von Farn- und Samenpflanzen

gewusst · gekonnt

1. Erläutere die Entstehung langbeiniger Schreitvögel, z. B. Reiher oder Störche, aus der Sicht der Evolutionstheorien von LAMARCK und von DARWIN.

2. Bereite einen Vortrag über den Verlauf der Reise von DARWIN auf der „Beagle“ vor. Gehe dabei auch auf Erkenntnisse ein, die der Naturforscher während der Reise gewonnen hat. Nutze Informationen aus dem Internet.

3. Nenne Evolutionsfaktoren und erläutere ihr Wirken.

4. Erkläre mithilfe der Evolutionstheorie DARWINS folgende Erscheinungen: die Vielfalt, die Verwandtschaft und die Angepasstheit der Arten.

5. Wie wird durch Isolation das Evolutionsgeschehen beeinflusst?

6. In englischen Industriegebieten fand man fast nur die dunkle Form des Birkenspanners und nur wenige Vertreter der hellen Form. Begründe diesen Sachverhalt.

7. Die Besiedlung von vulkanischen Inseln (z. B. Galapagosinseln) mit Organismen wird von Wissenschaftlern besonders untersucht. Erkläre diesen Sachverhalt.

8. Die Mutation ist ein wesentlicher Evolutionsfaktor. Begründe diese Aussage.

9. Auf Inseln findet man sehr häufig flügellose Arten von Organismengruppen, die sonst immer beflügelt sind (z. B. flügellose Fliegen). Erkläre diese Tatsache.

10. Was beinhaltet der Evolutionsfaktor Selektion? Worin unterscheiden sich natürliche und künstliche Selektion (z. B. bei der Züchtung von Pflanzen und Tieren)?

11. Betrachte die Abbildung 1 auf Seite 100. Begründe anhand der Abbildung die zunehmende Differenzierung der Gewebe bei Pflanzen.

12. Regenwürmer und Insekten reagieren auf Lichtreize. Begründe, dass bei der Reaktion auf Reize eine unterschiedliche Organisationsstufe vorliegt.

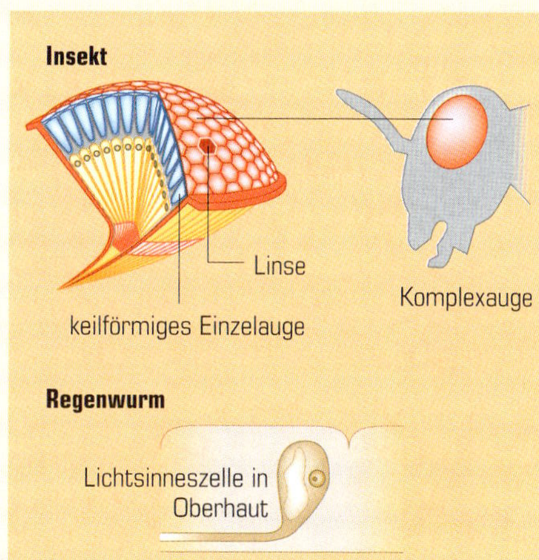

13. Die Lungen der Wirbeltiere sind ein Beispiel für zunehmende Höhen der Organisationsstufen in der Stammesentwicklung. Begründe das am Bau und der Leistungsfähigkeit der Lunge von Erdkröte und Weißstorch.

Das Wichtigste auf einen Blick

Evolutionstheorien

Schöpfungsgeschichte
Gott schuf die Arten; sie sind unveränderlich und entwickeln sich nicht (keine wissenschaftliche Theorie).

Lamarckismus
Begründet von LAMARCK; bedingt durch Umweltbedingungen entwickeln sich Organe stärker oder schwächer (Vererbung erworbener Eigenschaften).

Darwinismus
Begründet von DARWIN; Arten erzeugen zahlreiche, vielfältige Nachkommen, die der Auslese unterworfen sind. Arten verändern sich.

Synthetische Evolutionstheorie
Baut auf DARWIN auf; bestimmte Evolutionsfaktoren (z. B. Mutation, Rekombination) erhöhen die Vielfalt, andere Faktoren (z. B. Selektion oder Isolation) wirken richtunggebend auf die Veränderung der Arten.

Evolutionsfaktoren

Durch das **Zusammenwirken der Faktoren** wird die Evolution vorangebracht.

Evolutionsfaktoren

Neukombination von Genen (Rekombination)
Erhöhung der Anzahl der Genkombination bei der Befruchtung in zufällig neuer Weise, Entstehen neuer Phänotypen

Mutationen
Veränderungen der Erbanlagen, Formen sind Gen-, Genom- und Chromosomenmutationen

Natürliche Auslese (Selektion)
optimal angepasste Individuen bleiben erhalten und pflanzen sich fort; richtunggebende „Kraft" der Evolution

Isolation
Trennung von Organismengruppen in Teilpopulationen, teilweise oder vollständige Unterbindung der Paarung und damit des Genaustauschs, Entstehen neuer Arten

Evolutionsrichtungen

Zunehmende **Differenzierung** und **Zentralisierung** von Zellen, Geweben und Organen führen zur Leistungssteigerung und zur Zunahme der Umweltunabhängigkeit, z. B. Atmungssysteme der Wirbeltiere, Nervensysteme.

2.2 Entwicklungstendenzen und Belege der Evolution

Schnabelaufreißende Jungvögel ▸▸ Haben Jungvögel Hunger, sperren sie ihre Schnäbel weit auf. Die Eltern nehmen dieses Schnabelsperren als Reiz wahr und füttern die Jungen.

Fossilien – Spuren vergangenen Lebens ▸▸ Die Geschichte des Lebens auf dem Planeten Erde könnte nicht geschrieben werden, wenn die Vorfahren der heute lebenden Pflanzen und Tiere nicht ihre Spuren hinterlassen hätten.

Übergangsformen – Indiz für die Evolutionstheorie ▸▸ Übergangsformen wie der Archaeopteryx sind Organismen, die Merkmale von stammesgeschichtlich älteren und jüngeren verwandten biologischen Gruppen vereinen. Sie besitzen Merkmale beider Gruppen, zwischen denen sie stehen. Derzeit sind über tausend Übergangsformen entdeckt.

Entwicklungstendenzen der Evolution

Zu den Entwicklungstendenzen der Evolution gehören Veränderungen von Körpermerkmalen, z. B. Spezialisierungen, sowie auch genetisch bedingte Verhaltensweisen.

Durch das Zusammenwirken der Evolutionsfaktoren werden solche Verhaltensweisen herausgebildet, die die Angepasstheit der einzelnen Organismen an die Umwelt erhöhen.

Spezialisierung

Bei der Betrachtung uns bekannter **Vogelarten** wird an den ausgebildeten **Schnäbeln** die Spezialisierung, d. h. die Angepasstheit an die verschiedenen Ernährungsweisen, deutlich (Abb. 1).

Auch bei der Betrachtung der Ernährungsweise der **Insekten** zeigen sich Spezialisierungen, z. B. im Bereich der **Mundwerkzeuge** (Abb. 1, S. 105).

Die *Schmetterlinge* saugen mit ihrem langen Saugrüssel den Nektar vom Blütengrund. Die *Hummel* fliegt u. a. zu den Blüten von *Taubnessel* und *Wiesen-Salbei*. Die langrüsseligen Arten erreichen den Nektar am Grund der Blüte. Sie kriechen in die Blüte hinein, dabei bleibt Blütenstaub am Körper hängen. Die nächste Blüte wird damit bestäubt.

Ein blühender Kirschbaum oder Brombeerstrauch wird u. a. von *Bienen* besucht. Der Blütenboden ist nur wenig eingesenkt, sodass die Bienen mit ihrem kurzen Rüssel den Nektar erreichen.

Die Spezialisierung führt bei den Lebewesen durch Veränderung im Bau bzw. durch Ausbildung bestimmter Verhaltensweisen zu einer besseren Angepasstheit an spezifische Umweltbedingungen.

Vögel	Specht	Buchfink	Kernbeißer	Weißstorch	Bussard	Ente

Schnabelformen	lang und spitz, kräftig	kurz und spitz, kräftig	kurz, kräftig, meißelförmig	lang und spitz	Oberschnabel hakig gebogen	breit, vorne rund, mit kräftigen Hornleisten
Nahrung und Ernährungsweisen	Hacken von Löchern in den Baum, Herausholen der Insektennahrung	Zerbeißen harter Fruchtschalen, Ernährung von Samen	Zerbeißen von Kirsch- und Pflaumensteinen	Ergreifen der Beute, z. B. Frösche	Herausreißen von Fleischstücken aus Beutetieren, z. B. Mäusen	„Ergründeln" der Nahrung aus Schlamm und Wasser, bleibt an Hornleisten hängen (Seihschnabel), z. B. Pflanzenteile, Insektenlarven

1 ▸ Verschiedene Schnabelformen und Ernährungsweisen bekannter Vogelarten

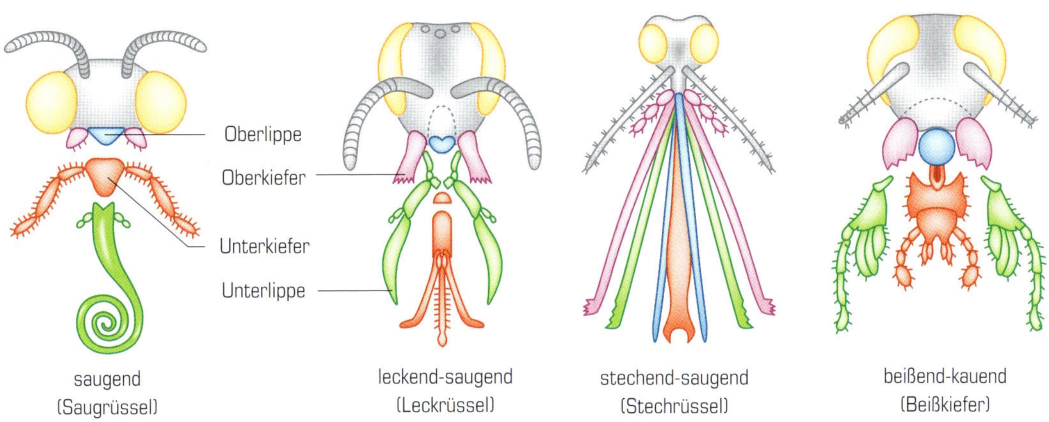

1 ▸ Mundgliedmaßen von Insekten – eine Spezialisierung

Genetisch bedingte Verhaltensweisen und Lernfähigkeiten

Zwar verwendet man auch heute noch die Begriffe **angeborenes Verhalten** und **erlerntes Verhalten,** aber eine strikte Trennung zwischen angeborenem und erlerntem Verhalten, wie das zu Beginn der Verhaltensforschung üblich war, wird heute nicht mehr vorgenommen. Man geht davon aus, dass jedes Verhalten das Ergebnis des Zusammenspiels von **erlernten** und **ererbten Anteilen** ist.

Verhalten ist das Ergebnis des Zusammenspiels von Ererbtem und Erlerntem.

Ererbtes Verhalten

Als **ererbtes Verhalten** werden solche Verhaltensweisen bzw. -anteile bezeichnet, die angeboren sind und die sich scheinbar ohne Umwelteinflüsse entwickeln.

Außenreize, die immer wieder dieselben Verhaltensweisen auslösen, bezeichnete man in den klassischen Verhaltenswissenschaften als Schlüsselreiz. Da das Schlüssel (Reiz)-Schloss (Reaktion)-Prinzip einen zu starken Charakter hat, wird heute der Begriff weniger verwendet und z. T. durch den Begriff Kennreiz ersetzt. Diese Mechanismen sind meistens angeboren.

Beim Menschen z. B. ist das Kindchenschema gekennzeichnet durch einen großen Kopf und große Augen sowie rundliche Körperformen, dicke und kurze Arme und Beine.

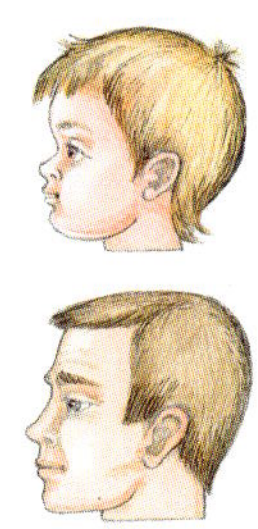

Dieses Kindchenschema ist ein Reizmuster, auf das wir mit vorhersagbaren Verhaltensweisen reagieren, nämlich mit Zuwendung und Beschützen-Wollen.

Zum ererbten Verhalten gehören die **unbedingten Reflexe.** Die Reaktionen erfolgen auf entsprechende Reizeinwirkungen und laufen unwillkürlich ab, d. h., sie können von unserem Willen kaum beeinflusst werden.

Unbedingte Reflexe sichern grundlegende Lebensvorgänge. Wenn ein Kind geboren wird, ist es sofort in der Lage zu saugen. Durch Suchbewegungen an der Brust der Mutter löst die Berührung der Lippen des Säuglings mit der Brustwarze den Saugreflex aus. Bei der Mutter wiederum lösen die Saugbewegungen des Kindes einen Milchabgabereflex aus. Berührt die Milch den Gaumen des Säuglings, wird der Schluckreflex aktiviert.

Das angeborene Verhalten bei Tieren und Menschen setzt sich häufig aus mehreren aufeinanderfolgenden Teilreaktionen zusammen. Diese bezeichnet man als angeborene Reaktionsketten. Der Ablauf solcher **Reaktionsketten** wird ebenfalls von Reizen ausgelöst.

Beobachtet man z. B. eine *Erdkröte* bei der Nahrungssuche, so zeigt sie immer wieder die gleichen Verhaltensweisen. Sie sitzt über einen langen Zeitraum regungslos an derselben Stelle, wechselt ab und zu den Ort, wo sie dann wieder bis zum nächsten Ortswechsel verharrt. Entdeckt sie ein Beutetier, z. B. eine *Fliege*, richtet sie ihren Körper so aus, dass ihr Kopf der Beute zugewandt ist und sie die Fliege beidäugig fixieren kann. Blitzschnell wird die Zunge ausgeklappt und das Tier gefangen.

Das **Beutefangverhalten** der *Erdkröte* (Abb.) kann man in drei Abschnitte unterteilen:

1. ungerichtetes Suchen nach bestimmten Kennreizen
2. Orientierungsreaktion, sobald das Beutetier wahrgenommen wird
3. reflexartiges Schnappen nach der Beute

Zunächst wechseln sich die Eltern bei der Nahrungssuche ab, dann bleibt das Junge in einer „Kinderkrippe" allein.

Die **erblichen Anteile des tierischen Verhaltens** sind das Ergebnis eines langen Anpassungsprozesses einer Art an ihre Umwelt. Individuen mit vorteilhaften Verhaltensanteilen konnten sich häufiger fortpflanzen als andere Artgenossen und somit ihre Gene häufiger vererben. Die angeborenen Verhaltensweisen sind nicht starr. Sie bilden den Rahmen, innerhalb dessen sich jedes Tier seinen inneren und äußeren Bedingungen anpassen kann.

Um in ihrer unwirtlichen Welt zu überleben, haben *Kaiserpinguine* (Abb.) viele Verhaltensweisen entwickelt, die von Generation zu Generation weitergegeben werden.

Dazu gehört u. a. das **Fortpflanzungsverhalten**. Im März werben die Männchen um die Weibchen. In der Dunkelheit des antarktischen Winters, zwischen Mai und Juli, legt das Weibchen ein einziges Ei. Dieses übergibt es sofort dem Männchen.

Die **Übergabe des Eies** folgt nach einem festgelegten Ritual, es ist **angeboren.** Die Weibchen halten ihre Schnäbel nach unten und rufen. Das Männchen kommt und dann wird das Ei ganz vorsichtig auf die Füße des Männchens gerollt. Von dort schiebt das Männchen es sofort in eine Bauchfalte, wo es vor der eisigen Kälte geschützt ist. Das Ei darf nicht auf das Eis fallen, dort würde es sofort gefrieren.

Hat das Weibchen das Ei erfolgreich übergeben, kehrt es zum Meer zurück und überlässt es ganz dem Männchen. Dieses bebrütet das Ei etwa 40 bis 50 Tage lang und schützt es vor den eisigen Temperaturen. Die brütenden Männchen selbst wärmen sich, indem sie sich eng aneinanderdrücken. Manchmal stehen bis zu 6000 Vögel eng beieinander.

Kurz vor dem Ausschlüpfen der Jungen kehrt das Weibchen vom Fressen im Meer zurück und übernimmt die letzten Bruttage. Die ausgehungerten Männchen wandern zum Meer, um zu fressen. Das ausgeschlüpfte Küken wird vom Weibchen etwa 40 Tage lang beschützt. Dann kommt das Männchen zurück. Beide Eltern übernehmen für kurze Zeit die Fütterung des Jungtieres.

2

Erlerntes Verhalten
Im Laufe ihres Lebens entwickeln Tiere und Menschen aufgrund von Erfahrungen bestimmte Verhaltensweisen. Man bezeichnet sie als **erlerntes Verhalten.** So zieht z. B. ein Kleinkind beim Wort „heiß“ reflexartig die Hand (z.B. vom Ofen) zurück, weil es sich mit Sicherheit schon einmal verbrannt hat. Es hat gelernt, solche Verbrennungen zu vermeiden.

Die Jungtiere von Säugetieren und Vögeln besitzen meist ein hohes Maß an Lernfähigkeit. Durch **Spielen** testen z.B. viele Säugetierjunge ihre Fähigkeiten und erwerben Erfahrungen, die ihr späteres Verhalten bestimmen.

Eine besondere Form des Lernens kann man bei den Jungtieren einiger **Nestflüchter** beobachten. Diese folgen unmittelbar nach der Geburt bzw. dem Schlüpfen allen beweglichen Objekten. Wenn man z.B. frisch geschlüpfte *Enten-* oder *Grauganskküken* von ihrer Mutter trennt, so folgen sie einer einfachen Entenattrappe, einer Person oder einem Kasten, der sich langsam fortbewegt und Geräusche von sich gibt.

Dieser **Lernvorgang,** bei dem sich unter natürlichen Bedingungen die Bindung zur Mutter entwickelt, wird als **Prägung** bezeichnet. Eine Prägung kann nur während eines ganz bestimmten Abschnitts in der Entwicklung der Jungtiere (sensible Phase) stattfinden. Nur in diesem Abschnitt sind sie nämlich besonders empfänglich für bestimmte Umwelteinflüsse.

Bei *Enten-* und *Grauganskküken* beginnt die sensible Phase unmittelbar nach dem Schlüpfen (Abb. 1), bei *Säugetieren* nach der Geburt. Sie dauert oft nur wenige Stunden bzw. Tage. Zwei Tage nach dem Schlüpfen ist diese Phase z.B. bei *Grauganskküken* beendet. Wenn in dieser Zeit keine Prägung stattgefunden hat, fliehen die Küken vor allen Objekten, die sonst eine Nachfolgereaktion ausgelöst hätten.

Ist eine Prägung erfolgt, kann sie in der Regel nicht mehr rückgängig gemacht werden.

1 ▸ Entenküken folgen sofort ihrer Mutter.

M

Prägung ist ein Lernvorgang, bei dem sich unter natürlichen Bedingungen die Bindung zur Mutter entwickelt. Eine Prägung kann auf ein bestimmtes Objekt oder auf eine bestimmte Handlung erfolgen.

Ein weiterer Lernvorgang ist das **Nachahmen** (Abb. 2). Dabei übernimmt das beobachtende Tier (oder der Mensch) Teile oder die gesamte beobachtete Verhaltensweise von einem anderen Tier (oder Menschen). Die Fähigkeit zur Nachahmung beruht auf dem Besitz von „Spiegel-Nervenzellen“ im Nervensystem. Diese Nervenzellen prägen sich das Verhalten ein, das bei einem anderen Artgenossen gesehen wurde. Dadurch ist das Tier in der Lage, das Beobachtete selbst durchzuführen.

Forscher haben in Versuchen mit Affen festgestellt, dass die Nachahmung nur erfolgt, wenn eine Handlung von einem Artgenossen durchgeführt wurde.

2 ▸ Mädchen füttert ihr „Puppenkind“.

1 ▸ Bei Rotgesichtsmakaken hat man Nachahmungsverhalten beobachtet.

2 ▸ Eine enge Mutter-Kind-Beziehung ist eine wichtige Grundlage für die Kommunikation.

Durch Nachahmen können sich **Traditionen** bilden. Das sind Verhaltensweisen, die von einer bestimmten Gruppe einer Tierart über mehrere Generationen in einer spezifischen, vom Verhalten anderer Gruppen derselben Art abweichenden Weise ausgeübt werden.

Ein bekanntes Beispiel für Nachahmung sind die Kartoffeln und Weizen waschenden *Rotgesichtsmakaken* von der japanischen Insel Koshima (Abb. 1). Ein heranwachsendes Weibchen hatte die Entdeckung gemacht, dass sandige Kartoffeln durch Waschen im Meerwasser sauber und schmackhafter (salzig) wurden. Auch konnte der an der Wasseroberfläche schwimmende Weizen leichter aufgenommen werden. Seine Mutter und zwei Spielgefährten ahmten das Verhalten nach. Jahre später konnte man beobachten, dass fast alle Makaken der Gruppe (Jung und Alt) ihre Nahrung im Meerwasser wuschen.

Forschungen haben gezeigt, dass Mütter, denen als Säugling die mütterliche Zuwendung fehlte, Schwierigkeiten bei der Kommunikation mit ihren eigenen Säuglingen hatten.

Solche *Nachahmungsvorgänge* haben u.a. auch für die **Mutter-Kind-Beziehung** eine große Bedeutung. Säuglinge nehmen die von der Mutter empfangenen Signale (z.B. Lächeln, Laute) auf und senden diese an die Mutter zurück (Abb. 2). Dabei lernt der Säugling nicht nur verschiedene Signalformen kennen, sondern auch, wann welches Signal die günstigste Wirkung hat. Die Mutter wiederum lernt, auf die Bedürfnisse des Säuglings richtig zu reagieren.

Diese Fähigkeit zur **Kommunikation** zwischen Mutter und Kind wird nicht vererbt. Sie bildet sich während der intensiven Kontaktphase im Säuglingsalter heraus.

Beim Nachahmen übernimmt der Beobachtende (Tier/Mensch) Verhaltensweisen des Handelnden (Tier/Mensch). Durch Nachahmen werden Gewohnheiten oder Traditionen von Generation zu Generation weitergegeben.

Das **Lernen durch Nachahmen** findet vor allem bei *sozial lebenden Tieren* und dem Menschen statt und setzt das Erkunden und Beobachten voraus.

So werden die Erfahrungen der Älteren an die Jüngeren, an die Nachkommen, weitergegeben.

Eine andere Form des Lernens ist **Lernen durch Einsicht.** Bei dieser Lernform sind Elemente der Planung und des Handelns bekannt, die Zusammensetzung dieser Elemente ist aber neu.

Eine Sportgruppe soll z. B. zu einem Wettkampf in einen anderen Ort fahren. Die Schüler kennen die Zugabfahrtzeiten, die Fahrtdauer vom Wohnort zum Wettkampfort, den Beginn des Wettkampfs, und die Zeitdauer des Wettkampfs.

Daraufhin können sie ihre Reise genau planen (Abb. 2). Hier nützen die Schüler Erfahrungen aus anderen Reisen und die Kenntnisse über Fahrpläne zur neuen Kombination für die aktuelle Reise, also durch Einsicht.

Aber nicht nur die Menschen sind zu einsichtigen Lernleistungen fähig. Es gibt viele Beispiele dieses Lernens bei *Menschenaffen.*

Ein *Schimpanse* wurde z. B. bei seinen Versuchen beobachtet, eine hoch hängende Banane zu erreichen. Nach einigen erfolglosen Sprungversuchen setzte er sich hin und betrachtete die Gegenstände im Raum. Plötzlich nahm er vorhandene Holzkisten, stapelte sie übereinander, kletterte nach oben und holte sich die Banane (Abb. 1). Er hat nichts probiert, sondern er hat Erfahrungen neu kombiniert.

M **Einsichtiges Lernen ist die Fähigkeit, komplexe Situationen durch Erfassen von Zusammenhängen und planmäßiges Handeln zu meistern.**

Viele Tierarten sind in der Lage, ein Problem gedanklich zu erfassen und einen entsprechenden Lösungsweg zu planen. Wenn sich dieser Lernprozess losgelöst vom Lernvorgang in deren Vorstellung ereignet, spricht man vom **kognitiven Lernen.**

Um lernen zu können, müssen Lebewesen in der Lage sein, die aus der *Umwelt aufgenommenen Informationen zu speichern* (Gedächtnis) und bei Bedarf wieder abzurufen.

Die Qualität des **Gedächtnisses,** die Merkfähigkeit, ist individuell sehr unterschiedlich. Sie hängt u. a. von der Größe der Speicherbereiche im Nervensystem, der Menge der verknüpften Nervenzellen sowie dem Lerntraining ab. Neuere Untersuchungen haben bewiesen, dass **aktives Lerntraining** bei Tieren und Menschen die Vermehrung von Nervenzellen in der Hirnrinde zur Folge hat. Gleichzeitig festigen sich durch *ständig wiederholte Lernvorgänge* die synaptischen Verbindungen der Nervenzellen untereinander. Je häufiger eine solche Verbindung aktiviert wird, desto schneller und fehlerloser kann auf sie zurückgegriffen werden.

Probleme bereiten immer die Lerninhalte, die über eine längere Zeit nicht aktiviert wurden. Die synaptischen Verbindungen verändern sich und man kommt an die Lerninhalte nicht mehr heran.

1 ▸ Ein Schimpanse hat Holzkisten gestapelt, um an die Banane zu kommen.

2 ▸ Um pünktlich am Start zu sein, müssen die Sportler ihre Fahrt zum Wettkampfort exakt planen.

Fossilien als Belege der Evolution

Fossilien sind alle Reste und Spuren ehemaliger Lebewesen. Unter ***Fossilation*** *versteht man die vielfältigen Formen der Bildung von Fossilien unter verschiedensten Entstehungsbedingungen.*

Fossilien (lat. *fossilis* = ausgegraben) sind Dokumente aus der Vergangenheit. Sie geben uns Hinweise über die Umwelt und das Leben auf der Erde vor unserer Zeit. Organismen, Teile von ihnen oder Spuren ihres Lebens, z. B. Kriechspuren oder Wohnbauten aus vergangenen erdgeschichtlichen Perioden, werden in ihrer Gesamtheit als Fossilien zusammengefasst. Fossilien findet man auch von Pflanzen, obwohl die Pflanzen in der Regel eine weniger feste Struktur haben.

Fossilienfunde sind oft zufällig, z. B. werden sie bei Bauarbeiten gemacht. Es ist wichtig festzuhalten, dass nicht alle Teile der Lebewesen über eine längere Zeit erhalten werden. Auch die Art der **Fossilation (Bildung von Fossilien)** und die Umstände ihrer Entstehung sind unterschiedlich (Tab. unten, Tab. S. 111).

So findet man von den Wirbeltieren z. B. meist Knochen, Zähne oder Hornstrukturen. Selten oder nie aber werden Weichteile gefunden, sondern nur Abdrücke von ihnen.
Es gibt Gegenden, an denen gehäuft Fossilien gefunden werden.

In **Deutschland** sind dies z. B. die *Hunsrück-Schiefer*, die *Solnhofer Jurakalke*, die *Grube Messel* bei Frankfurt und das *Geiseltal* bei Halle.

Diese Orte weisen in der Regel gewisse geologische Besonderheiten auf, die mit dafür verantwortlich sind, dass Funde heute gemacht werden können.

Vor allem in Sedimentations- oder Absatzgesteinen, die durch Ablagerungen von im Wasser gelösten oder schwebenden Bestandteilen entstanden sind (z. B. Kalkstein, Sandstein, Löss), finden sich häufig Fossilien.

Formen und Entstehung von Fossilien

Versteinerung	Inkohlung	Einschluss
Zersetzung der organischen Substanzen von Körpern, Ausfüllen der entstandenen Hohlräume mit Kalk oder Kieselsäure, die erhärten, z. B. versteinerte Seeigel (Steinkern), Muschelschalen (echte Versteinerung)	Unter bestimmten Temperaturbedingungen und Luftabschluss Umbildung organischer Stoffe zu Kohle, langsame Zersetzung, Kohlenstoff bleibt übrig, z. B. Steinkohlenfarne	Luftdichter Einschluss in Harz, Salz oder Eis, z. B. Insekten in Bernstein, Mammut im Eis
 Steinkern eines Seeigels aus dem Jura	 Abdruck eines Farnwedels aus dem Karbon	 Einschluss eines Insekts in Bernstein aus dem Tertiär

2

Ein wesentlicher Faktor bei der **Fossilation** ist die Schnelligkeit, in der die Organismen oder Spuren von ihnen in den Untergrund eingebettet und gegen Luftsauerstoff abgeschlossen wurden. Fossilien werden oft durch Gesteinsverschiebung (Verwerfung), Auswaschung durch Wasser oder Vulkanismus zerstört und gehen gänzlich verloren.

Ein wesentlicher Arbeitsschritt nach der Bergung der Fossilien ist die **Datierung des Fundes.** Hierunter versteht man die zeitliche Einordnung des Fundes, kurz: sein Alter.

Diese Bestimmung kann auf verschiedene Weise erfolgen:

- Findet man ein Fossil in einer Gesteinsschicht, deren Alter schon bekannt ist, so kann man dem Fund das gleiche Alter zuordnen. Diese Form der Altersbestimmung wird als relative **Altersbestimmung** bezeichnet (Abb. 2, S. 112). Umgekehrt ist es aber auch möglich, der Gesteinsschicht ein Alter zuzuordnen, wenn man in ihr ein Fossil findet, das schon datiert ist, d. h., dessen Alter schon bekannt ist. Solche Fossilien, die für einen bestimmten Zeitabschnitt typisch sind und somit häufig in einer bestimmten Gesteinsschicht vorkommen, werden **Leitfossilien** genannt (Abb. 1, S. 112).
  Je älter die Schichten sind, desto einfacher gebaut sind auch die darin zu findenden Organismen. Dies wird von Fachleuten als wichtiges Indiz für die **Abstammungslehre** gewertet. Es ist ein Hinweis darauf, dass sich die heute lebenden (rezenten) Organismen aus einfacheren Vorfahren durch Wandel ihres Bauplanes entwickelt haben.
- Weitere Datierungsmöglichkeiten, die mehr oder weniger aufwendiger Messungen oder Rechnungen bedürfen, beruhen auf dem radioaktiven **Zerfall bestimmter Atome.**

Formen und Entstehung von Fossilien

Hartteile	Mumifizierung	Abdruck
Erhaltung von Strukturen des Körpers aus anorganischen Substanzen, z. B. Knochenreste, Weichtierschalen, Gehäuse, Zähne	Einbettung in Moor, z. B. Tiere und Menschen aus der Eiszeit, Pflanzen des Tertiärs	Einbettung in ein Sediment (Ton, Schlamm), Zerstörung des Körpers, Abdruck bleibt übrig, z. B. Saurierfährte, Urvogel, Pflanzen
	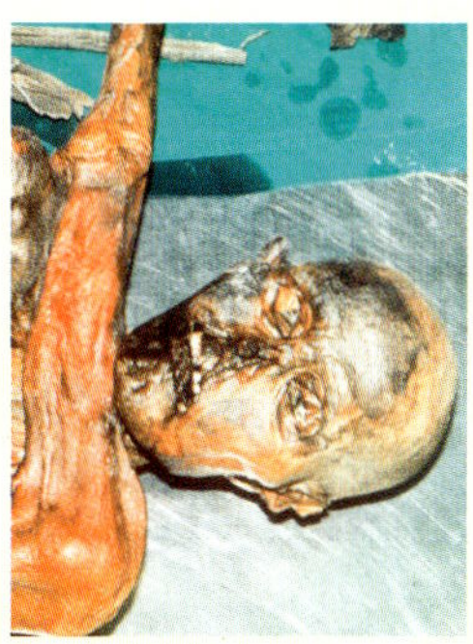	
Wirbel des Waldelefanten aus dem Pleistozän	rund 5 000 Jahre alte Gletschermumie „Ötzi“	Abdruck eines Baumfarns aus dem Unterperm

Die Wissenschaft, die sich mit der Erforschung der Lebewesen vergangener Zeiten beschäftigt, wird als ***Paläontologie*** *bezeichnet.*

Eine bekannte Methode ist die *Radiocarbonmethode,* oft auch als C-14-Methode bezeichnet. Diese Methode wird neben anderen meist physikalischen Methoden zu denen gezählt, die eine **absolute Altersbestimmung** ermöglichen. Sie beruht auf dem Zerfall des C-14-Atoms, das eine Halbwertigkeit von ca. 6000 Jahren besitzt. Mit dieser Methode können nur Fossilien bestimmt werden, die bis ca. 60000 Jahre alt sind.

Oftmals sind die Fossilfunde nur mit gewissen Fehlern zeitlich einzuordnen oder sie sind sehr unvollständig. Dann werden oft **Rekonstruktionen** angefertigt.

In den Museen findet man häufig Skelette, bei denen neben echten Bereichen auch rekonstruierte Strukturen zu finden sind.

Zu den Aufgaben der **Paläontologen** gehört auch, die Fossilien hinsichtlich ihrer Verwandtschaftsbeziehungen einzuordnen, mögliche Evolutionsabläufe nachzuvollziehen und gegebenenfalls allgemeingültige Regeln abzuleiten.

2 ▸ Beziehungen zwischen Erdschichten und Bauplan der Organismen

Erdneuzeit	Quartär	1,8
	Tertiär	65
Erdmittelzeit	Kreide	144
	Jura	206
	Trias	245
Erdaltzeit	Perm	290
	Karbon	363
	Devon	409
	Silur	439
	Ordovicum	510
	Kambrium	600

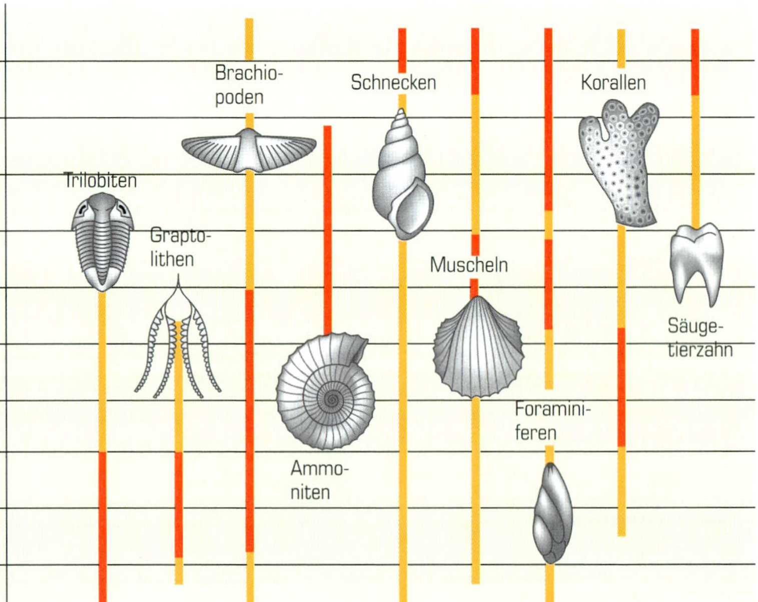

1 ▸ Vorkommen ( ) und Bedeutung als Leitfossilien ( ) in der Erdgeschichte (Auswahl)

Zwischenformen und „lebende Fossilien“

Einige der Fossilien, aber auch einige der heute lebenden (rezenten) Organismen stellen aufgrund ihrer Merkmalskombinationen besonders interessante Forschungsobjekte für die Evolutionsbiologie dar, da sie Hinweise für den Evolutionsablauf geben. Solche Organismen werden häufig als **Zwischenformen, Übergangsformen** oder **Brückentiere** bezeichnet.

Mit diesen Begriffen will man zum Ausdruck bringen, dass diese Organismen **Merkmale von mehreren Gruppen** aufweisen und möglicherweise als Modelle für den Verlauf der Stammesentwicklung gelten können.

Zu diesen Brückenformen werden bei den Tieren häufig der ausgestorbene *„Urvogel“ Archaeopteryx* und der noch existierende (rezente) *Quastenflosser Latimeria* sowie der ausgestorbene *Urlurch (Ichthyostega,* Abb. 2, S. 114*)* gezählt.

Diese Lebewesen besitzen Merkmalskombinationen stammesgeschichtlich älterer und jüngerer Gruppen der Lebewesen. Damit stellen sie ein Bindeglied zwischen diesen Gruppen dar und lassen Aussagen über den Verlauf der Evolution zu. Sie sind Belege für den **Wechsel der Lebensräume** (vom Wasser auf das Land).

Als **Vorfahren der Lurche** sehen Wissenschaftler eine ausgestorbene Gruppe der **Quastenflosser** (Abb. 1) an. Sie lebten vor ca. 380 Mio. Jahren im Erdaltertum (Devon, Karbon) im Süßwasser und drangen von dort auf das Land vor.

Ihren Namen erhielten die *Quastenflosser* aufgrund der Beschaffenheit ihrer *Flossen*. Die paarigen Flossen auf der Bauchseite waren wie ein Quast (breiter Pinsel) gestielt. Sie besaßen eine von Schuppen bedeckte Haut und waren muskulös. Ähnlich quastenförmig aufgebaut waren auch die zweite Rückenflosse und die Schwanzflosse.

Die gliedmaßenähnlichen paarigen Flossen dieser Tiere waren zu allen Seiten sehr beweglich. Die Tiere waren dadurch in der Lage, sich mit diesen quastenförmigen „Gehhilfen“ auf dem felsigen Gewässergrund sowie auch auf dem Festland schreitend fortzubewegen. Dadurch konnten sie nach Austrocknung ihres Gewässers zu neuen Wasseransammlungen gelangen.

Ursprünglich gebaute Lebermoose können als Brückenpflanzen zwischen Algen und Pflanzen betrachtet werden.

Ausgestorbener Quastenflosser (Eusthenopteron; Länge ca. 60 cm)

Im Oberen Devon (Erdaltzeit; vor etwa 400 Millionen Jahren) entstanden aus Quastenflossern die frühesten Landwirbeltiere. Quastenflosser (Crossopterygii) der Erdaltzeit werden als direkte Vorfahren der ersten Vierfüßer angesehen. Ihre stärkste Verbreitung hatte diese Tiergruppe im Devon.

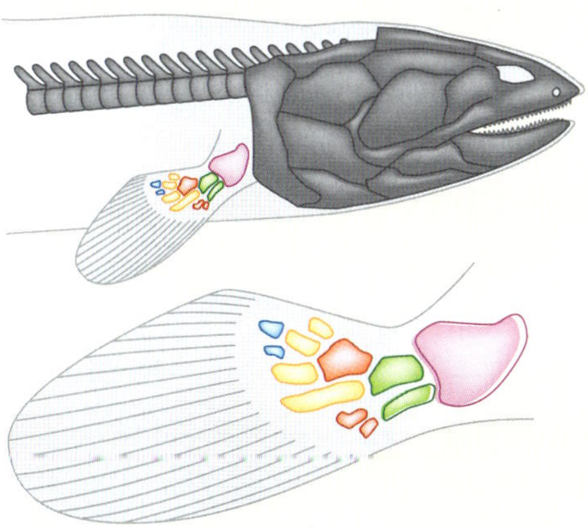

1a ▸ Schädel und Flossenskelett

1b ▸ Ausgewachsener fossiler Quastenflosser

1 ▸ „Lebende Fossilien"

a) ▸ Quastenflosser (Latimeria chalumnae) b) ▸ Nautilus c) ▸ Ginkgoblatt

Der Begriff „lebende Fossilien" geht auf DARWIN *zurück, der ihn auf den Ginkgobaum anwendete.*

Dazu kam, dass sich einige Quastenflosser nach Jahrmillionen so entwickelten, dass sie mithilfe von umgebildeten Schwimmblasen auch vorübergehend Sauerstoff aus der Luft aufnehmen konnten.

Die im Erdaltertum lebenden Quastenflosser besaßen also ***Fisch- und Lurchmerkmale.*** Sie hatten einen fischähnlichen, mit Schuppen besetzten Körper und bewegten sich mithilfe ihrer Flossen vorwärts (Fischmerkmale). Zu den Lurchmerkmalen gehörten die aus Knochen bestehenden paarigen Bauch- und Brustflossen, die eine kriechende bzw. schreitende Fortbewegung ermöglichten, sowie die fortschreitende Ausnutzung des Luftsauerstoffs zur Atmung.

Bis vor wenigen Jahrzehnten wurde angenommen, dass die **Quastenflosser** bereits vor 100 Mio. bis 70 Mio. Jahren (Erdmittelalter: Kreidezeit) **ausgestorben** sind.

Die in der heutigen Zeit gefangenen *Quastenflosser* (*Latimeria chalumnae,* Abb. 1a) sind zwar ähnlich gebaut wie ihre ausgestorbenen Verwandten, sie gehören aber zur Gruppe der *Quastenflosser,* die weiter im Wasser lebte und nicht das Land „eroberte". Sie blieben weiter an das Leben im Wasser angepasst.

2 ▸ Der Urlurch (Ichthyostega) lebte überwiegend auf dem Land. Er ist eine Übergangsform zu den auf dem Land lebenden Vierfüßern.

Wegen ihrer zahlreichen ursprünglichen Merkmalskombinationen bezeichnet man sie auch als **„lebende Fossilien".** Es gibt noch andere solcher lebenden Fossilien, so z. B. den *Nautilus* und den *Ginkgobaum* (Abb. 1).

Die **Entwicklung aller Landwirbeltiere,** die wegen des Besitzes von vier Gliedmaßen als Tetrapoden bezeichnet werden, wird überwiegend auf einen „Urtyp", den **Urlurch** *(Ichthyostega),* zurückgeführt (Abb. 2).

Begründet wird dies durch Übereinstimmungen in den Schädelmerkmalen, Zahnanlagen und Strukturen der Vordergliedmaßen. Diese Vordergliedmaßen lassen sich aus einfachen Knochenstrukturen der gestielten Flossen fossiler Quastenflosser (Abb. 1, S. 113) ableiten.

Ermöglicht wurde dieser Übergang vom Wasser- zum Landleben durch Änderungen im Bau der Atmungsorgane und der Gliedmaßen. An die Stelle der *Kiemenatmung* von im Wasser lebenden Tieren trat die für das Landleben notwendige *Lungenatmung.*

Die Brust- und Bauchflossen bildeten sich im Laufe der Zeit (Evolutionszeit) in Gliedmaßen um. Mit diesen einfachen Gliedmaßen konnten sich die Tiere auf dem Land fortbewegen.

2

Der **Urvogel** (*Archaeopteryx lithigraphica,* Abb. 1) gilt als **Übergangsform zwischen Kriechtieren und Vögeln.**

Der Urvogel gilt auch als Modell für den evolutiven Wandel. Dieser taubengroße Vogel wies typische *Merkmale heute lebender Vögel* auf, z. B. echte Federn, ein nach hinten gerichtetes Schambein, einen Vogelschädel, Vorderflügel und ein laufvogelähnliches Beinskelett.

Er besaß auch typische *Merkmale heute lebender Kriechtiere,* z. B. echte Zähne in Ober- und Unterkiefer, Krallen an Vorder- und Hintergliedmaßen, eine lange Schwanzwirbelsäule.

Der ungefähr taubengroße *Urvogel* war kein so guter Flieger wie die Flugsaurier. Dazu fehlten ihm u. a. die kräftigen Flugmuskeln und die hohlen Knochen der heutigen Vögel. Er besaß aber ein Gefieder, das nicht so leicht zerstört wurde wie Flughäute und das den Körper warm hielt. Am Boden war er nicht hilflos, sondern konnte mit angelegten Flügeln schnell laufen. Dies führte dazu, dass der *Urvogel* und seine Nachfahren sich gegen die Konkurrenz der Flugsaurier behaupten konnten und nicht ausstarben.

1 ▸ Urvogel (Rekonstruktion)

Zwischenformen können keine wirkliche Vorfahren verschiedener Verwandtschaftsgruppen sein. Da sie aber Merkmalskombinationen zeigen, die solchen Vorfahren nahekommen, werden sie als **Modell für Bindeglieder** zwischen zwei Organismengruppen herangezogen.

Auch der Urvogel ist als ein Seitenzweig der Entwicklungslinie von den Kriechtieren zu den Vögeln anzusehen.

M

Zwischenformen sind Organismen mit Merkmalen zweier systematischer Gruppen. Sie belegen die Verwandtschaft zwischen bestimmten Organismengruppen und geben Einblick in den Verlauf der Evolution.

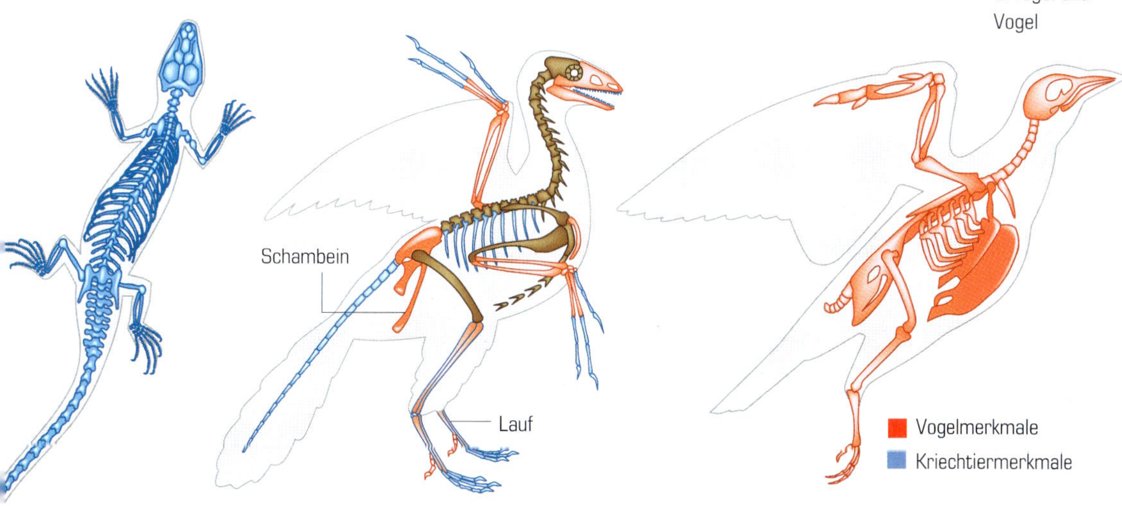

1 ▸ Skelett von Kriechtier, Urvogel und Vogel

Skelett eines Kriechtiers — Rekonstruktion des Skeletts vom Archaeopteryx — Skelett eines Vogels

Homologe Organe und Homologisierung

Die Vordergliedmaßen verschiedener Wirbeltiere, z.B. der Flügel einer *Haustaube,* der Arm eines *Menschen* und die Vordergliedmaßen eines *Delfins,* sehen auf den ersten Blick sehr unähnlich aus. Betrachtet man den knöchernen Aufbau genauer, zeigen sich Gemeinsamkeiten.

Diese so unähnlichen Strukturen besitzen einen **gemeinsamen Grundbauplan,** der durch eine bestimmte Lagebeziehung der Knochen zueinander und zum Organismus als Ganzem gekennzeichnet ist. Gemeint ist, dass die Abfolge der Knochen in den Vordergliedmaßen vom Oberarm bis zu den Fingerknochen gleich ist (Abb. 1). Es sind **homologe Organe.**
Unterschiedlich ist allerdings vielfach die Anzahl, Größe oder Form der Knochen. Dies ist als Abwandlung vom Grundtypus im Sinne von Spezialisierung aufzufassen.

Homologe Organe geben Hinweise auf Verwandtschaftsbeziehungen zwischen Organismen. So ist als Konsequenz gemäß den Aussagen der Evolution ein gemeinsamer Bauplan ein Indiz für einen gemeinsamen Ahnen. Je stärker die Übereinstimmung bei homologen Organen verschiedener Organismenarten ist, desto näher sind diese Arten miteinander verwandt.
Homologie liegt auch dann vor, wenn die entsprechenden Organe im Verlauf der stammesgeschichtlichen Entwicklung der Organismen unterschiedliche Funktionen übernommen haben.
So nutzt das *Pferd* seine Beine zum Laufen, der *Maulwurf* gräbt im Boden, der *Vogel* fliegt, und der *Delfin* schwimmt mithilfe der Vordergliedmaßen. Der *Mensch* greift nach Gegenständen und kann Präzisionsarbeiten mit seinen Händen ausführen.
Neben dem genannten Beispiel der Wirbeltiervordergliedmaßen (Abb. 1) existieren noch viele Beispiele im Tier- und Pflanzenreich, bei denen sich Strukturen homologisieren lassen. Homologe Strukturen bei Pflanzen sind beispielsweise verschiedene **Metamorphosen,** z.B. Blattmetamorphosen (Abb. 2).

2 ▸ Blattmetamorphosen bei Schmetterlingsblütengewächsen – homologe Organe

Organe, die auf einen gemeinsamen Grundbauplan zurückzuführen sind, bezeichnet man als homolog. Als homologe Organe werden ursprungsgleiche Organe bezeichnet, die aber im Aussehen und in der Funktion zumeist unterschiedlich sind.

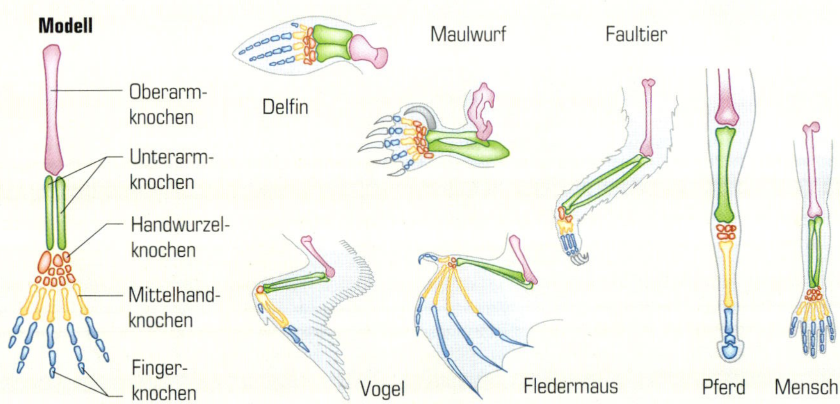

1 ▸ Vordergliedmaßen der verschiedenen Wirbeltiergruppen – homologe Organe

2

Analoge Organe und Analogien

2 ▸ Konvergenz in der Körperform

Betrachtet man die **Vorgergliedmaßen** der *Maulwurfsgrille* und des *Maulwurfs*, so erkennt man gewisse Ähnlichkeiten. Beide Vorderbeine sind gedrungen und kräftig und mit einer Art Grabkelle ausgestattet (Abb. 1). Es sind äußerliche Übereinstimmungen.

Maulwurfsgrille und *Maulwurf* leben im Boden, benötigen also Vordergliedmaßen zum Graben (Abb. 1). Solche Ähnlichkeiten werden **Analogien** bzw. **analoge Organe (Strukturen)** genannt.

So sind auch die *Wurzelknollen* der Dahlie und die *Sprossknollen* der Kartoffel analoge Speicherorgane (Abb. 3).

Ebenso sind die *Dornen* der Berberitze und die *Stacheln* der Rosen analoge Organe zum Schutz gegen Tierfraß, der *Flügel* des Vogels und des Schmetterlings analoge Organe zum Fliegen oder die *Vordergliedmaßen* vom Wal und das *Schwimmbein* des Gelbrandkäfers analoge Organe zur Fortbewegung.

Auch die Körperform von z. B. Hecht, Pinguin und Delfin (Abb. 2) ist ähnlich. Die Ähnlichkeiten in der Körperform bei sonst **verschiedenen Grundbauplänen** dieser Tiere sind auf die Angepasstheit an gleiche Umweltverhältnisse zurückzuführen. Diese Tiere leben im Wasser. Die Spindelform des Körpers zeichnet sie als gute Schwimmer aus.

Liegt eine unabhängige, aber ähnliche Entwicklung von Körpermerkmalen bei nicht verwandten Arten aufgrund ähnlicher Bedingungen vor, spricht man in der Biologie von **Konvergenz** (z. B. übereinstimmende Körperform).

Analoge Organe sind Organe mit unterschiedlichem Ursprung. Sie haben einen unterschiedlichen Grundbauplan, sind im Aussehen oder in der Funktion sehr ähnlich. Analogie lässt keine Rückschlüsse auf nähere Verwandtschaft zu.

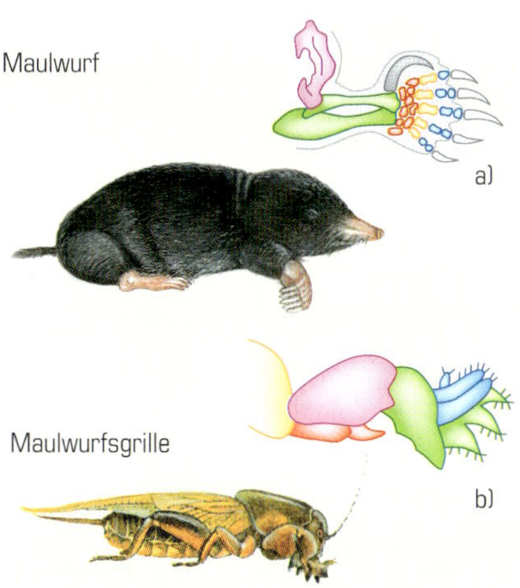

1 ▸ Vordergliedmaßen vom Maulwurf (a) und von der Maulwurfsgrille (b) sind analoge Organe.

3 ▸ Sprossknollen der Kartoffel (a) und Wurzelknollen der Dahlie (b) sind analoge Organe.

Rückbildungen und rudimentäre Organe

Bei verschiedenen Echsenarten (Abb. 1) ist beispielsweise eine abgestufte **Rückbildung der Gliedmaßen** zu beobachten. Die *Zauneidechse* (a) besitzt vier voll ausgebildete Beine, mit denen sie sich vorwärtsbewegt. Die Beine der *Erzschleiche* (b) sind stark verkürzt und schwach. Bei der *Blindschleiche* (c) sind äußerlich keine Beine zu erkennen, nur am Skelett einige Knochen.
Bei einigen Organismen sind Rückbildungen an äußeren Strukturen so weit fortgeschritten, dass sie äußerlich nicht mehr sichtbar sind. Oft ist mit der erfolgten Reduktion auch ein Funktionswechsel verbunden. Solche **rückgebildeten Strukturen** werden als **Rudimente** oder **rudimentäre Organe** bezeichnet.

Bekannte Beispiele sind die **Reste der Beckenknochen** bei *Walen,* die darauf hinweisen, dass die stammesgeschichtlichen Vorfahren wohl noch Hintergliedmaßen besessen haben. Jetzt dienen die rudimentären Beckenknochen nur noch als Ansatzstellen für Penis und Aftermuskeln (Abb. 3). Bei einigen *Riesenschlangen* (Gruppe Schlangen) und der heimischen *Blindschleiche* (Gruppe Echsen) findet man ebenfalls noch Reste von Beckenknochen.
Auch *Menschen* weisen Rudimente auf. Ein Beispiel ist der *Wurmfortsatz,* der oft als Blinddarm bezeichnet wird, aber eigentlich nur den Rest eines Blinddarms darstellt.
Eine ganz andere Form der Rückbildung tritt bei *Bandwürmern* auf, die als Parasiten

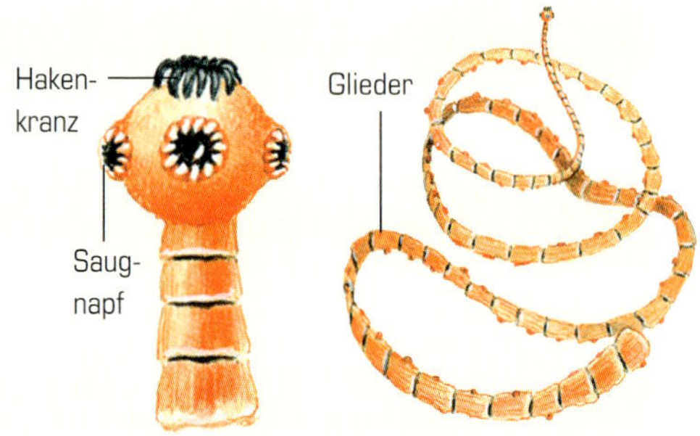

2 ▸ Schweinefinnenbandwurm als Parasit

im Darm von verschiedenen Endwirten (Hund, Schwein, Mensch) leben. Sie haben keinen Darm, da sie verdaute Nahrung über die gesamte Körperoberfläche aufnehmen. Diese zu den Plattwürmern zählenden Tiere haben im Laufe der Evolution den Darm vollständig reduziert. Sie besitzen aber eine besondere Struktur im Kopfbereich, mit der sie sich im Darm der Endwirte verankern (Abb. 2). Die Bandwürmer sind also an ihre parasitische Lebensweise gut angepasst.
Auch bei Pflanzen gibt es Rückbildungen, z. B. das Fehlen von Laubblättern bei den meisten Kakteen.

Unter rudimentären Organen (Rudimenten) versteht man rückgebildete, vielfach äußerlich nicht mehr sichtbare Organe (Strukturen), die bei den stammesgeschichtlichen Vorfahren noch voll ausgebildet waren. Sie haben im Verlauf der Evolution ihre Funktion teilweise oder vollständig verloren. Sie geben aber Hinweise auf den Bauplan der Vorfahren.

1 ▸ Rückbildung von Gliedmaßen

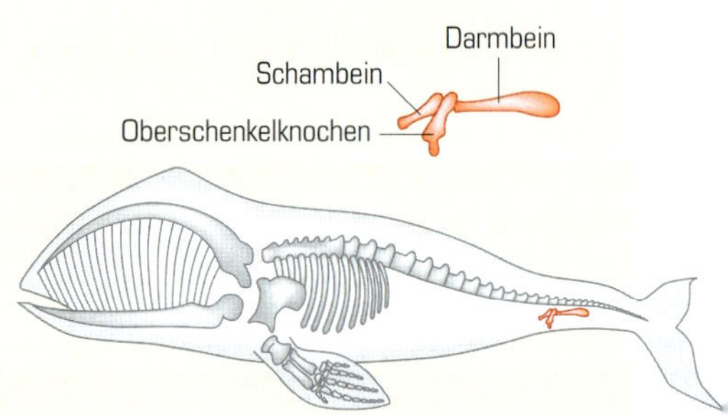

3 ▸ Rudimentäre Organe beim Wal

gewusst · gekonnt

1. Die Schnabelformen von Buchfink, Grünspecht, Kolibri und Rotem Milan sind Ergebnisse der Spezialisierung.
Beschreibe und begründe diesen Sachverhalt. Beachte dabei den Zusammenhang von Ernährung und Schnabelform.

2. Erläutere am Beispiel des Bandwurms, dass die Rückbildung oftmals ein Ausdruck der Spezialisierung ist.

3. Erkläre an den Vordergliedmaßen eines Vogels und Delfins, inwieweit der Bau ihrer Gliedmaßen eine Spezialisierung darstellt und inwieweit der Grundbauplan der Wirbeltiergliedmaßen abgewandelt ist.

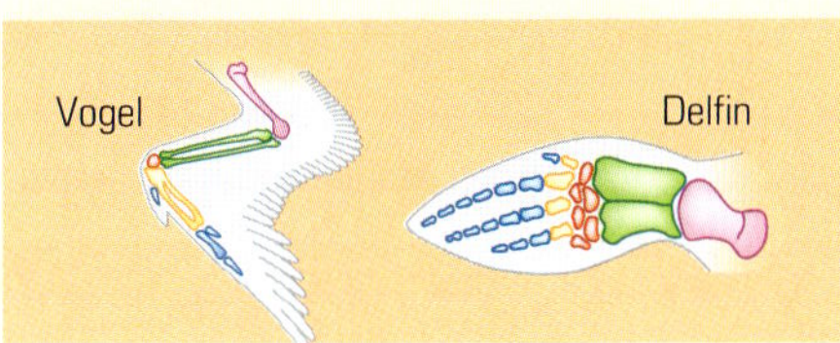

4. Beschreibe an einem Beispiel Zusammenhänge von Körperbau, Verhalten und Lebensraum.

5. Erkläre, warum nicht jeder Reiz zu einer Reaktion führt.

6. Beschreibe Verhaltensweisen, die typisch „kindlich" sind.
Welchen Vorteil haben diese?

7. Beschreibe, welche Informationen (Signale) zwischen Mutter und Kind schon unmittelbar nach der Geburt des Kindes ausgetauscht werden. Welche Bedeutung hat dieser Informationsaustausch?

8. Vergleiche die Formen der Entstehung von Fossilien.

9. Man findet sehr selten Fossilien pflanzlicher Herkunft. Nenne mögliche Gründe dafür.

10. Beschreibe den Vorgang der Mumifizierung. Erläutere das an einem Beispiel.

11. a) Welche Fossilien bezeichnet man als Leitfossilien?
b) Erläutere ihre besondere Bedeutung für die Evolutionsforschung.

12. Inwieweit widerlegen Zwischenformen die Theorie von der Konstanz der Arten?

13. Erkundige dich anhand von Lexika und Internet über Tapire und Zebras.
Erläutere, welches der beiden Tiere man als lebendes Fossil bezeichnen kann.

14. Das Schnabeltier gilt als lebendes Brückentier. Recherchiere im Internet.
Fertige eine Tabelle an, in der du die Merkmale der beiden Organismengruppen des Schnabeltieres einander gegenüberstellst.

15. Die Säugetiergebisse sind homologe Strukturen. Begründe.

Das Wichtigste auf einen Blick

Entwicklungstendenzen der Evolution

Spezialisierung

Spezialisierung im Bau bzw. in den Verhaltensweisen führt zur Konzentration der Leistungsfähigkeit auf eine oder wenige Leistungen, z. B. Mundwerkzeuge der Insekten, Schnabelformen.
Spezialisierung ermöglicht eine bessere Angepasstheit an spezifische Umweltbedingungen.

Genetisch bedingte Verhaltensweisen und Lernfähigkeiten

Verhalten wird sowohl von genetischen Faktoren als auch von Umweltfaktoren beeinflusst.

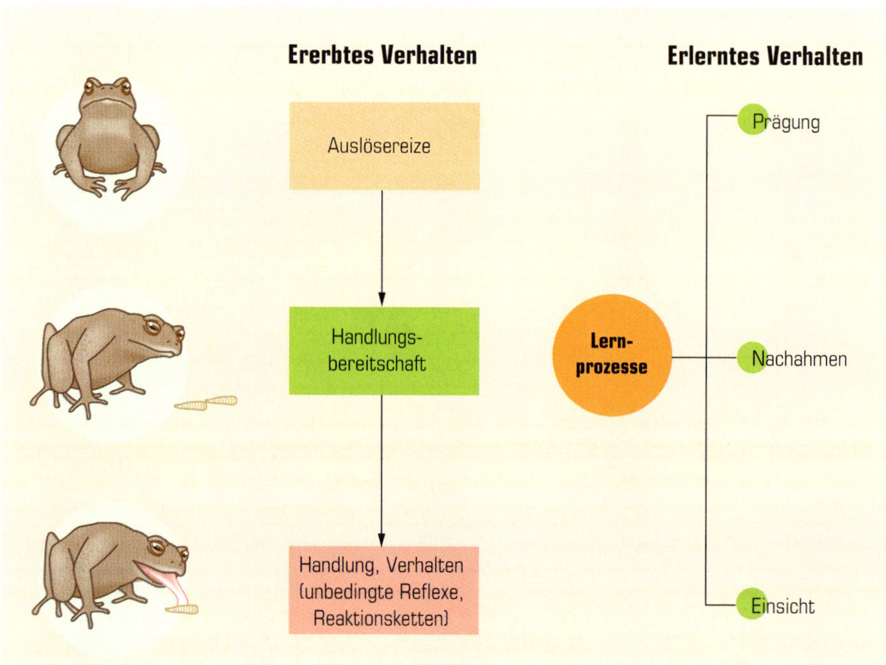

Das Wichtigste auf einen Blick

Belege der Evolution

Fossilien
Fossilien geben begründete Hinweise dafür, dass eine Stammesentwicklung stattgefunden hat.
Fossilien sind erhalten gebliebene Reste und Spuren von Lebewesen aus vergangenen Zeiten.

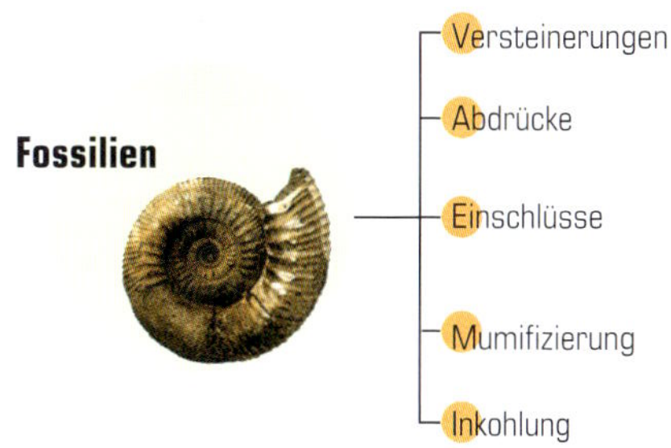

Zwischenformen
Zwischenformen (Brückentiere) sind Organismen mit Merkmalen von meist zwei verschiedenen Organismengruppen.
Es gibt ausgestorbene (fossile) und lebende (rezente) Zwischenformen.

Urvogel Archaeopteryx (fossiles Brückentier) zeigt Merkmale der Kriechtiere und Vögel.

Quastenflosser Latimeria (lebendes Brückentier) zeigt Merkmale der Fische und Lurche.

Homologe Organe
Homologe Organe sind ursprungsgleich, weisen aber Veränderungen in Bau und Funktion auf, z.B. Vordergliedmaßen der Wirbeltiere, Insektenbeine.

3 Stammesgeschichte des Menschen

Evolution des Menschen

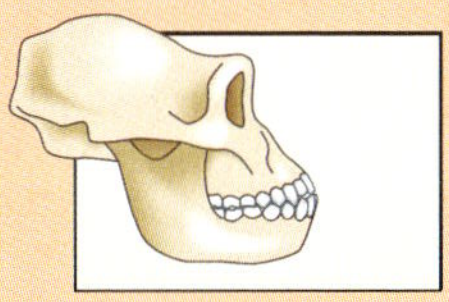

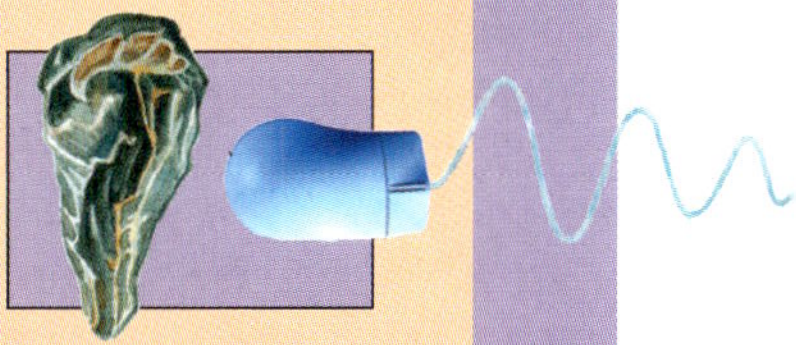

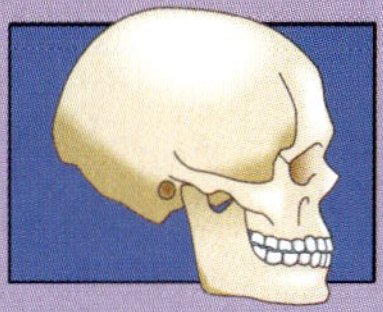

Der Mensch – ein Primat ▸▸ Die Ähnlichkeit des Menschen mit den Menschenaffen fiel den Biologen schon vor mehr als 200 Jahren auf. Damals ordnete der schwedische Naturforscher Carl von Linné in seiner Schrift „Systema naturae“ den Menschen gemeinsam mit den Affen in die Ordnung der Primaten, der „Herrentiere“, ein.

Der Mensch und seine Vorfahren ▸▸ Die Gemeinsamkeiten zwischen Mensch und den übrigen Primaten deuten darauf hin, dass sie gemeinsame Vorfahren besitzen.

Zeugen der Vergangenheit ▸▸ Fossilien allein reichen nicht aus, um die Entwicklung des Menschen nachzuvollziehen. Sie müssen durch genetische und verhaltensbiologische Untersuchungen ergänzt werden

Die Entwicklung der Organismen in den verschiedenen Erdzeitaltern

Man nimmt an, dass sich unser Sonnensystem vor ca. 5 Milliarden Jahren aus Gas- und Staubpartikeln explodierter Sonnen zu entwickeln begann. Der Großteil dieser Partikel verdichtete sich zu unserer Sonne, nur etwa 1 Prozent davon bildete die heutigen Planeten.

Von den Planeten wiederum hatte wahrscheinlich nur die Erde günstige Voraussetzungen für die Entstehung des Lebens. Sie besitzt z. B. die richtige Größe, um eine Atmosphäre halten zu können. Die Atmosphäre schützt die Lebewesen vor lebensbedrohlicher Strahlung aus dem All. Der Abstand der Erde von der Sonne gewährleistet, dass Wasser in flüssiger Form und nicht als Eis auftritt, verhindert aber auch, dass alles Wasser verdampft. Leben (zumindest das bekannte Leben) setzt die Verfügbarkeit von flüssigem Wasser voraus. Viele weitere astronomische, geologische und chemische Faktoren kommen noch dazu.

Die Vorsilbe „prä" bedeutet vor.

Die Tabelle zur Entwicklung der Organismen in den verschiedenen Erdzeitaltern befindet sich auf den letzten inneren Umschlagseiten.

Entwicklung im Wasser

Trotz des Zusammentreffens dieser günstigen Bedingungen ging die Entwicklung der Lebewesen nicht kontinuierlich vor sich. Phasen, in denen sich scheinbar keine Entwicklung vollzog, wurden von Phasen abgelöst, in denen massenhaft neue Arten der Lebewesen entstanden. So eine „Artenexplosion" fand z. B. beim Übergang vom **Präkambrium** zum **Kambrium** statt (Abb. 1).

1 ▸ Vielfältiges Leben in den Ozeanen im Kambrium

Bis zum Beginn des Kambriums waren die Ozeane und Gewässer Millionen von Jahren von Kleinstlebewesen besiedelt. Sie ernährten sich räuberisch oder durch Fotosynthese. Diese einzelligen Lebewesen (Einzeller) bildeten die Vorstufen zur Entwicklung der Pflanzen und Tiere.

Zu Beginn des Kambriums traten in den Meeren gehäuft neue Formen von Lebewesen auf. Dabei handelte es sich nicht nur um weitere Varianten von Einzellern, sondern auch um vielfältige Formen wirbelloser Tiere, z. B. *Trilobiten, Schwämme, Weichtiere, Quallen.*

Wie ist diese Vielfalt zu erklären?
Für die Ursachen dieser „Artenexplosion" gibt es mehrere Theorien.

Eine besagt, dass die *Sauerstoffproduktion* der einzelligen Algen so groß wurde, dass sie die Entwicklung von vielzelligen Lebewesen ermöglichte. Der Sauerstoff ist für die meisten Arten eine Grundbedingung für die Energieumwandlung (biologische Oxidation).

Eine andere Theorie geht davon aus, dass durch die ständigen Unwetter in der Atmosphäre verstärkt *Calcium-Ionen* der Erdkruste in die Meere gespült wurden. In diesen Konzentrationen ist Calcium jedoch ein Zellgift. Die Tiere reagierten darauf, indem sie das überschüssige Calcium ausschieden und Außenskelette daraus bildeten.

Weitere Theorien gehen davon aus, dass die Nährstoffgrundlage in den Ozeanen zu knapp wurde und der Existenzkampf der Lebewesen zu dieser Vielfalt führte.

Besiedlung des Festlandes

Dieser entscheidende Schritt aus evolutiver Sicht begann vor ca. 450 Millionen Jahren, d.h. im **frühen Silur.** Dabei handelte es sich um einen lang andauernden Prozess. In diesen Zeitraum fällt der Übergang chlorophyllhaltiger Pflanzen sowie vieler Tiergruppen vom Wasser auf das Land (Abb. 1). Parallel hierzu erfolgte die Herausbildung landlebender **Pilze** und **wirbelloser Tiere.**

Wesentlich für die Besiedlung des Festlandes war und ist die Bewältigung der veränderten Umweltfaktoren.

Bei den **Wirbeltieren** erfolgte ein Übergang von der äußeren zur inneren Befruchtung und damit zur Entwicklung des Embryos im Körper. Der Übergang zur Lungenatmung, die Ausbildung von vier Gliedmaßen und die Entwicklung einer festen Körperbedeckung waren weitere Anpassungsprozesse an die neue Umwelt.

Bei den **Pflanzen** wurden z.B. eine Epidermis mit Spaltöffnungen, eine Kutikula sowie Leitgewebe ausgebildet. Außerdem erfolgte die Fortpflanzung zunehmend unabhängiger vom Wasser und die Entwicklung des pflanzlichen Embryos geschützter. Wirbeltiere und Pflanzen mit diesen Merkmalen waren umweltunabhängiger.

Aufgrund der Fossilfunde und deren Altersbestimmung konnten Wissenschaftler feststellen, dass sich die landlebenden Organismen aus wasserlebenden Arten entwickelten.

Algen	Tange	Moose	Nacktfarne	Bärlappe	Schachtelhalme	Farne	Nacktsamer	Bedecktsamer
3,5 Mrd. Präkambrium	600 Mio. Kambrium	500 Mio. Ordovicium		430 Mio. Silur	400 Mio. Devon	380 Mio. Karbon	220 Mio. Trias	135 Mio. Kreide

Wirbellose	erste Fische	erste Lurche	erste Kriechtiere	Kriechtiere	erste Säugetiere	Saurier/ erste Vögel	Säugetiere	
600 Mio. Kambrium	439 Mio. Silur	409 Mio. Devon	363 Mio. Karbon	290 Mio. Perm	245 Mio. Trias	208 Mio. Jura	65 Mio. Tertiär	1,0 Mio. Jahre Quartär

1 ▸ Übergang der Pflanzen und Tiere vom Wasser auf das Land

Stellung des Menschen im System der Organismen

Bereits im Jahre 1735 ordnete der schwedische Naturforscher CARL VON LINNÉ (s. S. 97) in seinem Werk „Systema naturae" die Lebewesen nach morphologischen Merkmalen.

Dabei bezog er den Menschen mit ein und ordnete ihn gemeinsam mit Halbaffen und Affen den Säugetieren zu. Er nannte die Säugetierordnung **Primaten** oder **Herrentiere.**

Im Jahre 1859 behauptete CHARLES DARWIN (s. S. 90) in seinem Werk „Entstehung der Arten", dass der Mensch und die Affen gemeinsame Vorfahren haben.

Heute wird diese Erkenntnis von den Wissenschaftlern nicht mehr angezweifelt, wohl aber die genaue Einordnung in das System und den Stammbaum der Primaten.

Der deutsche Wissenschaftler ERNST HAECKEL beschäftigte sich ebenfalls mit dieser Problematik und erarbeitete eine umfassende Begründung zur Verwandtschaft des Menschen mit den Menschenaffen.

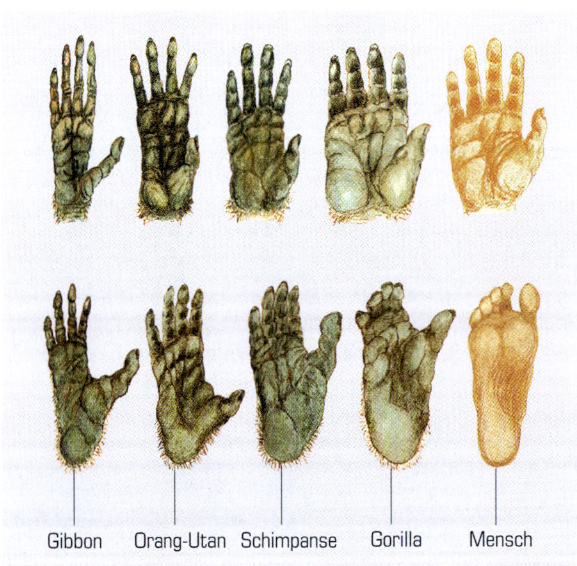

1 ▸ Hände und Füße von Affen und Mensch

Körperlicher Vergleich von Menschenaffen und Mensch

Bei einem Vergleich tendieren die meisten Menschen dazu, zunächst Unterschiede zu erfassen. So haben die Menschenaffen längere **Arme** und kürzere **Beine** als wir Menschen und sie bewegen sich hangelnd mit den Armen oder am Boden zumeist auf allen Vieren fort.

Mit der Ausbildung des aufrechten Ganges beim Menschen waren zahlreiche Veränderungen des **Skeletts** verbunden. So entwickelte sich bei den Menschenaffen ein **Greiffuß,** beim Menschen ein **Standfuß** (Abb. 1).

Die Menschenaffen und der Mensch haben aber an **Hand** und **Fuß** je fünf Finger bzw. Zehen, die jeweils mit Plattnägeln besetzt sind (Abb. 1).

Der Daumen kann am besten beim Menschen allen anderen Fingern gegenübergestellt werden – man spricht von einer **Greifhand.**

Gut verwertbare Aussagen über verwandtschaftliche Verhältnisse liefert auch die **Beschaffenheit der Zähne.** Die Kieferformen von Menschenaffen (z. B. Gorilla u-förmig) und Mensch (oval) sind verschieden.

Die Kauflächen auf den Zahnkronen der Backenzähne weisen, im Gegensatz zu anderen Primaten, das gleiche Muster auf (Abb. 1, S. 127).

Vergleicht man die durchschnittliche Gehirnmasse des Menschen (ca. 1 450 g) mit der Gehirnmasse der Menschenaffen, z. B. Gorilla (ca. 430 g), so ergeben sich erhebliche Unterschiede (Abb. 2, S. 127).

Die **Wirbelsäule** des Menschen wurde doppelt-S-förmig. Sie erbrachte verbesserte Stabilitätseigenschaften und trägt federnd Rumpf und Kopf.

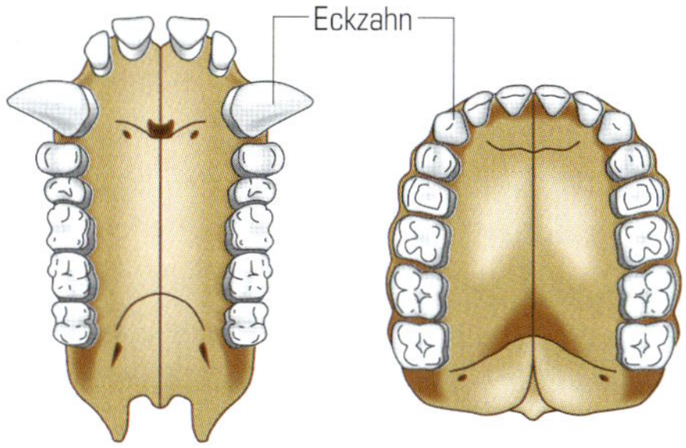

1 ▸ Oberkiefer von Gorilla (rechteckige Anordnung) und Mensch (bogenförmige Anordnung)

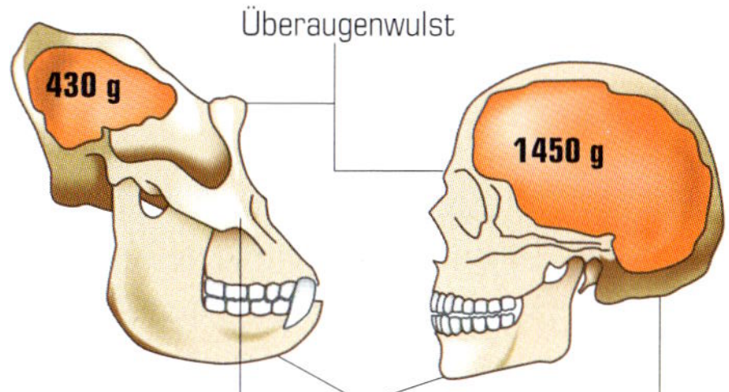

2 ▸ Schädel mit Hirnmassen und -volumina von Gorilla und Mensch

Mit einer schaufelförmigen Verbreiterung des **Beckens** war eine vergrößerte Ansatzfläche für die Gesäßmuskulatur gegeben, die dem Aufrichten dient.

Die **Beine** erfuhren eine Verlängerung und die **Oberschenkel** wurden so umgebildet, dass sie im Hüftgelenk gestreckt werden konnten.

Das **Hinterhauptsloch** wurde nach vorn verlagert. Dadurch ließ sich der Schädel besser auf der Wirbelsäule ausbalancieren (Abb. 2, 3).

Beim Menschenaffen und Menschen kommen die **gleichen Blut-** und **Serumgruppen** vor. Unser **Hämoglobin** (roter Blutfarbstoff) ist mit dem des *Schimpansen* identisch.

Die **DNA** des Menschen stimmt nach derzeitigen Erkenntnissen zu 98,76 % mit der DNA des *Schimpansen* und zu 97,7 % mit der DNA des *Gorillas* überein.

Im Vergleich: Die größte bisher bekannte Übereinstimmung bei zwei *Gibbonarten* liegt bei 97,8 %.

M

Der Mensch gehört zu den Primaten („Herrentieren") und ist mit den Menschenaffen nahe verwandt. Wichtige Unterscheidungsmerkmale sind sein aufrechter Gang, die damit verbundenen anatomischen Besonderheiten und sein stark entwickeltes Gehirn.

3 ▸ Skelett und Körperhaltung von Menschenaffen (Gorilla) und Mensch

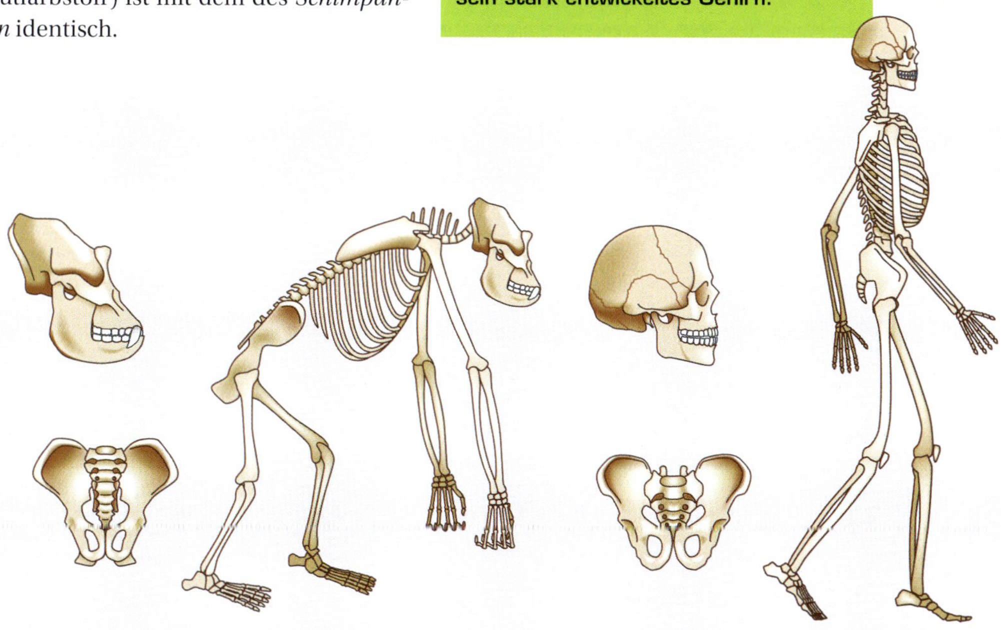

Vergleich des Verhaltens von Menschenaffen und Mensch

Erst in den zwanziger Jahren des 20. Jahrhunderts begannen Wissenschaftler, die **Verhaltensweisen** von Menschenaffen zu erforschen. Dabei zeigte sich zunächst in Laborversuchen, dass *Schimpansen* die unterschiedlichsten Anforderungssituationen meisterten (Abb. 1).

Sie benutzten spontan Werkzeuge, z. B. eine Stange, um an Nahrungsmittel zu gelangen. Sie waren aber auch in der Lage, Naturgegenstände zu verändern. Mithilfe von Zähnen oder Händen wurden die Gegenstände so verändert, dass sie einer neuen Aufgabenstellung angepasst waren.

Naturbeobachtungen ergaben, dass sich bei verschiedenen Schimpansenhorden durch Nachahmungen ganz unterschiedliche **„Traditionen“** herausgebildet hatten. Einige waren in der Lage, Termiten mittels harter Gräser oder dünner Äste zu fangen. Andere nutzten passende Steine, um damit Nüsse zu knacken. Wieder andere zerkauten Blätter zu einem schwammförmigen Gebilde, um aus Asthöhlungen Wasser aufzusaugen und dann zu trinken.

Die Experimente mit Menschenaffen lassen den Schluss zu, dass insbesondere die Lernfähigkeit von *Schimpansen* beachtlich groß ist. Sie sind in der Lage, Naturgegenstände zielgerichtet zu verändern, Kausalbeziehungen zu erfassen, sich durch Laute und Gebärden zu verständigen – ja sogar eine „Symbolsprache“ zu erlernen und mithilfe dieser „Symbolsprache“ richtige, eigenständige Satzkonstruktionen zu erstellen. **Sprechen** können sie jedoch aus anatomischen Gründen nicht.

Einige Versuche haben auch gezeigt, dass sich Menschenaffen im Spiegel erkennen und somit über ein **„Ich-Bewusstsein“** verfügen. Aber ihr **Abstraktionsvermögen** reicht nicht aus, um hoch spezialisierte, vorausplanende Leistungen wie der Mensch zu erreichen. Trotzdem zeigen neurophysiologische und verhaltensbiologische Untersuchungen, dass Menschenaffen zu erstaunlichen Denk- und Planungsleistungen fähig sind, da dafür die Begriffssprache allein nicht Voraussetzung ist.

M

Auch im Bereich des Verhaltens zeigen sich Übereinstimmungen zwischen Menschenaffen und Menschen. So zeichnen sich Menschenaffen wie Menschen durch ein großes Lernvermögen aus.

1 ▸ Verhaltensweisen von Schimpansen

Auch beim Menschen kann man Formen des Verhaltens finden, die man bei Tieren beobachtet hat. Beispiele für **Revierverhalten** beim Menschen kann man z. B. an der Anlage der Häuser bzw. Wochenendgrundstücke beobachten. Oftmals grenzen hohe Hecken oder Zäune die Grundstücke ab. Von Streitigkeiten, bei denen es in der Regel um minimale Überschreitung von Grundstücksgrenzen geht, kann man häufig in Medien hören oder lesen.

Werden Grenzen durch andere nicht anerkannt oder gar durch Eindringen verletzt, kann dies zu Aggressionen führen. **Aggressionsverhalten** reicht dabei von Drohgebärden bis zu Verletzungskämpfen. Leider gehören Schlägereien nach Fußballspielen, Tierquälereien, Brandstiftung, Graffiti, Zerstörung von Spielplätzen, S- und Straßenbahnen schon zum Alltag.

Ausschreitungen gegen Menschen anderer Hautfarbe, politisch Andersdenkende oder Angehörige anderer Religion gehören ebenfalls dazu.

Rangordnungen spielen auch im menschlichen Zusammenleben eine große Rolle. Betrachtet man die Struktur einer Familie, kann man eine klare Verteilung der Rollen erkennen, auch wenn die Partner gleichberechtigt und liebevoll miteinander umgehen.

Das zeigt sich u. a. darin, wer die Haushaltskasse verwaltet oder wer das Babyjahr nimmt. Auch in einem Klassenverband oder in einem Betrieb kann man eine bestimmte Rangordnung beobachten: Lehrer – Schüler, Chef – Angestellte. Der Platz in einer Gruppe wird beim Menschen in der Regel durch Kompetenz erworben.

Die **Ursachen** für das **Konkurrenzverhalten** sind beim Menschen ähnlich wie bei den Tieren. Der Besitz von Werkzeugen und Waffen verändert aber die Kräfteverhältnisse und ermöglicht die Vergrößerung der Distanz zwischen den Konkurrenten. Es ist wohl ein Unterschied, ob sich hungrige Menschen um Nahrungsmittel prügeln oder ob sie sich in Distanz mit einer Waffe bedrohen oder eventuell erschießen. Oftmals führen nichtige und egoistische Gründe zu Aggressionen mit schweren körperlichen Folgen.

Im *innerartlichen Verhalten der Tiere* finden wir nur selten solche Auswirkungen. Während Tiere die Kommunikation nutzen, um Konkurrenten in Distanz zu vertreiben oder sich gegenseitig zu warnen, können Menschen die Sprache als **verbale Aggression** verwenden. Durch sprachliche Auseinandersetzungen vermeidet man zwar häufig den körperlichen Kampf, sie können aber auch zu schweren psychischen Verletzungen des schwächeren Konkurrenten führen.

Formen des Konkurrenzverhaltens sind z. B. Aggressionen, Kämpfe um Ränge und Reviere.

Innerhalb einer Gruppe bildet sich eine Reihenfolge heraus, die bei Tieren in der Regel durch Kämpfe entstanden ist. Durch diese Rangordnung wird die Aggressivität in der Gruppe herabgesetzt.

M **Menschen können lernen, Krisensituationen zu bewältigen.**

1 ▸ Klärendes Gespräch in der Familie

Menschenformen

Im Jahre 1974 wurde in Äthiopien ein 3,2 Millionen Jahre altes Australopithecus-Skelett („Lucy", Abb. 2) entdeckt. Anhand von Bruchstücken des Beckens und des Schädels rekonstruierte man das Skelett.

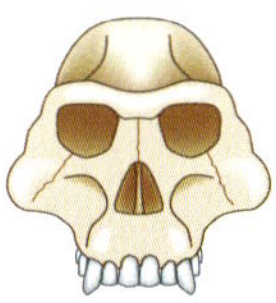

1 ▸ Australopithecus

Die **Stammesgeschichte** des Menschen trennte sich vor ca. 6 bis 10 Millionen Jahren von der der Menschenaffen. Geologische Veränderungen im Ostteil Afrikas zwangen einen Teil der dort lebenden Primaten aus den Regenwäldern in die Randgebiete bzw. in die Savannen. Nur wenige Arten kamen wahrscheinlich mit den erschwerten Bedingungen zurecht und entwickelten sich zu menschenartigen Frühformen.

Australopithecinen

Eine Gruppe dieser **Vormenschen** waren die **Australopithecinen** („Affenmenschen"). Vor 4 bis 1,3 Millionen Jahren spaltete sich diese in mehrere Gruppen auf, z. B. *Australopithecus robustus, Australopithecus africanus, Australopithecus afarensis.*

Durch Fossilienfunde aus Afrika (Abb. 2) konnte belegt werden, dass diese Vormenschen aufrecht gingen und menschenähnliche Hände und Gebisse besaßen. Ihr Schädel mit der stark fliehenden Stirn hatte ein Hirnschädelvolumen von ca. 400 bis 500 cm^3 und sehr große Kiefer mit breiten Backenzahnkronen (Abb. 1). Daher nimmt man an, dass sie vor allem pflanzliche Nahrung aßen.

Sie nutzten Naturgegenstände wie Steine, Knochen und Holz. In kleinen Gruppen zogen sie durch die Savannen und stellten sich der Konkurrenz der Fleisch- und Pflanzenfresser (Abb. 3).

Während von *Australopithecus robustus* keine weitere Entwicklung ausging, stellt die Form *Australopithecus africanus* nach heutigen Erkenntnissen die Wurzel der Menschen dar.

Ursache für die bessere Angepasstheit von *Australopithecus africanus* war sicher auch die abwechslungsreiche Nahrung. Neben pflanzlichem Eiweiß wurde tierisches Eiweiß aufgenommen, das von gefundenen Tierkadavern, Vogeleiern und gefangenen kleinen Tieren stammte.

Der Australopithecus war aufrecht gehend, konnte auch gut klettern, benutzte einfache unbearbeitete Gegenstände aus Holz, Stein und Knochen als Werkzeuge.

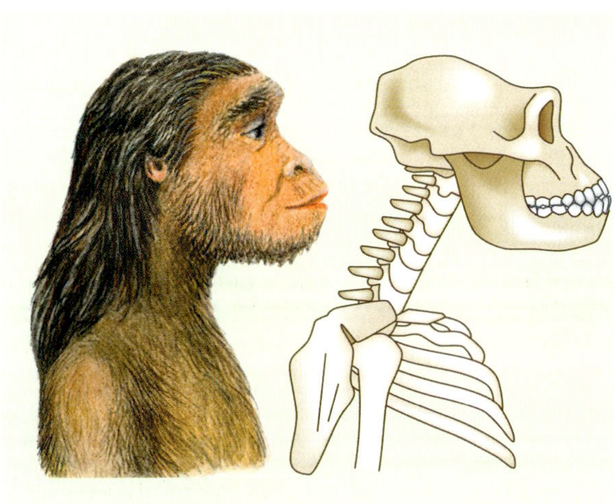

2 ▸ Rekonstruktion von „Lucy", Skelett und Erscheinungsbild (Australopithecus afarensis)

3 ▸ Lebensbild der Australopithecinen aus Äthiopien und Tansania

Homo habilis

Vor ca. 2 Millionen Jahren traten in den afrikanischen Savannen die ersten Vertreter der Frühmenschen auf. Sie erhielten von den Wissenschaftlern den Namen *Homo habilis* („geschickter Mensch"). Fossilien fand man in den Gebieten Äthiopiens und Kenias.

Diese Formen hatten ein größeres Hirnvolumen (510 bis 650 cm^3, Abb. 1 u. 2) als *Australopithecus africanus* und bedienten sich verschiedenster selbst hergestellter scharfkantiger Steinwerkzeuge (z. B. Geröllgeräte). Deren regelmäßiger Gebrauch hatte Auswirkungen auf die **Evolution des Menschen.** Gruppen, die gutes Werkzeug herstellten, hatten erhebliche Vorteile beim Nahrungserwerb, z. B. beim Zerlegen von Tieren.

Noch ungeklärt ist, ob *Homo habilis* schon größere Tiere jagte bzw. den Raubtieren die Beute streitig machte oder ob er das verzehrte, was die Raubtiere von ihrer Beute zurückließen (Aasfresser-Theorie).

1 ▸ Lebensbild vom Homo habilis

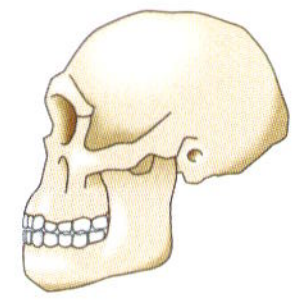

2 ▸ Homo habilis

M

Homo habilis war das erste Lebewesen, das nachweislich Werkzeuge zur Werkzeugherstellung benutzte. Er lebte in der Savanne in kleinen Gruppen, den Urhorden.

Homo erectus

Zeitlich auf den *Homo habilis* folgte **Homo erectus** („aufrechter Mensch", Abb. 3).

Homo erectus war der erste Vertreter der Gattung Homo, der nicht nur auf dem afrikanischen, sondern auch auf dem europäischen und asiatischen Kontinent lebte (Abb. 1, S. 132).

Das Hirnstammvolumen stieg auf 940 cm^3 (Abb. 4), der Körperbau entsprach schon weitgehend dem unseren. Die *Homoerectus*-Formen stellten Werkzeuge aus Feuerstein her (z. B. Faustkeile) und bauten zeltartige Behausungen. Mit der Anfertigung von Lanzen und dem Gebrauch des Feuers verschafften sich die Gruppen von *Homo erectus* einen Vorteil gegenüber den anderen Menschenformen.

Die Vertreter von Homo erectus lebten vor ca. 1,8 Mio. bis 0,4 Mio. Jahren in Horden (Abb. 3). Vor ungefähr 1,2 Millionen Jahren gab es nur noch *Homo erectus*, die anderen Menschenarten waren verschwunden.

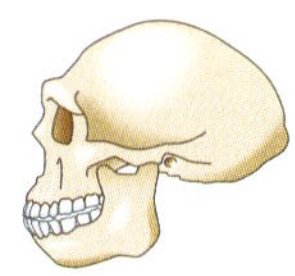

4 ▸ Homo erectus

3 ▸ Lebensbild von Homo erectus (Bilzingsleben im Thüringer Becken)

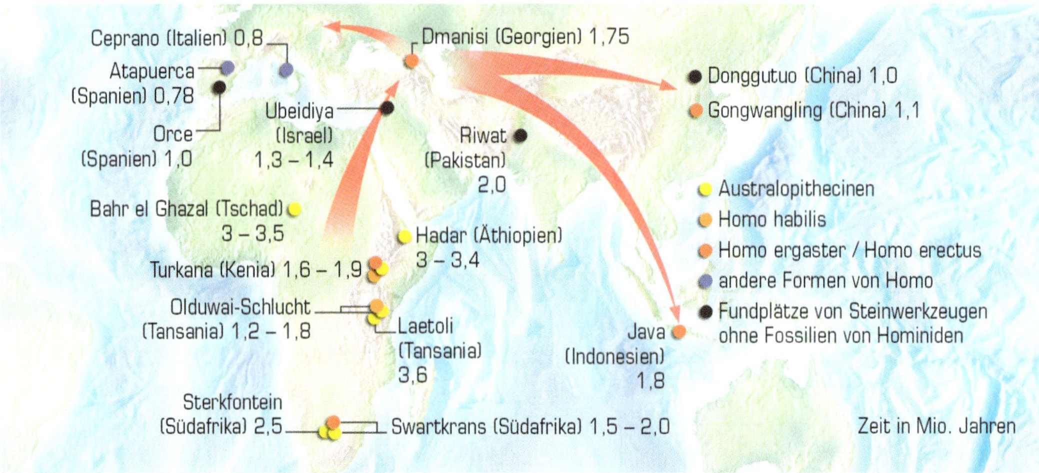

1 ▸ Fundstellen und Wanderungen von Homo erectus

Rund 200 000 Jahre später begannen Gruppen von *Homo erectus* den afrikanischen Kontinent in Richtung Asien und Europa zu verlassen. Anhand fossiler Funde kann man diesen Weg verfolgen (Abb. 1). Dabei führten die veränderten Umweltbedingungen zu veränderten Anpassungen.

M **Homo erectus stellte differenzierte Werkzeuge her und beherrschte den Gebrauch des Feuers. Man vermutet bei ihm die Anfänge artikulierter Sprache und begrifflichen Denkens.**

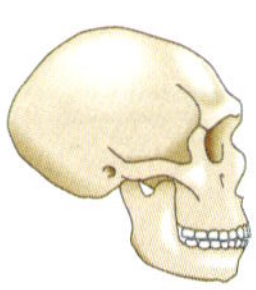

2 ▸ Homo sapiens neanderthalensis

3 ▸ Lebensbild vom Homo sapiens neanderthalensis

Homo sapiens

Aus einer Form des *Homo erectus*, die als **Homo ergaster** („Handwerker“) bezeichnet wird, entwickelten sich in den besiedelten Kontinenten verschiedene Formen des **Homo sapiens** („wissender Mensch“, Abb. 3).

Mit einer zweiten Auswanderungswelle aus Afrika, die vor ungefähr 100 000 Jahren begann, erreichten unsere Vorfahren (Homo sapiens sapiens) vor ca. 40 000 Jahren den europäischen Kontinent. Dort trafen sie auf Gruppen des **Homo sapiens neanderthalensis** (**„Neandertaler“**, Abb. 3), mit denen sie wahrscheinlich um die vorhandenen Ressourcen konkurrierten.

Damit endete eine ca. 170 000 Jahre andauernde Blütezeit dieser Menschenform. Nur wenige Tausend Jahre nach dem Erscheinen unserer Vorfahren verschwand der „Neandertaler“ aus Europa.

Das Hirnvolumen des *Homo sapiens neanderthalensis* umfasste 1 200 bis 1 750 cm^3 und konnte somit größer sein als das eines modernen Menschen.

Der große Gehirnschädel ist typischerweise lang und abgeflacht. Die Augenhöhlen, die Überaugenwülste und die Nase sind relativ groß (Abb. 2).

Die Neandertaler waren gedrungen und stark gebaut. Sie besaßen besonders dickwandige Knochen und kräftige Muskeln.

Den Neandertalern wird ebenfalls eine Steinwerkzeugkultur zugeschrieben, die jedoch eine entschieden größere Vielfalt an Formen und Verwendungsmöglichkeiten hervorbrachte als bei Homo erectus (Abb. 1).

Außerdem waren die Neandertaler nicht nur in der Lage, Feuer zu nutzen, sondern sie stellten das Feuer selbst her.

Neandertaler lebten in Horden. Diese waren relativ fest gefügt und durch Arbeitsteilung zwischen den Geschlechtern sozial geprägt (Abb. 3, S. 132).

Die Neandertaler der Eiszeit lebten als Jäger und Sammler. *Mammut* und *Wisent* spielten eine wichtige Rolle als Rohstoff- und Fleischlieferant. Das Elfenbein der Mammutstoßzähne bildete den Rohstoff für Waffen, Geräte und den Hüttenbau. Da Brennmaterial in der Steppenlandschaft knapp war, wurden Mammutknochen auch verheizt.

Der Homo sapiens neanderthalensis lebte in festen Horden in Höhlen oder hüttenartigen Behausungen. Er war in der Lage, differenzierte Werkzeuge herzustellen und Feuer zu erzeugen. Es gab eine Arbeitsteilung zwischen den Geschlechtern.

Vor 40 000 Jahren wanderte eine Teilpopulation des **Homo sapiens** nach Europa aus.

Die ältesten europäischen modernen Menschen sind die **Cro-Magnon-Menschen (eiszeitliche Jetztmenschen)**, die nach ihrem Fundort in Frankreich benannt wurden.

Die *Cro-Magnon-Menschen* waren nun bereits in der Lage, filigrane Steinwerkzeuge herzustellen. Nicht nur in der Werkzeugtechnik waren die modernen Menschen ihren Vorgängern überlegen. Sie konnten z. B. die Ressourcen der Umwelt besser nutzen, ihr Skelett- und ihr Muskelbau waren weniger energieaufwendig, die Kindersterblichkeit war niedriger, sie erreichten ein höheres Alter und waren fruchtbarer. Damit gelang es ihnen, die in Europa seit Jahrtausenden lebenden *Homo sapiens neanderthalensis* zu verdrängen.

Dieser **eiszeitliche Jetztmensch** unterschied sich anatomisch von seinen Vorgängern. Das Hirnschädelvolumen des eiszeitlichen Jetztmenschen betrug etwa 1 200 bis 1 700 cm^3 und entspricht damit sowohl dem des Neandertalers als auch dem des lebenden Menschen.

Der Schädel (Abb. 2) ist dünnwandiger als beim Neandertaler, wie insgesamt das Skelett graziler wirkt. Es fehlen die Überaugenwülste. Der kleine Gesichtsschädel wirkt wie ein Anhang an der großen und hohen Schädelkapsel. Am Unterkiefer ist ein Kinnvorsprung vorhanden.

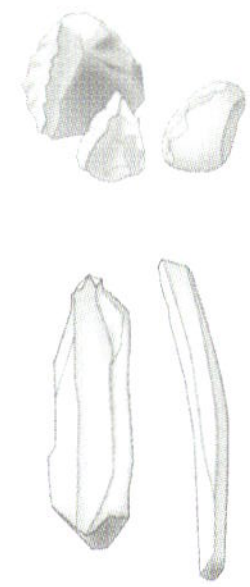

1 ▸ Steinwerkzeuge des H. sapiens neanderthalensis

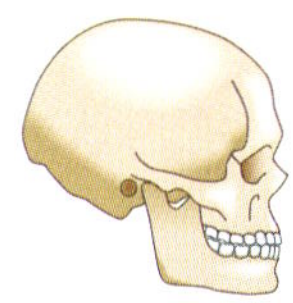

2 ▸ Eiszeitlicher Jetztmensch von Cro Magnon (Frankreich)

3 ▸ Höhlengemälde vom eiszeitlichen Jetztmenschen

Bei Grabungen wurde zusammen mit den fossilen Knochenfunden auch eine Vielzahl von Gerätschaften entdeckt, durch die sich recht genaue Rückschlüsse auf die Lebensweise dieser Menschen ziehen lassen (Abb. 1).

Als neue Errungenschaften in kulturell-technischer Hinsicht gelten

- Fernwaffen wie Pfeil und Bogen, Wurfspeere, Harpunen und Schleudersteine (zusammengesetzte Werkzeuge, Abb. 1),
- Behausungen aus Holz und Stein, oft mit Tierfellen bespannt,
- Schmuck aus Zähnen, Muschelschalen und Schneckengehäusen.

Beeindruckend sind auch Zeugnisse der künstlerischen Betätigung wie Höhlengemälde (Abb. 3, S. 133) und Plastiken (Abb. 2). Die Vielfalt der Gerätschaften lässt auf Arbeitsteilung innerhalb der Horde schließen.

Bis vor 15 000 Jahren lebten die Menschen nur von dem, was die Natur ihnen bot – sie waren noch immer **Jäger** und **Sammler.**

Vor etwa 10 000 Jahren gingen die Menschen dazu über, Tiere nicht mehr nur zu jagen, sondern sie auch lebendig einzufangen und zu zähmen. Auf diese Weise schufen sie sich Nahrungsreserven.

Wenig später fingen die Menschen an, in einigen Gebieten der Erde den Boden zu bearbeiten und Pflanzen zu kultivieren. Damit begann die Zeit der **Ackerbauer** und **Viehzüchter.**

1 ▸ Lebensbild eines eiszeitlichen Jetztmenschen

2 ▸ Schmuck und Steinplastik vom eiszeitlichen Jetztmenschen

Aus dem eiszeitlichen (fossilen) Jetztmenschen entwickelte sich der **heute lebende Jetztmensch** (*Homo sapiens sapiens,* s. Stammbaum S. 135).

Es kam zu einer stürmischen **kulturellen Entwicklung** des Menschen. Pflanzen und Tiere wurden nicht mehr nur gehalten, sondern schrittweise durch **Züchtung** nach den Vorstellungen und Bedürfnissen des Menschen verändert.

Der Mensch wurde zum Gestalter seiner Umwelt und seines Lebens und trägt damit eine große Verantwortung.

M

Die eiszeitlichen (fossilen) Jetztmenschen lebten in Höhlen oder Zeltbehausungen und fertigten Arbeits- und Jagdgeräte an, z. B. Fernwaffen. Sie waren noch Jäger und Sammler.
Der heute lebende Jetztmensch ist sesshaft und hat eine differenzierte Arbeitsteilung.

3

Hypothetischer Stammbaum des Menschen

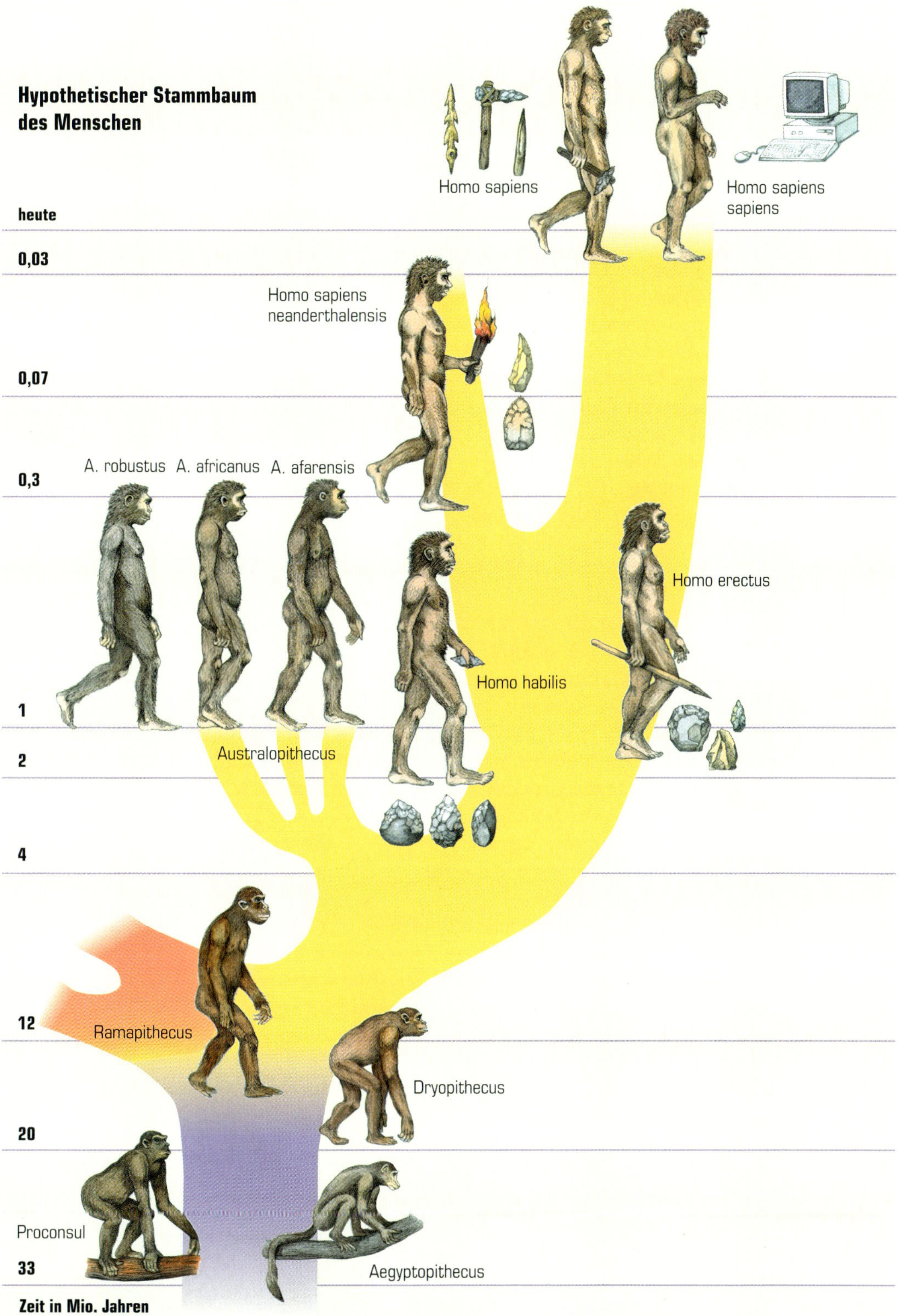

Zusammenhänge zwischen biologischer und kultureller Evolution

Die negativen Folgen der kulturell bedingten Veränderungen durch den Menschen sind u. a. Überbevölkerung, chemische Umweltverschmutzung und die Zerstörung von Lebensräumen.

Durch die Übernahme von Wertvorstellungen, Techniken oder Verhaltensweisen entstehen Traditionen.

Der Mensch als biologisches Wesen unterliegt ebenfalls biologischen Gesetzmäßigkeiten. Während der Evolution entwickelten sich soziale Normen und Gesetze des Zusammenlebens und unterschiedliche kulturelle Traditionen.

Die **biologische Evolution** bildete die Voraussetzung für die kulturelle Evolution. Folgende biologische Merkmale des Menschen waren der Motor für seine **kulturelle Evolution:**

- Der **aufrechte Gang** war Ursache für weitere anatomische Veränderungen, u. a. für die Umwandlung der Wirbelsäule, des Beckens und des Fußes sowie das Entstehen der Greifhand.
  Dadurch und durch den gegenüberstehenden beweglichen Daumen war es möglich geworden, Werkzeuge herzustellen und zu gebrauchen.
- Die Ausbildung des stark entwickelten und differenzierten **Gehirns** bildete die Grundlage zur Entwicklung von **Wortsprache** und **abstraktem Denken,** für lebenslanges Lernen und die Entwicklung von Kreativität.
- Das Entstehen der **Sprache** hatte wesentliche Folgen für die weitere Entwicklung des Menschen. Nur mit ihr wurde eine differenzierte und zunehmend exaktere Weitergabe von Informationen innerhalb der Gruppe und damit von Generation zu Generation ermöglicht. Eine Voraussetzung für die Sprachentwicklung war die Ausbildung eines differenzierten Kehlkopfs.

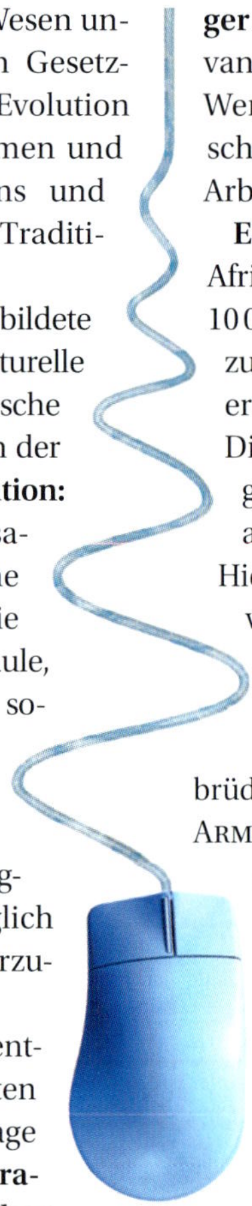

Die biologische Entwickung war Ausgangspunkt für die **kulturelle Evolution.** Man kann die kulturelle Evolution in verschiedene Stadien einteilen: **Zeit der Jäger und Sammler** der afrikanischen Savanne vor 2 Millionen Jahren. Sie stellten Werkzeuge her, organisierten gemeinschaftliche Aktivitäten und teilten die Arbeit auf.

Entwicklung der Landwirtschaft in Afrika, Eurasien und Amerika vor etwa 10 000 bis 15 000 Jahren. Dadurch kam es zu dauerhaften Ansiedlungen und die ersten Städte wurden gegründet.

Die **industrielle Revolution** begann im 18. Jahrhundert als Folge der Aufklärung. Hierbei war die Erfindung von Wärmekraftmaschinen (Dampfmaschine, Benzinmotor usw.) ganz entscheidend. Vom ersten Flug der Gebrüder WRIGHT bis zur Mondlandung NEIL ARMSTRONGS verging weniger als ein Menschenalter.

Kennzeichen der kulturellen Evolution ist, dass sie sich nicht auf genetischem Niveau abgespielt hat. Die Fähigkeit, Computer zu konstruieren, ist nicht in unseren Genen verankert, sondern das angesammelte Ergebnis von vielen Generationen menschlicher Erfahrung, die durch Eltern, Lehrer und Bücher weitergegeben wurde.

Durch die Erweiterung des Gehirns wurde der Mensch zu einer Organismenart, die in der Lage ist,

- sich über ihre körperlichen Einschränkungen hinwegzusetzen,
- zielgerichtet für die Weitergabe und Erweiterung ihres Wissens zu sorgen,
- die Umwelt mithilfe von Technik und Medizin nach ihren Bedürfnissen zu modifizieren.

Zwischen biologischer und kultureller Evolution bestehen Wechselwirkungen. M

Erschließungsfeld

Anwendung des Erschließungsfeldes Wechselwirkung auf die Stammesentwicklung des Menschen

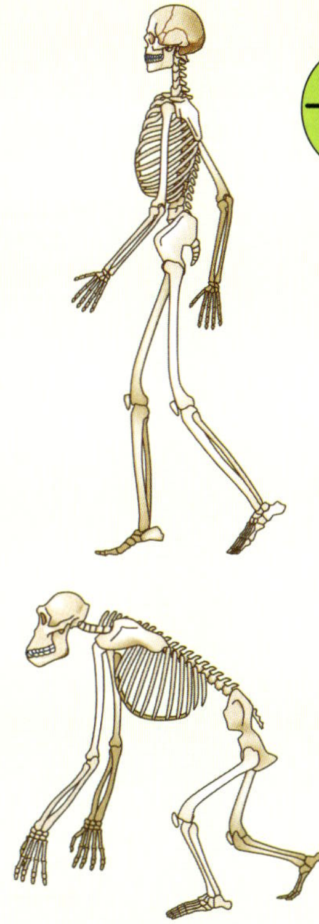

Die Frage nach der Abstammung des Menschen zählt noch immer zu den größten wissenschaftlichen Rätseln der Menschheit:

- Woher kommen wir?
- Wann hat die Menschwerdung begonnen?
- Welche Faktoren haben diesen Prozess ausgelöst und gelenkt?
- Worin bestehen die Unterschiede zwischen einem Menschen und einem Menschenaffen?
- Wohin führt die Evolution des Menschen?

Genetiker behaupten, das Erbgut des Menschen und des Menschenaffen sei zu fast 99 Prozent identisch. In der Evolution ereigneten sich scheinbar nur wenige, geringfügige genetische Veränderungen mit jedoch deutlichen Folgen.
Warum unterscheiden sich Menschen und Menschenaffen in ihrer Anatomie und in ihrem Verhalten so stark, obwohl ihre genetischen Baupläne so identisch sind?
Veränderungen der Genaktivität, die von sogenannten Kontrollgenen ausgelöst werden, hatten wahrscheinlich einen großen Einfluss auf die menschliche Evolution.

Der neue Lebensraum Savanne und der aufrechte Gang

Der **Übergang vom Menschenaffen zum Menschen** scheint mit dem Erwerb des aufrechten Ganges verbunden zu sein. Tatsächlich ist der Mensch in seiner Fortbewegungsform spezialisiert. Der Vierfüßergang wird durch den Zweifüßergang abgelöst und die Fähigkeit zum Hangeln und Klettern stark eingeschränkt. Diese Veränderung ging einher mit nachhaltigen anatomischen Veränderungen der Wirbelsäule, des Beckens und der Gliedmaßen.

1. *Begründe die Bedeutung der unterschiedlichen Körpermerkmale für die jeweilige Fortbewegungsform.*

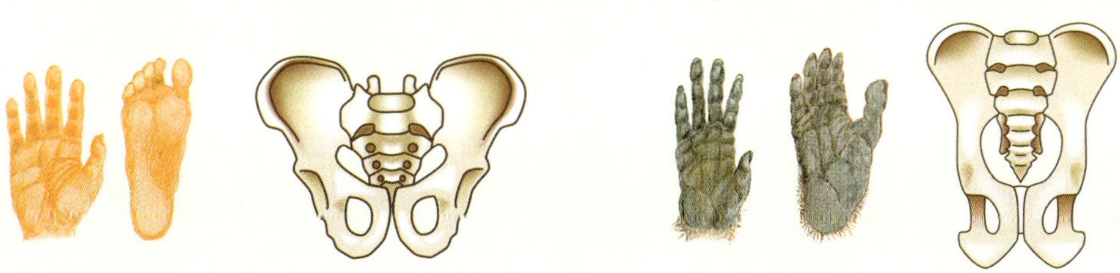

1 ▸ Hand, Fuß und Becken von Mensch und Schimpanse

Erschließungsfeld

2. *Vervollständige mithilfe der Abbildungen von Seite 138 die Tabelle zur Gegenüberstellung des Körperbaus von Menschenaffe (z. B. Schimpanse) und Mensch.*

Körperteil	Menschenaffe	Mensch
Arme		kurz
Finger	vier gekrümmte lange Finger und ein sehr kurzer Daumen (Klammerhand)	(Greif-/Universalhand)
Wirbelsäule	bogenförmig gekrümmt	
Beine	kurz, seitwärts gekrümmt	
Füße	große Zehe verkürzt und seitlich abgespreizt (Greiffuß)	(Standfuß)
Körperproportionen		kurzer Oberkörper und lange Beine

1 ▸ Afrikanische Savanne

Der „Anstoß" für die anatomischen Veränderungen kam vermutlich aus der Umwelt. Vor 7 bis 6 Millionen Jahren (Miozän) begann sich das Klima stark zu verändern. Auch Afrika wurde kälter und trockener. Dadurch schrumpfte der tropische Regenwald. Vor allem in Ostafrika begann sich Gras- und Buschland auszubreiten, das von größeren Savannen unterbrochen wurde (Abb. 1). Während sich die Menschenaffen vorher noch kletternd durch die Kronen des Regenwaldes bewegen konnten, mussten sie von nun an die Wege zwischen den Bäumen laufend auf den Füßen überwinden. Warum aber gingen sie dabei irgendwann nur noch auf zwei „Beinen"?

3. *Beschreibe Vorteile der Fortbewegung auf zwei Extremitäten (Beinen) bei der Wanderung durch die Savanne. Nutze dazu die folgenden Aussagen:*
   - Die frei werdenden Hände begünstigen ...
   - Durch den aufrechten Gang und die hohen Grasbestände ...
   - Die aufrechte Körperhaltung ... die Sonneneinstrahlung.
   - Durch ausdauerndes Laufen konnten ...
   - Der ... beim aufrechten Laufen ist relativ gering.

4. *Begründe die Wechselwirkung zwischen der Klimaveränderung im Miozän, dem neuen Lebensraum Savanne und dem aufrechten Gang als wesentliche Veränderung bei der Menschwerdung.*

Die drastische Veränderung des Klimas, die Trockenheit, bringt für die **Vormenschen** neue Lebensbedingungen. Aus den ursprünglichen Waldbewohnern wurden Savannenbewohner, die nicht nur ihre Fortbewegungsform änderten, sondern auch die Herstellung und den Gebrauch von Werkzeugen. Und sie lernten das Feuer zu beherrschen.

Erschließungsfeld

Das Sozialverhalten des Frühmenschen

Wissenschaftler behaupten, dass nur eine Erweiterung des Nahrungsspektrums - von der reinen Pflanzennahrung hin zur zusätzlichen Fleischnahrung - die Entwicklung eines größeren Gehirns ermöglichte. Die Savanne war schon immer Lebensraum für die großen Pflanzenfresser, die in Tierherden auf der Suche nach Nahrung und Wasserstellen durch die Graslandschaften wanderten. Damit ergaben sich für die **Frühmenschen** viele Gelegenheiten, Fleischnahrung zu erbeuten (Abb. 3). Als Aasfresser nutzten sie wahrscheinlich zunächst frisch verendete Tiere. Vielleicht vertrieben sie aber auch durch lautes Schreien in der Gruppe Raubtiere von der erlegten Beute. Daher sollte besser von Großwildbeutern und weniger von Großwildjägern gesprochen werden. In jedem Fall war der **Werkzeuggebrauch** für die Frühmenschen unverzichtbar, um die Nahrung zerteilen und die zähe Haut entfernen zu können. *Messer aus Steinabschlägen* könnten die Werkzeuge gewesen sein. Mit *Geröllsteinen* (Abb. 1) haben sie vermutlich Knochen zertrümmert, um an das Mark zu gelangen. Sie lernten demnach, sich nach einem Plan, einer Idee selbst Werkzeuge herzustellen - der Beginn von planvoller Arbeit.
Nur verschiedene Formen der Arbeitsteilung und eine soziale Nahrungsteilung in einer größeren Gemeinschaft gewährleisten den Nahrungserwerb sowie eine optimale Nutzung der erbeuteten Tiere.
Das **Lagerleben** und die **Nutzung des Feuers** ermöglichten eine Erweiterung des Nahrungsspektrums und festigten den sozialen Zusammenhalt der Gruppenmitglieder. Auch das Lernen in der Gruppe bekommt einen neuen Stellenwert. Das Lernen durch Nachahmung wird Grundlage für den Umgang mit Werkzeugen und für den Erwerb von sozialen Verhaltensmustern. Die Entwicklung der Wortsprache erweitert die Lernmöglichkeiten und sichert die Weitergabe von Erfahrungen sowie die Traditionsbildung.

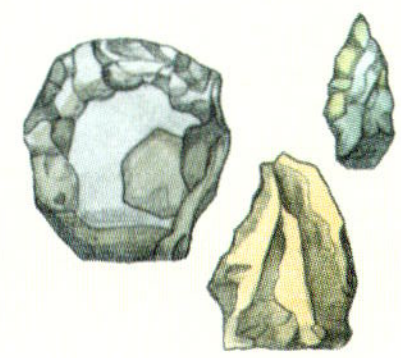

1 ▸ Geröllsteine als Werkzeug

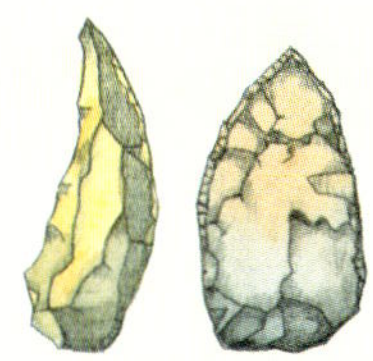

2 ▸ Faustkeil

Für die Wissenschaft hat die Nutzung des Feuers eine wesentliche Bedeutung auf den Weg vom Affen zum modernen Menschen.

5. *Erläutere Vorteile der Nutzung des Feuers bei der Menschwerdung.*

3 ▸ Abstransport der Jagdbeute

Erschließungsfeld

6. *Vervollständige die Tabelle zu Veränderungen in der Ernährungs- und Lebensweise der Frühmenschen.*

Nahrungsquellen	**Hauptbestandteil der Nahrung**	**Grundlage des Nahrungserwerbes**	**Notwendige Werkzeuge**
junge Gräser und Triebe	Kohlenhydrate		keine, eventuell Aufbewahrungsgegenstände
Blüten, Laubblätter und Früchte		individuelles Sammeln	
Wurzeln und Knollen			
hartschalige Nüsse	Kohlenhydrate und Fette	individuelles und soziales Suchen und Gewinnen	
Termiten	Eiweiße		lange Zweige oder Äste
Plündern von Vogelnestern			
Sammeln von Fischen in austrocknenden Wasserlöchern	Eiweiße und Fette		
Vertreiben von Raubtieren vom Riss		soziales Fangen; Nahrungsteilung	
Fangen von kranken und verletzten Pflanzenfressern			

7. *Begründe anhand der unteren Abbildung wesentliche Faktoren und deren Wechselwirkungen bei der Menschwerdung.*

3

Variabilität beim Menschen der Gegenwart

Der frühe *Homo sapiens* breitete sich vor ca. 100 000 Jahren von Afrika aus in kleinen Populationen auf andere Kontinente aus.

Man kann heute einige voneinander getrennte Gebiete unterscheiden, in die der Mensch einwandern konnte und wo sich die **Teilpopulationen isoliert voneinander weiterentwickelten.**

Dazu gehören westliches Europa und Mittelmeer, Schwarzes Meer, Nordafrika, Kongobecken, Indien, Südostasien mit Indonesien und Ostchina. Die Fossilien dieser Gebiete belegen, dass in sich geschlossene, durch gemeinsame Eigenschaften verbundene Gruppen entstanden waren.

Geht man von den noch heute vorhandenen Gemeinsamkeiten der in diesen Gebieten lebenden Menschen mit entsprechenden Fossilfunden aus, so unterscheiden einige Humanbiologen drei „Großrassenkreise", andere Wissenschaftler fünf, und wieder andere untergliedern die auf der Erde lebenden Menschen in mehr als sechzig „Rassen".

Die Problematik liegt darin, dass die Einteilung der auf der Erde lebenden Menschen in Rassen oftmals mit einer Reihe subjektiver Faktoren behaftet ist.

Deshalb sollte der Begriff „Rassen" für den Menschen nicht mehr verwendet werden. An seiner Stelle kann man von **geografischen Menschengruppen** bzw. **typologischen Kategorien** sprechen, da auch die genetischen Grundlagen für eine Einteilung in „reine Rassen" unzureichend sind.

Nach der „Out-of-Africa-Hypothese" stammen alle modernen Menschen von einem frühen Homo sapiens aus Afrika ab.

Die heute lebenden Menschen stammen vom eiszeitlichen Jetztmenschen ab und **stimmen in wesentlichen Merkmalen überein.**

Alle Menschen weisen eine prinzipielle Gleichartigkeit in Bau und Funktion des Skeletts, der Muskulatur, des Gehirns und des gesamten Stoffwechsels auf.

Sie sind zu gleichen körperlichen und geistigen Leistungen befähigt. Übereinstimmend sind auch die Schwangerschaftsdauer, zahlreiche wesentliche Blut- und Serumeigenschaften sowie Anzahl und Bau der Chromosomen.

Das entscheidendste Kriterium für die Zuordnung aller auf der Erde lebenden Menschen zu einer Art *(Homo sapiens sapiens)* ist die Tatsache, dass die Vertreter der unterschiedlichen Menschengruppen untereinander **fruchtbare Nachkommen** zeugen können und sehr geringe genetische Unterschiede aufweisen.

1 ▸ Vertreter der Europiden

Junge Deutsche

Junge Inderin

Nordafrikaner

1 ▸ Vertreter der Mongoliden (oben), Vertreter der Negriden (unten)

Zu den wesentlichen **Unterschieden** zählt sicherlich die *Hautfarbe.* Sie gilt als ein erbliches und von der Umwelt kurzzeitig unabhängiges Merkmal bestimmter Bevölkerungsgruppen.

Auch die *Augenform* und die Nasenbreite sowie die Beschaffenheit des *Kopfhaares* unterlagen wahrscheinlich der natürlichen Auslese durch Umweltfaktoren und Klimabedingungen **(Isolation).**

Die **äußerlichen Unterscheidungsmerkmale** zwischen den verschiedenen Gruppen des jetzigen Menschen (z.B. Hautfarbe, Haarfarbe und Haarform, Form von Schädel, Nase, Lippen und Augenlidern, Körpergestalt) sind fließend. So kommt z.B. die dunkle Hautfarbe – wichtiges Merkmal der Zentral- und Westafrikaner – auch bei manchen Südindern vor, die zu den Europiden gehören.

Vertreter der **Europiden** (Abb.1, S.141) besiedeln ganz Europa, Nordafrika und Südasien. Aus diesem Grunde variieren ihre Merkmale, z.B. die Hautfarbe von Hell bis Braun, das Kopfhaar von Wellig bis Glatt, Hell bis Dunkel. Das meist schmale Gesicht besitzt eine vorspringende Nase, dünne Lippen und eine hohe Stirn.

Vertreter der **Mongoliden** (Abb.1) sind u.a. durch eine gelbliche Hautfarbe, schwarze und glatte Haare, flaches Gesicht, betonte Jochbögen und eine schmale Augenlidspalte gekennzeichnet. Zu ihnen gehören einige asiatische Völkergruppen, aber auch die Eskimos (Inuits). In der Regel sind sie untersetzt und kleiner. Sie sind an unterschiedliche klimatische Bedingungen angepasst, ihre Differenzierung erfolgte im asiatischen Raum.

Vertreter der **Negriden** sind durch eine dunkle, pigmentreiche Haut, schwarze und krause Haare, eine breite und niedrige Nasenform und starke, wulstige Lippen (Abb.1) gekennzeichnet. Zu ihnen gehören zahlreiche Völker des afrikanischen Kontinents. Sie sind gut an die tropischen Bedingungen Afrikas angepasst.

Gegenwärtig und auch zukünftig zeigt sich ein der Merkmalsdifferenzierung entgegengesetzter Prozess, eine **zunehmende Vermischung von Menschen** verschiedener geografischer Bereiche und Kulturen.

Parallel zur biologischen Entwicklung verlief auch die **kulturelle Entwicklung** der modernen Menschen getrennt. Ausgehend von unterschiedlichen Verhaltensmustern sprechen auch hier die Verhaltenswissenschaftler von unterschiedlichen Kulturkreisen.

Die **räumliche Isolation** führte nicht nur zum Entstehen verschiedener Sprachen. In Abhängigkeit von den jeweiligen Umwelteinflüssen entwickelten die Menschen auch voneinander abweichende Vorstellungen von Regeln des Zusammenlebens, die oftmals zu Lehren (Religionen) erhoben wurden. Somit bildeten sich verschiedene Traditionen und gesellschaftliche Strukturen heraus. Aufgrund völlig anderer Erfahrungen ist es für Mitglieder unterschiedlicher Kulturkreise mitunter problematisch, andersgeartete Verhaltensweisen oder Verhaltensregeln zu verstehen.

Die heutigen geografischen Menschengruppen entstanden aufgrund von Isolation (geografisch, sozial, kulturell) aus dem eiszeitlichen Jetztmenschen.

Oft wurde in der Vergangenheit versucht, eine Ungleichwertigkeit der „Rassen“ zu begründen. Selbst in der Gegewart begegnen wir noch derartigen unwissenschaftlichen und antihumanen Deutungen.

Die vorhandenen physischen und psychischen Unterschiede zwischen Vertretern verschiedener geografischer Gruppen berechtigen in keiner Weise zu einer Bewertung. **Rassenideologie** mit ihren *antihumanen Folgen* entbehrt aller biologischen Grundlagen und ist deshalb scharf zu verurteilen.

Unterschiede, die derzeit noch in der „Zivilisationshöhe“ und im Wohlstand in Erscheinung treten, haben keine biologischen, sondern gesellschaftliche Ursachen.

1 ▸ Harmonisches Zusammenleben von Menschen verschiedener Kulturkreise

gewusst · gekonnt

1. Die Erdgeschichte teilt man in fünf große Erdzeitalter ein.
   a) Nenne die fünf großen Erdzeitalter und ordne ihnen bestimmte Epochen (erdgeschichtliche Perioden) zu.
   b) Jede erdgeschichtliche Periode wird von prägenden Pflanzen und Tieren charakterisiert (s. hintere Umschlagseite). Erläutere diesen Sachverhalt.

2. Die Jurazeit war die Epoche der Saurier.
   a) Beschreibe das Aussehen und die Lebensweise eines Vertreters der Flug-, Land- und Fischsaurier.
   b) Erläutere ihre Angepasstheit an ihre Umwelt. Zur Beantwortung der Aufgabe nutze Literatur und das Internet.

3. Vergleiche das Skelett beim aufgerichteten Menschenaffen und beim stehenden Menschen miteinander. Berücksichtige besonders die Form der Wirbelsäule und die Lage des Oberschenkels.

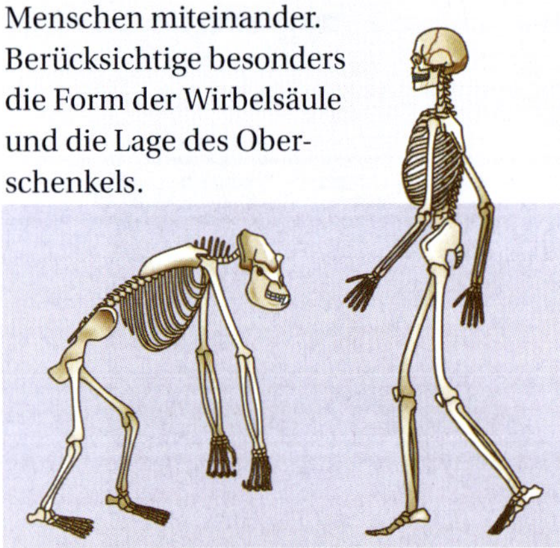

4. a) Beschreibe anhand der Abbildungen 2 und 3 auf Seite 127 die Unterschiede im Bau des Schädels sowie des Rumpf- und Gliedmaßenskeletts von Mensch und Gorilla. Beachte dabei die Stellung von Wirbelsäule, Becken und Beinknochen.
   b) Ziehe aus deinen Ergebnissen Schlussfolgerungen für den Erwerb des aufrechten Ganges.

5. Vergleiche Hände und Füße von Schimpanse (a) und Mensch (b). Leite Folgerungen hinsichtlich ihrer Funktionen ab.

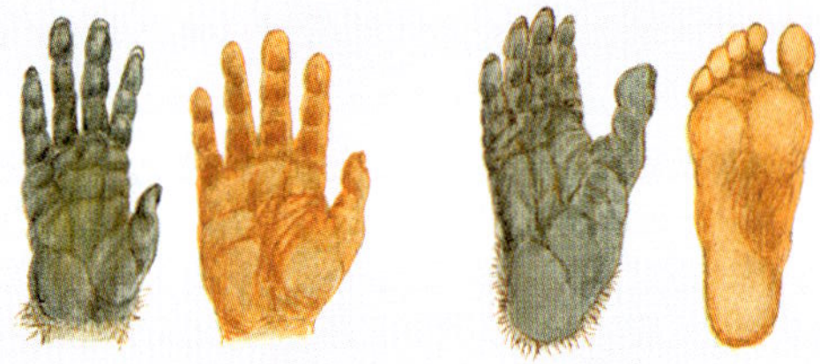

6. Der Mensch ist mit dem Menschenaffen nahe verwandt. Begründe diese Aussage.

7. a) Vergleiche die Beckenknochen von Australopithecus (a), Schimpanse (b) und Mensch (c) im Hinblick auf den Erwerb des aufrechten Ganges.
   b) Die Australopithecinen passen mehr in die Vorfahrenlinie des Menschen als in die der Menschenaffen. Begründe diese Aussage.

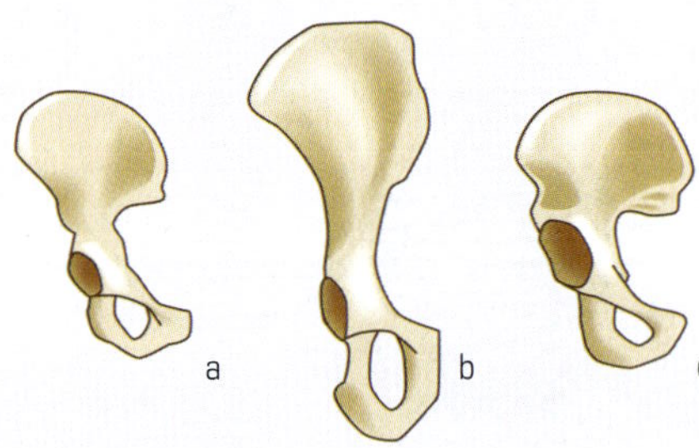

8. a) Beschreibe Verhaltensweisen von Schimpansen und leite daraus Schlussfolgerungen über ihre geistige Leistungsfähigkeit ab (Abb. 1, S. 128).
   b) Suche im Internet noch weitere Beispiele dafür, dass Schimpansen bereits einen hohen Grad an Intelligenz erreicht haben.

gewusst · gekonnt

9. Beschreibe, wie unter den damaligen Bedingungen die Jagd des Homo erectus auf Großwild erfolgt sein mag. Betrachte dazu die Abbildung.

10. Stelle Merkmale wie Größe, aufrechter Gang, Hirnvolumen, Ernährung, Werkzeuggebrauch, Feuergebrauch und Grad der Kulturentwicklung der Australopithecinen, des Homo habilis, des Homo erectus, des Homo neanderthalensis und des Homo sapiens (eiszeitlicher Jetztmensch) in einer Tabelle gegenüber.

11. Die Neandertaler und unsere Vorfahren lebten für viele Jahrtausende zusammen in Europa. Letztendlich starben die Neandertaler aber vor ungefähr 35 000 Jahren aus.
   a) Vergleiche Neandertaler und eiszeitliche Jetztmenschen hinsichtlich Körperbau und Lebensweise.
   b) Beschreibe, welche Auswirkungen die Entstehung einer Wort- und Zeichensprache auf die Lebensweise unserer Vorfahren hatte.
   c) Nenne Gründe, die zum Aussterben der Neandertaler geführt haben können.

12. a) Vergleiche die in den Abbildungen auf Seite 146 gezeigten Porträt- und Schädelrekonstruktionen von fossilen Menschenformen.
   b) Stelle wichtige Merkmale der Formengruppen von Menschen in einer tabellarischen Übersicht zusammen.
   c) Beschreibe die Lebensweise des Homo erectus, des Neandertalers und des eiszeitlichen Jetztmenschen. Berücksichtige den kulturell-technischen Fortschritt.
   Suche zur Beantwortung der Teilaufgabe auch Informationen im Internet.

13. Alle heute lebenden Menschen gehören zur gleichen Art (Homo sapiens sapiens). Begründe diese Aussage.

14. Die Erde wird von verschiedenen Bevölkerungsgruppen bewohnt, z. B. Europäer, Asiaten, Australier, Schwarzafrikaner, Pygmäen.
   Informiere dich mittels Internet über ihre charakteristischen Merkmale.

15. Nenne übereinstimmende Merkmale der Menschen aus verschiedenen geografischen Regionen der Erde trotz der sichtbaren äußeren Unterschiede.

16. a) Schildere anhand von Beispielen unwissenschaftliche und antihumane Verhaltensweisen gegenüber Vertretern unterschiedlicher Menschengruppen in der Vergangenheit und heute.
   b) Schlage Maßnahmen vor, die zur Überwindung rassistischen Verhaltens von Menschen führen können.

Das Wichtigste auf einen Blick

Vergleich von Menschenaffe und Jetztmensch

Menschenaffe und Jetztmensch weisen viele ähnliche oder übereinstimmende Merkmale auf. Dies lässt auf eine enge **Verwandtschaft** schließen und deutet auf gemeinsame Vorfahren.

Evolution des Menschen

Die Abstammung und Entwicklung des Menschen aus tierischen Vorfahren wird durch zahlreiche fossile Funde belegt.

Menschenformen

Australopithecus („Affenmensch")
(Afrika)
Benutzung von unbearbeiteten Naturgegenständen

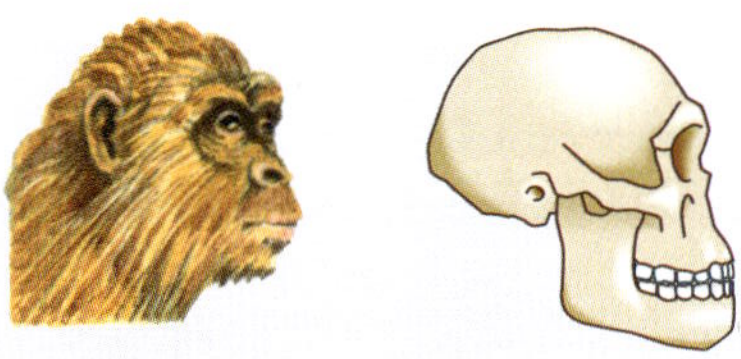

Homo habilis („geschickter Mensch")
(Afrika)
Herstellung einfacher Werkzeuge aus Knochen und Stein

Homo erectus („aufrechter Mensch")
(Afrika, Europa, Asien)
Herstellung von bearbeiteten Werkzeugen; Gebrauch des Feuers

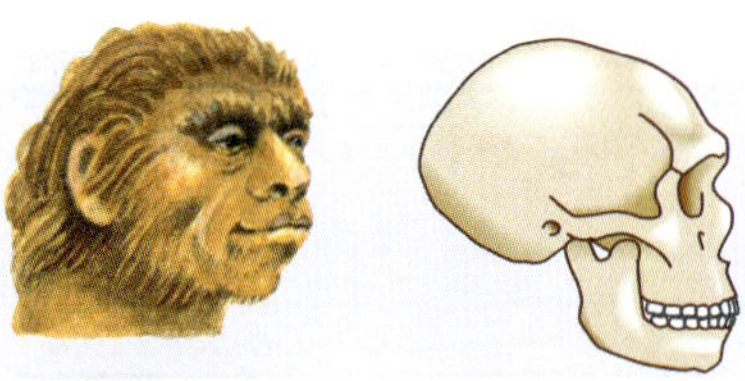

Homo sapiens neanderthalensis
(Europa, Nordafrika, Vorderasien)
Herstellung von vielfältigen Steinwerkzeugen; Erzeugung des Feuers

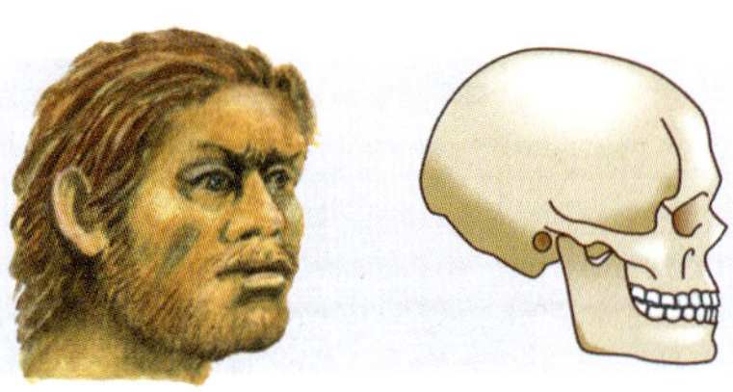

Homo sapiens (eiszeitlicher Jetztmensch)
(Afrika, Europa, Asien, Australien, Amerika)
Herstellung spezieller Werkzeuge und Fernwaffen; Kunst; Sesshaftigkeit; Züchtung

3

Das Wichtigste auf einen Blick

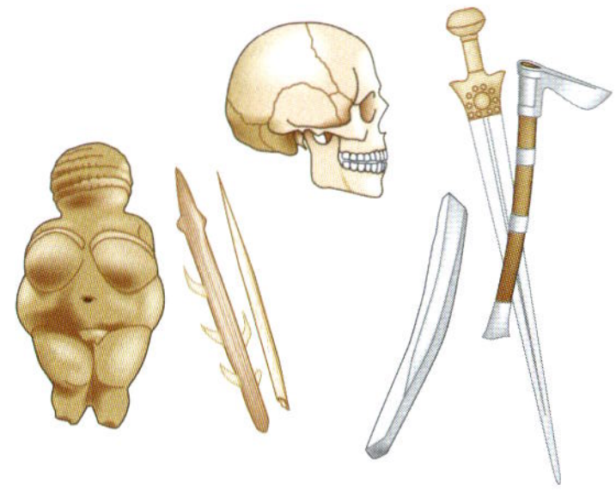

Wechselbeziehungen zwischen biologischer und kultureller Evolution des Menschen

Während der stammesgeschichtlichen Entwicklung des Menschen gab es enge Wechselbeziehungen zwischen der biologischen und der kulturellen Evolution.

Komponenten der biologischen Evolution

- aufrechter Gang und aufrechte Körperhaltung
- Vergrößerung und Differenzierung des Gehirns
- Zunahme geistiger Fähigkeiten

Komponenten der kulturellen Evolution

- planvolle Herstellung von Werkzeugen und deren Gebrauch
- Erzeugung und Gebrauch des Feuers
- Entwicklung der Sprache und der Schrift

Tätigkeiten des Menschen

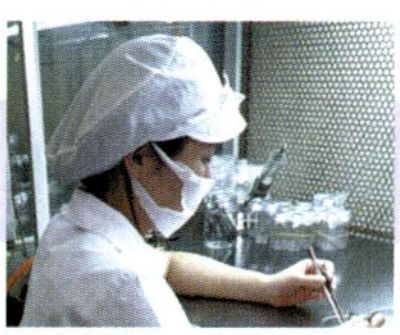
▸ Forschung

▸ Bildung

▸ Arbeit

▸ Kunst

Variabilität der Menschen in unterschiedlichen Kulturkreisen der Erde

Alle heute auf der Erde lebenden Menschen gehören zur gleichen Art bzw. Unterart Homo sapiens sapiens. Vertreter aller Kulturgruppen des Menschen sind zu hohen Leistungen befähigt. Die Vielfalt der Menschen zeigt sich vor allem innerhalb der geografischen Gruppen. Die geografischen Gruppen unterscheiden sich genetisch nur geringfügig. Die äußerlich auffälligen Merkmale (z. B. Hautfarbe) entwickelten sich in Anpassung an bestimmte Umwelt- und Klimabedingungen.

▸ Inder

▸ Schwarzafrikanerin

▸ Mitteleuropäerin

▸ Japaner

Wahlpflichtbereich – Fächerverbindendes Thema

W

Hinweise für die Gruppenarbeit an Projekten

Bei der Bearbeitung eines Themas in Form eines Projekts geht es darum, ein Thema weitgehend selbstständig zu bearbeiten. Konkret heißt das:

- Ideen zum Thema entwickeln
- Aufgaben stellen, die in Gruppen möglichst selbstständig bearbeitet werden können
- das Thema von unterschiedlichen Seiten betrachten

Damit das Projekt auch ein Erfolg wird, geht man am besten schrittweise vor.

Schritt 1

Ideenmarkt

Alles, was zum Thema passt, wird „auf den Tisch gepackt". Aus der Fülle der Ideen werden die bearbeitbaren Themenbereiche ausgewählt und der jeweiligen Gruppe zugeteilt.

Schritt 2

Arbeitsplan

Jede Gruppe stellt für sich einen Arbeitsplan auf. Er sollte folgende Punkte unbedingt enthalten:

- Welche Fragen sollen in der Gruppe zum ausgewählten Themenbereich beantwortet werden?
- Welche Materialien/Medien sollen genutzt werden?
- Welche Methoden sollen bei der Informationsbeschaffung angewendet werden?
- Welche Experimente möchte die Gruppe durchführen?
- Wer ist für welchen Bereich bzw. für welche Frage zuständig?
- Welcher zeitliche Rahmen steht zur Verfügung?
- Wie sollen die Ergebnisse dargestellt werden?

Schritt 3

Arbeit am Projekt

Wenn Fragen bei der Arbeit auftreten, kann man sich an den Lehrer wenden.

Schritt 4

Ergebnispräsentation vor den Mitschülern

Hierbei muss man beachten, dass sich die Mitschüler mit anderen Fragestellungen beschäftigt haben.

Deshalb sollte die Darstellung in kurzer und logischer Form erfolgen. Nur so können die anderen Mitschüler die Versuche und Ergebnisse verstehen und die gewonnenen Erkenntnisse nachvollziehen.

Schritt 5

Ergebnispräsentation im Schulhaus

Zum Abschluss des Projekts kann z. B. eine Wandzeitung oder ein Poster angefertigt werden. Die anderen Schüler können dann sehen, womit sich die Klasse beschäftigt hat und zu welchen Ergebnissen sie gekommen ist.

Projektstruktur

Projektidee
z. B. Transgene Organismen

Projektplan
Erarbeiten der Schwerpunkte;
Festlegen der Thematik (z. B. Transgene Organismen)

Projektdurchführung
Aufteilung der Klasse in Gruppen;
Bestimmen der Schwerpunkte, die überprüft werden sollen;
Heraussuchen von Einrichtungen, die besucht werden sollen

Projektpräsentation
Vortrag, Poster, Powerpoint-Präsentation

Projekt

Transgene Organismen

Methoden zur gezielten Übertragung von fremden Erbanlagen (Genen) in das Genom eines anderen Lebewesens werden als **Gentechnik** bezeichnet. Die so entstandenen **transgenen Organismen** (Abb. 2) besitzen aufgrund ihrer neu kombinierten Erbanlagen veränderte bzw. neue phänotypische Eigenschaften.

Kriminalistik (genetischer Fingerabdruck)

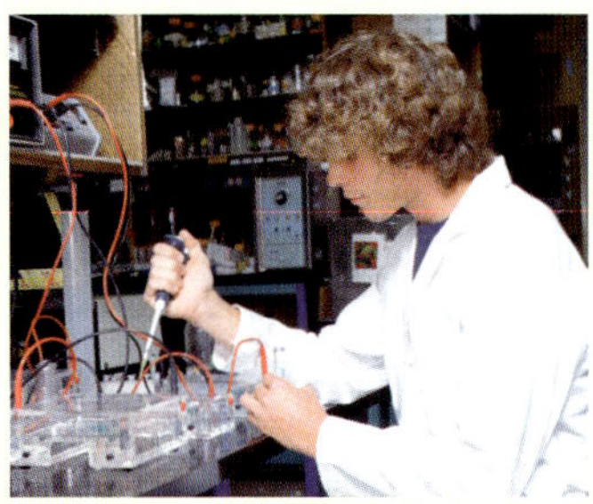

Genetische Forschung (Arbeiten im Labor)

Landwirtschaft (hochleistungsfähige Rinderrassen)

1 ▸ Einsatzfelder der Gentechnik (Auswahl)

1. *Stellt in einem Fließschema den Weg vom Gen zum Merkmal dar.*
2. *Stellt in einem weiteren Fließschema die Erzeugung von transgenen Organismen dar.*
3. *Begründet mithilfe der Schemata die Entstehung neuer Eigenschaften und Merkmale bei transgenen Organismen.*

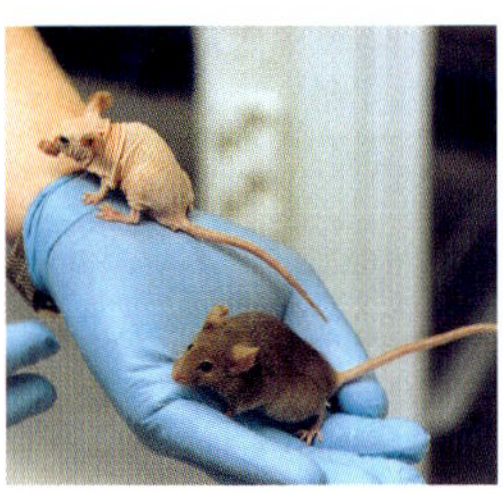

2 ▸ Gentechnisch veränderte Maus (oben) und normale Maus

Schematische Abbildungen und Beschreibungen gentechnischer Vorgänge suggerieren uns oft, dass Gentechniker „echte Werkzeuge" einsetzen und dass man alles sieht, was bei den Vorgängen passiert. Leider ist das in Wirklichkeit nicht so. Unter sterilen Bedingungen mit meist farblosen Lösungen oder Suspensionen wird im Mikroliterbereich gearbeitet. Die Werkzeuge sind Enzyme. Veränderungen können nur durch aufwendige Verfahren sichtbar gemacht werden.

4. *Beschreibt den Aufbau eines Enzyms und erklärt seine Funktionsweise. Nennt die Funktionen der Enzyme: Restriktase, Ligase, DNA-Polymerase und Umkehrtranskriptase in der Gentechnik. Nutzt auch das Internet.*
5. *Informiert euch über die Verfahren der Gelelektrophorese und Polymerase-Ketten-Reaktion (PCR) sowie ihre Bedeutung für die Gentechnik. Nutzt auch das Internet.*

Zur **gentechnischen Veränderung von Organismen** wird Erbmaterial mit den gewünschten Eigenschaften eines Spender-Organismus benötigt. Es gibt verschiedene Methoden, sie zu gewinnen.

W

Projekt

Die Übertragungsmethoden (Transformationsmethoden) der DNA in die Empfänger hängen stark von ihrem Zelltyp ab, da sich Bakterien-, Pflanzen-, Pilz- oder Tierzellen in ihrem Bau und ihrer Physiologie z. T. sehr stark unterscheiden.

6. *Beschreibt Möglichkeiten zur Gewinnung von Spender-DNA.*
7. *Vergleicht in einer tabellarischen Übersicht den Bau einer Bakterien-, einer Pflanzen- und einer Tierzelle.*
8. *Beschreibt verschiedene Transformationsmethoden von DNA in Bakterien-, Pflanzen- und Tierzellen.*

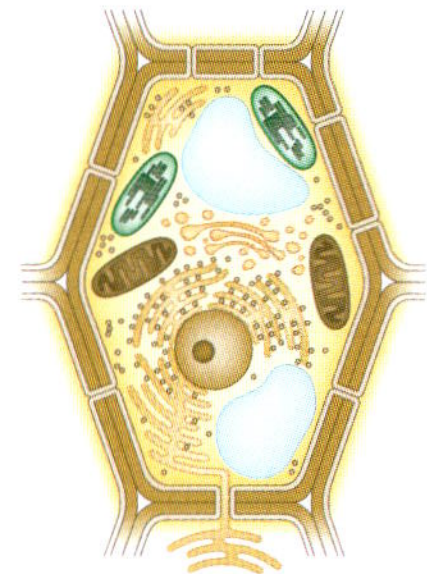
Pflanzenzelle

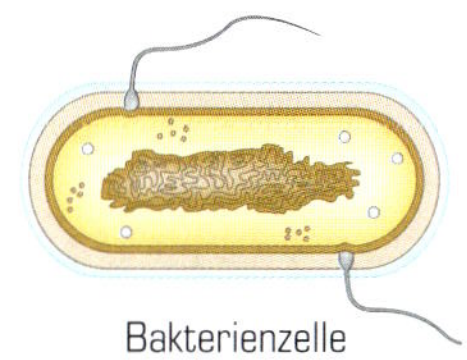
Bakterienzelle

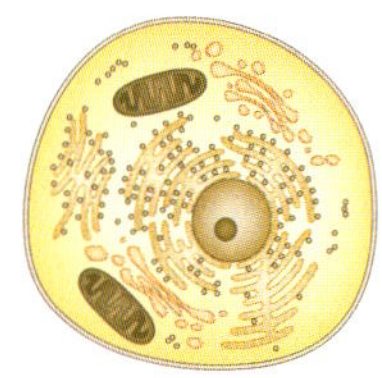
Tierzelle

Die Anwendungsbereiche der Gentechnik, insbesondere in der molekularen Biologie und Medizin, sind sehr vielfältig. In der Grundlagenforschung wird die Gentechnik beispielsweise zur Erforschung der Struktur und Funktion von Genen, zur weiteren Aufklärung der Wirkungsweise des Immunsystems oder zur biochemischen Forschung genutzt. Auf der Grundlage dieser Forschung eröffnen sich der Gentechnik immer mehr Bereiche, in denen sie angewandt wird. Kaum ein Bereich der heutigen Biowissenschaften kommt ohne sie aus.

Verfahren wie die Produktion von Insulin oder Enzymen, Gen-Dateien oder lagerfähige „Anti-Matsch"-Tomaten sind bereits Praxis. Erste Möglichkeiten zur **Gentherapie** (Abb. 1) oder zum Abbau von Umweltschadstoffen werden entwickelt. Länger lassen sicherlich die Herstellung von transplantierbaren Geweben oder die Entwicklung erfolgreich wirksamer Krebstherapien auf sich warten.

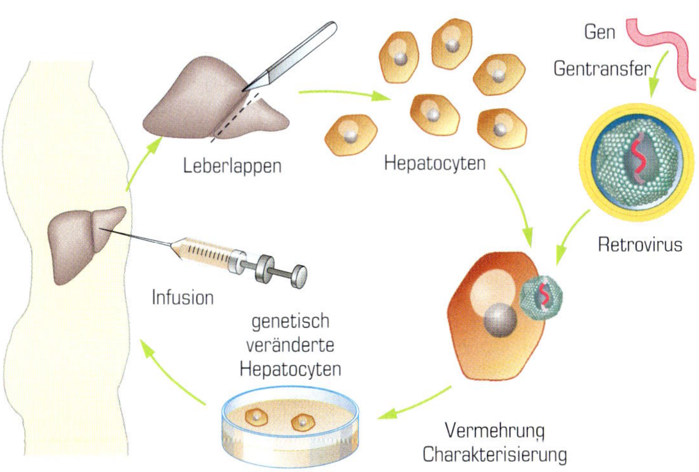

1 ▸ Gentherapie an der Leber

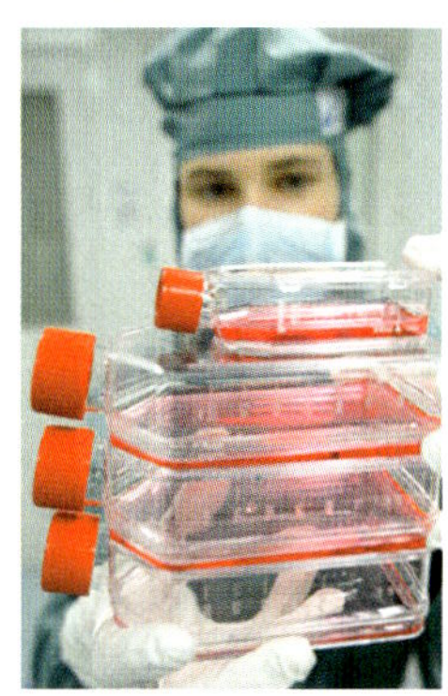
2 ▸ Zellkulturflaschen mit genetisch veränderten Immunzellen (T-Zellen). Die Bekämpfung der HIV-Infektion soll erforscht werden.

Projekt

Spinnenseide, in Bakterien oder Insekten produziert, ist noch widerstandfähiger als die Kunstfasern Nylon oder Kevlar.

9. *Teilt eure Klasse in Arbeitsgruppen ein. Wählt je Gruppe aus der Tabelle ein Beispiel zur Anwendung der Gentechnik aus. Fertigt ein Poster oder einen Flyer zu dem Thema an.*
Folgende Schwerpunkte sollten je nach Thema enthalten sein: Anwendungsziel, genetische Grundlagen, Überblick über die genetische Veränderung und Produktionsverfahren, Nutzen und Risiko des Verfahrens.
10. *Präsentiert die Poster in einer Vernissage bzw. verteilt Flyer-Kopien an die anderen Arbeitsgruppen.*

Anwendungsbeispiele der Gentechnik

Bereich	**Beispiel**
Industrieproduktion	• Herstellung von Enzymen, Aminosäuren und Zusatzstoffen • Ersatz von herkömmlichen Rohstoffen in der Produktion
Kriminalistik	• Klärung von Verwandtschaftsverhältnissen (Abstammungsnachweise, genetischer Fingerabdruck) • Aufstellen von Gen-Dateien • forensische Genetik zur Verbrechensbekämpfung
Landwirtschaft und Nahrungsmittelproduktion	• Erweiterung der Möglichkeiten der herkömmlichen Pflanzen- und Tierzüchtung • Erzeugung transgener Zuchtformen zur Ertragssteigerung, Qualitätsverbesserung (Lagerfähigkeit, Inhaltsstoffe) und Verlustreduktion durch Schadorganismen (gentechnische Schädlingsbekämpfung)
Medizin	• genetische Diagnose von Krankheiten • Behandlung von Stoffwechselstörungen und Erbkrankheiten einschließlich somatischer Gen-Therapie • Gewinnung transplantierbarer Gewebe • Bekämpfung von Infektionskrankheiten durch Eingriffe in das Erbgut von Krankheitserregern und Krankheitsüberträgern (Malaria, Gelbfieber)
Pharmakologie	• Vereinfachung der Gewinnung sowie ausreichende Produktion schwer zugänglicher Wirkstoffe (Insulin, Wachstumshormon) • Verbesserung der Verträglichkeit und Wirkung von Medikamenten • Konstruktion von Impfstoffen zur aktiven Immunisierung mit nicht infektiösen, wirksamen Protein-Teilstrukturen • Entwicklung neuer Medikamente für bisher nicht heilbare Krankheiten (Krebstherapien) • Entwicklung von Modellsystemen zur Arzneimittelerprobung
Umweltschutz	• Abbau von Schad- und Abfallstoffen in der Umwelt durch Mikroorganismen • Einsatz von neuen energie- und rohstoffsparenden Verfahren in der Produktion

Projekt

Bereits herkömmliche Züchtungsmethoden lassen Merkmale von Organismen 1 000- bis 10 000-mal schneller hervortreten, als das bei natürlichen Evolutionsprozessen möglich ist. Mithilfe der gezielten Manipulation des Erbgutes, sogar über Artgrenzen hinweg, wird die Geschwindigkeit solcher Veränderungen nochmals um einige Größenordnungen erhöht.
Schon mit der Entstehung der Gentechnik in den 70er Jahren des letzten Jahrhunderts erkannte man neben dem nahezu unerschöpflichen Potenzial an Möglichkeiten auch die Gefahren, die Natur in ihrem Gleichgewicht und ihrem evolutiven Lauf zu stören. Die Gefahr, Organismen mit schädlichen, nicht kalkulierbaren Eigenschaften zu erzeugen, wurde schon damals diskutiert. **Internationale Richtlinien** wurden erlassen und in den Ländern entsprechende Gesetze, wie 1990 das **Gen-Gesetz** in der Bundesrepublik, beschlossen.

Mit der raschen Entwicklung der Gentechnik seit ihrem Beginn wurden mit zunehmenden Erkenntnissen und Möglichkeiten die **Diskussionen über Nutzen und Risiken** immer konkreter. Während beispielsweise die Erzeugung und Freisetzung von transgenen Pflanzen oder die Anfertigung von Gen-Dateien für die Verbrechensbekämpfung sehr kontrovers diskutiert werden, gehört die Herstellung von Medikamenten wie das Insulin mittlerweise zum Alltag und wird kaum noch in Diskussionen einbezogen.

11. *Bildet in eurer Klasse Gruppen von Gentechnik-Befürwortern und Gentechnik-Gegnern. Sammelt jeweils Pro- und Kontra-Argumente. Führt, geleitet von einem gewählten Gruppenleiter, eine Diskussion über Nutzen und Risiken der Gentechnik durch.*

1 ▸ Umstrittene Züchtung von schädlingsresistentem Mais. Dem Maiszünsler könnte bis zu 1/3 der Maisernte zum Opfer fallen.

Projekt

Entstehung des Lebens auf der Erde

Durch die Evolution des Kosmos, beginnend mit dem Urknall, werden die Voraussetzungen für die Entstehung des Lebens geschaffen.

Die Evolution begann nach jetzigen Vorstellungen schon mit der Entstehung des Weltalls.
Ausgehend von einem **Urknall** (engl. „big bang"), kam es durch Ungleichverteilung der expandierenden, d. h. auseinanderfliegenden Materie zur Bildung von Galaxien und somit der Planeten, auch der Erde **(kosmische** oder **physikalische Evolution).** Das Weltall begann sich auszudehnen und abzukühlen, wobei Materie in verschiedensten Teilen des Universums kondensierte. So entstand auch unser Sonnensystem mit seinen Planeten. Das Alter unserer Sonne und ihres Planetensystems und somit der Erde wird aufgrund von Altersbestimmungen an Gesteinsproben auf 4,5 bis 6 Milliarden Jahre geschätzt.
In einer für heutige Verhältnisse äußerst giftigen **Uratmosphäre** (vor etwa 6 bis 4,5 Milliarden Jahren) befand sich eine Mixtur von *Methan, Ammoniak, Schwefelwasserstoff* und *Wasserdampf* sowie von einigen weiteren einfachen *gasförmigen Verbindungen.* Weiterhin existierten einige **Urozeane** und sicherlich einige kleinere stehende Gewässer, die vermutlich unterschiedliche Zusammensetzungen aufwiesen.

1. *Warum ist die Lebensentstehung, wie sie auf der Urerde wahrscheinlich stattgefunden hat, heute nicht mehr möglich?*
2. *Begründet, welchen Bereich der Evolution man als physikalische Evolution zusammenfassen könnte.*

1 ▸ Die Uratmosphäre als „Brutstätte" für das Leben auf der Erde – chemische Evolution

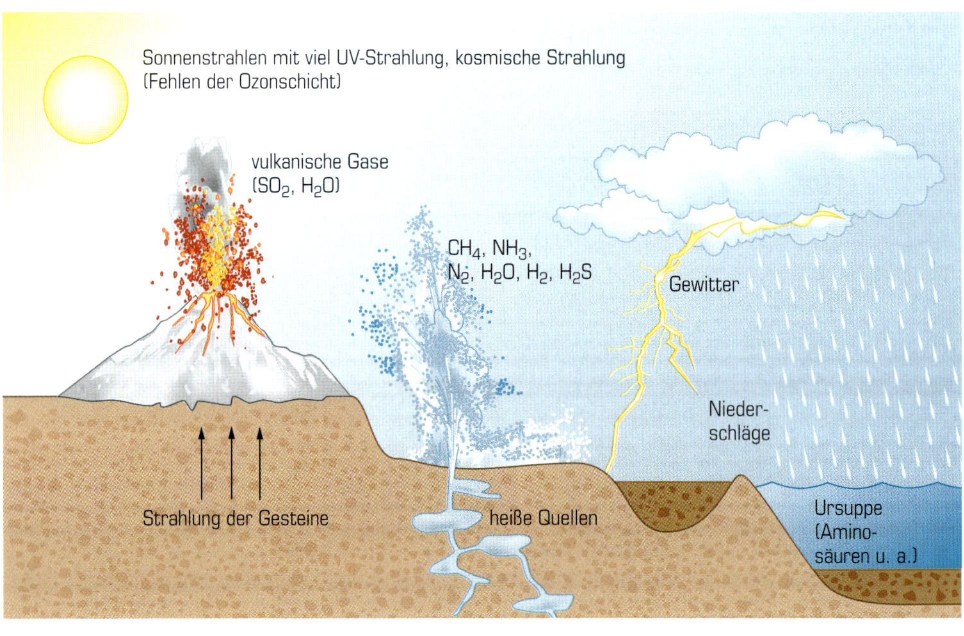

W

Projekt

Die Sonne strahlte zu diesem Zeitpunkt mit einer wahrscheinlich deutlich geringeren Energie als heute, allerdings weitgehend ungehindert durch die Atmosphäre (Fehlen der Ozonschicht), auf die Erde. Es handelte sich um äußerst **lebensfeindliche Bedingungen.** Trotzdem war dies nach den Vorstellungen der Wissenschaftler die **„Brutstätte" für das Leben auf der Erde** (Abb. 1, S. 154).

Es entstanden in den 1950er Jahren mehrere **Hypothesen zur Entstehung des Lebens** auf der Erde.
In verschiedenen Modellexperimenten wurde versucht, die damaligen Bedingungen zu simulieren.
So wie im **MILLER-Experiment** 1952 (Abb. 1) simuliert, könnte es auch damals vor etwa 4 Milliarden Jahren gewesen sein, als sich in kleinen stehenden Gewässern oder abgeschirmten Buchten die gebildeten Substanzen anreicherten und als **Ursuppe** dafür sorgten, dass diese **Makromoleküle** untereinander in Wechselwirkung treten konnten.

*Die **chemische Evolution** umfasst die chemischen Reaktionen, in deren Folge organische Stoffe entstanden sind, die Voraussetzung für die Entstehung des Lebens waren.*

3. a) *Nennt für jeden Bestandteil der MILLER-Apparatur die Objekte der Urerde, die sie simulieren sollen.*
   b) *Beschreibt den Aufbau des MILLER-Experiments und seine Ergebnisse. Geht dabei besonders auf die simulierten Wechselbeziehungen zwischen Urmeer und der Uratmosphäre ein. Nutzt Literatur und das Internet.*
   Welche Aussage über die möglichen ersten Entwicklungsschritte des Lebens auf der Erde konnte MILLER mit seinem Experiment treffen?
4. *Die erste Phase der Entstehung des Lebens ist die chemische Evolution. Begründet diese Aussage.*

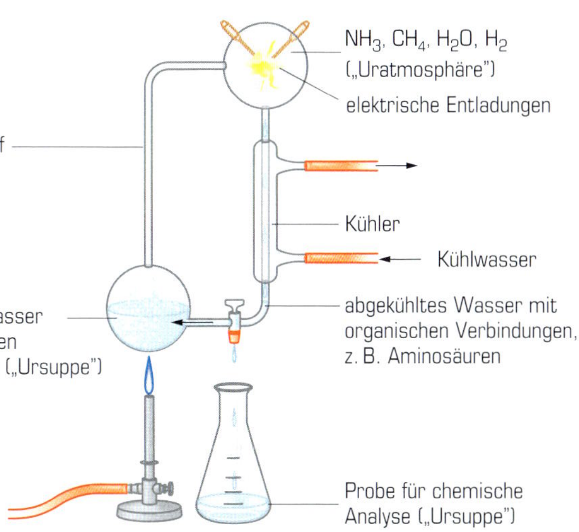

1 ▸ Simulationsexperiment zur Biogenese (biochemische Evolution) von STANLEY L. MILLER (geb. 1930)

Projekt

1 ▸ Alexander Iwanowitsch Oparin (1894–1980) vertrat bereits 1924 die Auffassung, dass der biologischen Evolution eine chemische Evolution vorausgegangen sein musste.

In einigen Modellexperimenten gelang es unter anderem **Oparin,** erste Anzeichen für Wachstums- und Stoffwechselprozesse zu erhalten, als er unter gezieltem Einsatz von bestimmten Makromolekülen Löse- und Entmischungsexperimente durchführte. Es bildeten sich in der Lösung Tröpfchen von Makromolekülen. Diese wurden **Koazervate** (Abb. 2) genannt. Sie waren in der Lage, Stoffe aus der Umgebung durch ihre Membranen aufzunehmen und auszuscheiden.

5. *Erläutert die Bedeutung der Modellexperimente von Oparin. Nutzt Literatur und das Internet.*

Der amerikanische Forscher **S. W. F,** (geb. 1912) berichtete von seinen Versuchen, dass es ihm gelungen war, aus einem Gemisch von Aminosäuren Stoffe herzustellen, die von Eiweiß abbauenden Enzymen zerstört werden konnten. Diese seien aufgrund ihrer Struktur als eiweißähnliche Substanzen aufzufassen, als sogenannte **Proteinoide.** Im Jahre 1965 gelang Fox die Bildung von kugeligen Partikeln, die die Größe von Kokken hatten. Er bezeichnete diese beim Eindampfen und bei der Abkühlung von Proteinoid-Lösungen erhaltenen Partikel als **„microspheres"** (Mikrosphären). Die **Mikrosphären** (Abb. 3) waren relativ stabil und besaßen eine Membran. Auch in diesen Mikrosphären konnten Anzeichen für Stoffwechselaktivität und Wachstum gefunden werden.

6. *Die von Fox nachgewiesenen Proteinoide sind Modellsubstanzen für Urproteine. Begründet. Nutzt Literatur bzw. das Internet.*

Zu Beginn der **biologischen Evolution** entstanden demnach durch das Zusammenwirken von Makromolekülen erste lebende Systeme. Es waren abgegrenzte, von membranartigen Strukturen umgebene Kleinsträume, in denen ein eher zufälliger, abbauender Stoffwechsel stattfand.

Vor etwa 4 bis 3,5 Millarden Jahren war die Uratmosphäre weitgehend sauerstofffrei. Die einfachen Lebensformen (**Protobionten** – Vorläufer von Zellen) ernährten sich **heterotroph.**

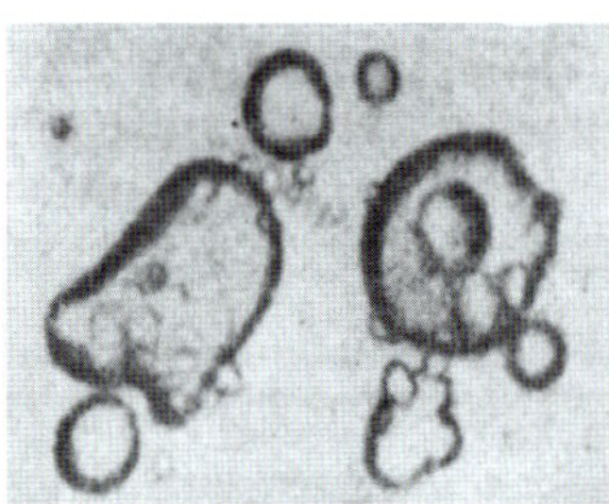

2 ▸ Koazervate, experimentell erzeugt

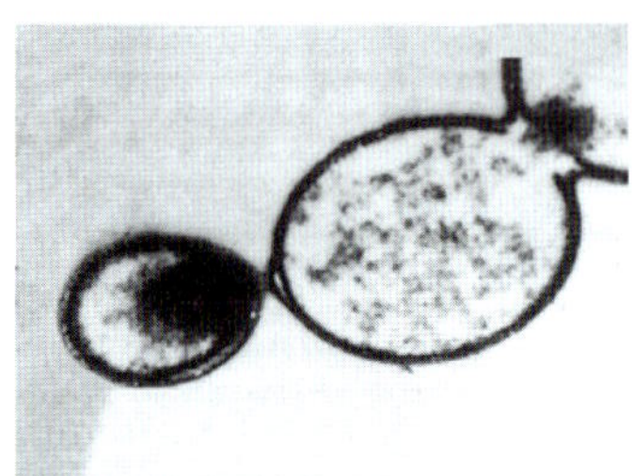

3 ▸ Mikrosphären

W

Projekt

In dieser Zeit entwickelten sich aus kernlosen Prokaryoten kernhaltige Einzeller **(Ureukaryoten).** Man nimmt an, dass sich einige erste Lebensformen, z. B. Blaugrüne Bakterien, **autotroph** ernährten. So veränderte sich durch autotrophe und heterotrophe Lebensweise sowie durch Atmung das Leben in der Ursuppe. Auf dieser Grundlage erfolgte die weitere Entwicklung. Die Atmosphäre der Erde wurde allmählich sauerstoffhaltig.

7. *Vergleicht autotrophe und heterotrophe Ernährungsweise.*

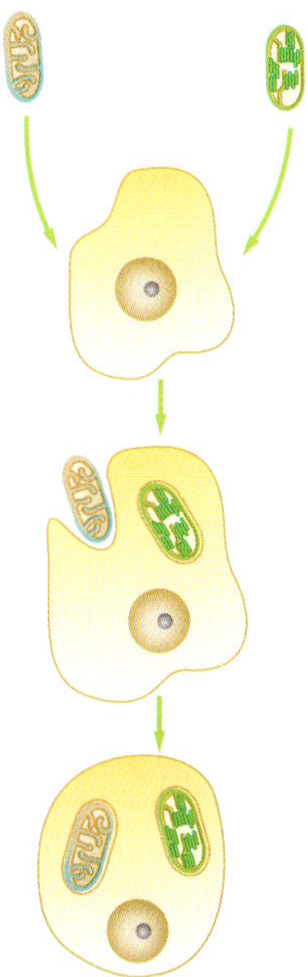

1 ▸ Endosymbiontentheorie

Seit den 1980er Jahren wird von Wissenschaftlern angenommen, dass die Zellorganellen Mitochondrium und Chloroplast und damit die eukaryotischen Zellen durch **Endosymbiose** entstanden sind (Abb. 1).

8. *Informiert euch in der Literatur bzw. im Internet über die Endosymbiontentheorie. Was versteht man unter dieser Hypothese?*

Neben diesen auf naturwissenschaftlicher Basis erklärten Darstellungen von der Entwicklung des Lebens in den Phasen der chemischen Evolution – Übergang vom Nichtleben zum Leben – sowie der biologischen Evolution gab es zahlreiche **Schöpfungsmythen.** Dazu gehört auch die in der Bibel geschilderte Schöpfungsgeschichte (Abb. 2).
Gegenwärtig ist in den USA der **Kreationismus** (als „Intelligent design") weit verbreitet. Er basiert auf der Schöpfungsgeschichte der Bibel. Seine Vertreter versuchen, mit wissenschaftlichen Argumenten die Schöpfungsgeschichte und den Glauben an die Schöpfung zu untermauern.

9. a) *Vergleicht die darwinsche Evolutionstheorie und die Schöpfungsmythen bezüglich ihrer inhaltlichen Schwerpunkte miteinander.*
   b) *Die synthetische Evolutionstheorie ist eine Weiterentwicklung der darwinschen Selektionstheorie. Begründet.*

2 ▸ Biblische Schöpfungsgeschichte (Abb. von Sebastian Münster um 1550)

Projekt

Lernen und Gedächtnis

Lernen und Gedächtnis sind physiologisch auf die Funktion des Nervensystems zurückzuführen. Nervenzellen sind in der Lage, Informationen aufzunehmen, zu verarbeiten, zu speichern und mit neuen Informationen zu vergleichen.

Auch Tiere mit einem einfachen Nervensystem können lernen und haben ein Gedächtnis. Ein hoch entwickeltes Nervensystem bildet die Grundlage für komplexes Lernen und sichert durch die Vernetzung verschiedener Hirnanteile bessere Gedächtnisleistungen.

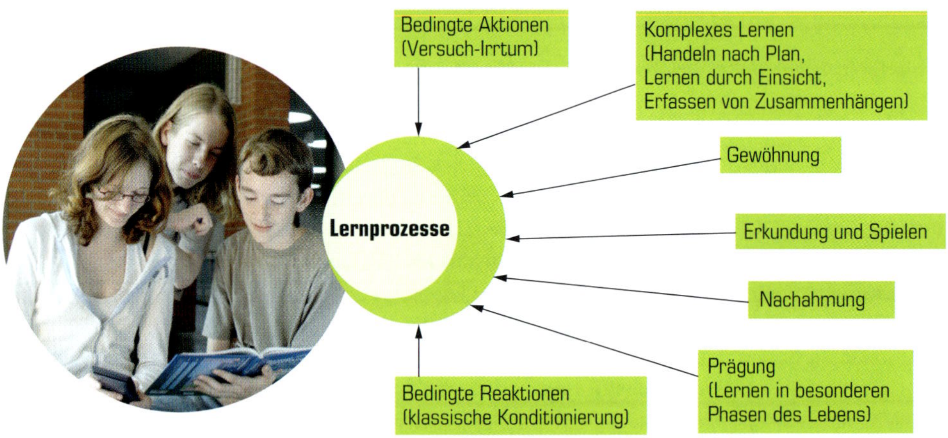

1 ▸ Lernprozesse – ein Überblick

Gelernt werden auch **motorische Muster.** Dabei kommt es zur Verknüpfung angeborener Fähigkeiten mit der sinnlichen Erfassung der Umwelt, der Koordinationsfähigkeit und der nervalen Steuerung der Muskelbewegung. **Großhirn** und **Kleinhirn** spielen dabei eine entscheidende Rolle (Abb. 2).

2 ▸ Schnitt durch das Gehirn des Menschen

- Großhirn
- Zwischenhirn
- Mittelhirn
- Kleinhirn
- Nachhirn

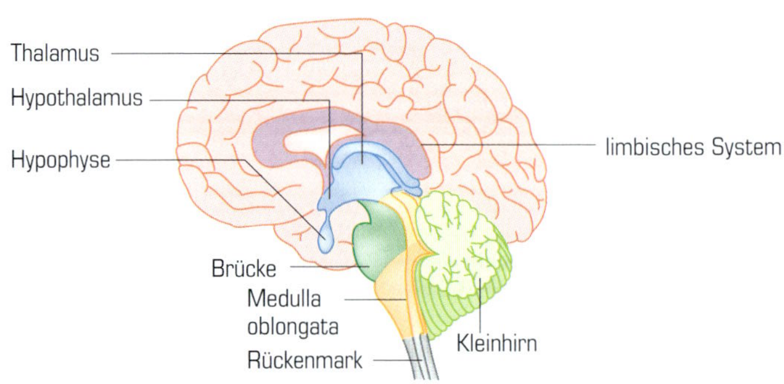

Projekt

Lernstrategien sind z. B.

- die wiederholte zeitliche und/oder räumliche Verbindung von erlernten Reaktionen mit einem neuen Reiz, die zur funkionellen Verbindung zwischen Groß- und Zwischenhirn führt,
- die Wiederholung von Versuch und Irrtum mit dem Erfolg des Erfahrungszuwachses durch die funktionelle Verbindung von Groß-, Mittel- und Kleinhirn,
- die Erfassung von Zusammenhängen durch Reaktivierung bereits vorhandener Erfahrungen und ihre neue Kombination, die durch die funktionelle Verbindung verschiedener Areale des Großhirns gelingt.

1. *Welche Lernstrategien bevorzugt ihr?*
2. *Überprüft, welche Sinnesreize (optische, akustische, mechanische) euch zu besseren Lernleistungen führen.*

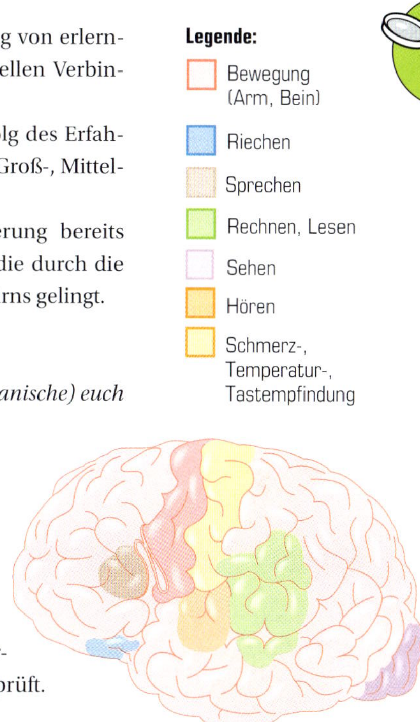

1 ▸ Einige Rindenfelder auf der Großhirnrinde

Die Lernprozesse sollen zur **Problemlösung** führen. Das betrifft Tiere (z. B. Überwindung eines Hindernisses, Auffinden des Sexualpartners) wie auch den Menschen. Der Mensch will zusätzlich Probleme lösen, die durch Denkprozesse, also durch neurologische Prozesse, entstanden sind. Mithilfe von Lernstrategien und Nutzung bereits vorhandener Erfahrungen werden Lösungsmöglichkeiten überprüft.

3. *Welche Methoden wendet ihr bei der Problemlösung an?*
4. *Welche Hirnabschnitte sind wesentlich an der Problemlösung beteiligt?*

Lernerfolge werden auch durch Motivation (z. B. Hunger, Durst) und Emotionen (z. B. Freude, Traurigkeit, Angst), durch Konzentrationsfähigkeit, durch körperliche Fitness, durch Neugier auf Unbekanntes, durch die Fähigkeit zu abstrahieren beeinflusst. Positive Emotionen fördern, negative vermindern häufig den Lernerfolg. Für diese Art der Beeinflussung ist ein Hirnabschnitt verantwortlich, der ringförmig unter der Großhirnrinde liegt und als **limbisches System** (Abb. 2) bezeichnet wird.

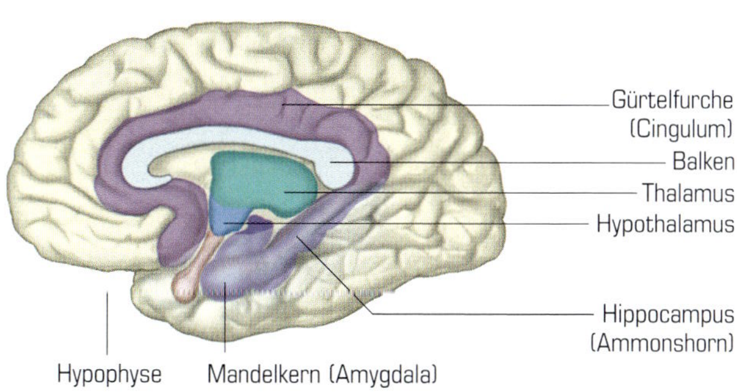

2 ▸ Limbisches System des Menschen

Projekt

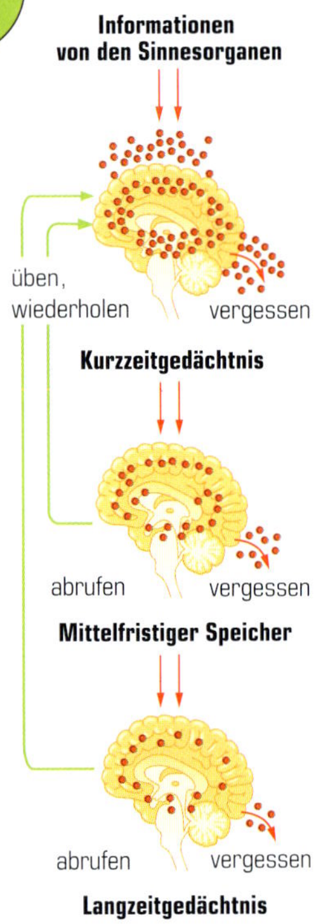

1 ▸ Ablauf von Gedächtnisvorgängen (→)

2 ▸ Denkender Schüler

5. *Wie geht ihr mit positiven und/oder negativen Erfahrungen um? Wie überwindet ihr Situationen, die eure Lernerfolge mindern?*
6. *Welche Möglichkeiten habt ihr gefunden, eure Konzentrationsfähigkeit zu verbessern?*

Lernerfolge hängen auch vom **Gedächtnis** ab. Das ist auf die Informationsverarbeitung und -speicherung der Nervenzellen des Großhirns in Verbindung mit anderen Hirnabschnitten und auf ihre Fähigkeit, gespeicherte Information wieder abzurufen, zurückzuführen.

Man unterscheidet:

- **Kurzzeitgedächtnis** mit einer Zeitdauer von Sekunden bis maximal wenigen Minuten (z.B. Merken einer 6-stelligen Zahl ohne Wiederholung). Danach werden die Informationen gelöscht oder in den mittelfristigen Speicher übernommen. Diese Art des Gedächtnisses scheint an schriftliche oder mündliche verbale Informationen gebunden zu sein und ist bei Tieren nicht vorhanden.
- **mittelfristiges Gedächtnis** mit einer Speicherzeit von einigen Stunden und Tagen. Die Informationen werden mehrmals aufgenommen und häufig auch mit bisherigen Erfahrungen verknüpft (z.B. Erinnerung an ein chemisches Experiment). Ein mittelfristiges Gedächtnis haben auch Tiere.
- **Langzeitgedächtnis** mit einer häufig lebenslangen Speicherzeit. Häufige Informationsaufnahme, Verstärkung durch positive oder negative Erfahrungen führen in den Nervenzellen zu einer lang anhaltenden Speicherung durch Veränderung der biochemischen Bestandteile der Zelle.

Gedächtnisspuren bezeichnet man auch als **Engramme.** Sie sind beim Langzeitgedächtnis am besten untersucht. Im Laufe des Lebens lässt die Fähigkeit zum Kurzzeitgedächtnis nach. Ältere Menschen erinnern sich umso mehr an Gegebenheiten in ihrer Jugend.
Störungen der Gedächtnisleistungen werden mit dem Begriff **Amnesie** beschrieben. Sie können durch sehr starke psychische Belastung oder durch Funktionsstörungen des Großhirns entstehen. Sie werden aber häufig überwunden.

Interessen, Neigungen, Einstellungen und Gefühle beeinflussen die Gedächtnisleistungen. Man kann Gedächtnisleistungen trainieren.

7. *An welche Informationen, die ihr etwa vor einem Jahr erhalten habt, könnt ihr euch noch erinnern?*
8. *Analysiert, warum ihr euch daran erinnern könnt bzw. warum ihr euch an nichts mehr erinnern könnt.*

Projekt

Versuche zur Schulung des Gedächtnisses (je 2 Schüler arbeiten zusammen)

Materialien:
10 Kärtchen mit je einem gezeichneten Gegenstand, 10 Kärtchen mit je einem geschriebenen Gegenstand, 10 Kärtchen mit je einem Wort mathematischen Inhalts (z. B. Plus, Multiplikation usw.), Stoppuhr, Vorlage für Rechenaufgaben

1. Untersuchung A – Überprüfung des Kurzzeitgedächtnisses

a) für gezeichnete Gegenstände

Durchführung:
- Der Versuchsleiter legt 10 Kärtchen mit gezeichneten Gegenständen auf den Tisch.
  Der Mitschüler darf sich die Kärtchen 20 Sekunden ansehen. Danach werden sie weggenommen.
- Der Mitschüler soll sich sofort an die gezeichneten Gegenstände erinnern und sie wiederholen. Der Versuchsleiter notiert die genannten Gegenstände und die Anzahl.
- Der Mitschüler soll sich nach 5 Minuten an die Gegenstände erinnern. In der Zwischenzeit muss er Rechenaufgaben lösen.
  Der Versuchsleiter hält wiederum die Namen und die Anzahl der erinnerten Gegenstände fest.

b) für geschriebene Gegenstände

Durchführung:
Versuchsverlauf wie bei gezeichneten Gegenständen

c) für Worte mathematischen Inhalts

Durchführung:
Versuchsverlauf wie bei gezeichneten Gegenständen

Auswertung für Untersuchung a), b) und c):
1. Fertigt ein Diagramm an, in dem die Anzahl der Erinnerungen (gezeichnete und geschriebene Gegenstände, Worte mathematischen Inhalts) sofort und nach 5 Minuten dargestellt sind.
2. Diskutiert die zu erwartenden Unterschiede.

Projekt

2. **Untersuchung B – Überprüfung des mittelfristigen Gedächtnisses**

Durchführung:

- Die Versuchsanordnung entspricht der von Untersuchung A. Der Mitschüler darf aber jetzt die Kärtchen sortieren (z. B. alle Werkzeuge, alle Tiere, alle Blumen u. a.) und hat dazu wieder 20 Sekunden Zeit.

Versuchsauswertung:
Auswertung wie bei Untersuchung A

3. **Untersuchung C – Überprüfung des Langzeitgedächtnisses**

Durchführung:
Von der Versuchsanordnung **B** wird die Variante mit den besten oder schlechtesten Gedächtnisleistungen ausgewählt.

- Die Kärtchen werden erneut in einen Zusammenhang gebracht, eventuell durch das Erzählen einer Geschichte, in der alle Gegenstände vorkommen. Dabei sollen die Kärtchen in der entsprechenden Reihenfolge oder Gruppierung gelegt werden. Dafür hat der Mitschüler 40 Sekunden Zeit.
- Die Erinnerungsleistungen der Mitschüler werden nach 2 Minuten vom Versuchsleiter registriert. Bei Nichterinnern wird das Gedächtnis wieder aufgefrischt (d. h. die Mitschüler können die Kärtchen ansehen). Der Versuchsleiter notiert die Ergebnisse.
- Die Erinnerungsleistungen der Mitschüler werden sofort und nach 5 Minuten vom Versuchsleiter registriert. Es werden erneut die Erinnerungslücken des Mitschülers durch Ansehen der Kärtchen geschlossen.
  Der Versuchsleiter notiert die Ergebnisse.
- Die Erinnerungsleistungen der Mitschüler werden nach 15 Minuten vom Versuchsleiter registriert und notiert die Ergebnisse.
- Die Erinnerungsleistungen der Mitschüler werden nach 24 Stunden oder in der nächsten Biologiestunde vom Versuchsleiter überprüft.
  Der Versuchsleiter notiert die Ergebnisse.

1 ▸ Auswertungsdiagramm

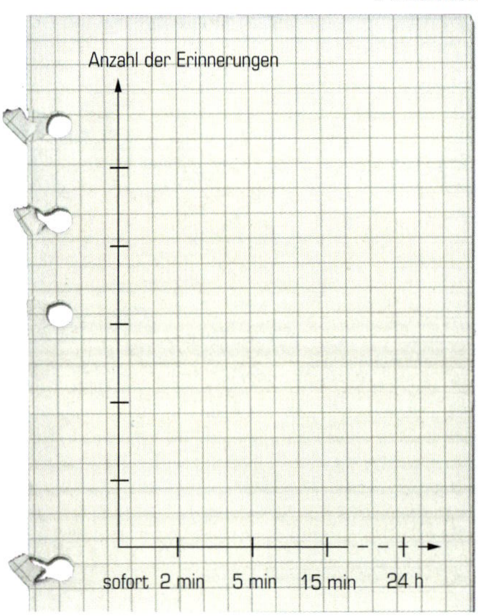

Auswertung:

1. Fertigt ein Diagramm an, in dem bei allen Wiederholungen die Anzahl der Erinnerungen dargestellt werden.
2. Diskutiert, wovon das Langzeitgedächtnis abhängt.

W

Fächerverbindendes Thema

Farben - ihre Entstehung und ihre Wirkung

Von Licht und Farben

Licht ist elektromagnetische Strahlung, die wir mit den Augen wahrnehmen können. Für uns sichtbar ist die Strahlung mit 390 bis 780 nm Wellenlänge (s. Tab. und Abb. auf S. 165). Sie setzt sich aus unterschiedlichen Lichtsorten in sechs verschiedenen **Spektralfarben** zusammen. Trotzdem nehmen wir Sonnenlicht als weißes Licht wahr. Im **Regenbogen** wird es zerlegt.

Spektralfarbe	Wellenlänge
Violett	390–430 nm
Blau	430–490 nm
Grün	490–570 nm
Gelb	570–600 nm
Orange	600–620 nm
Rot	620–780 nm

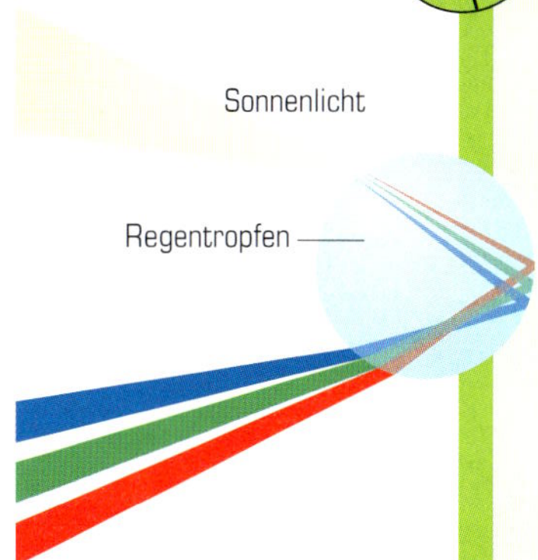

1 ▸ Zerlegung von Sonnenlicht durch Brechung und Reflexion

1. *Unter welchen Bedingungen entsteht ein Regenbogen? Wie ist die Reihenfolge der Farben zu erklären?*

Sehen wir uns in unserer Umwelt um, dann erkennen wir eine viel größere Fülle an **Farben.**
Diese entstehen durch Mischen der Grundfarben nach den Gesetzen der Optik.

Additive Farbmischung

Bei der **additiven Farbmischung** werden verschiedene Lichtsorten auf dieselbe Stelle gelenkt und überlagern (addieren) sich. Welche Farbe wir dann wahrnehmen, hängt nicht nur von den Lichtsorten, sondern z. B. auch von der Intensität des Lichts ab. Der Farbeindruck, den wir von Materialien haben, wird durch Wechselwirkungen zwischen den Teilchen der Stoffe und dem darauffallenden Licht bestimmt. Er entsteht nach dem Prinzip der additiven Farbmischung. Licht, das auf einen Körper fällt, wird von diesem Körper teilweise reflektiert bzw. gestreut, teilweise absorbiert und teilweise auch hindurchgelassen.

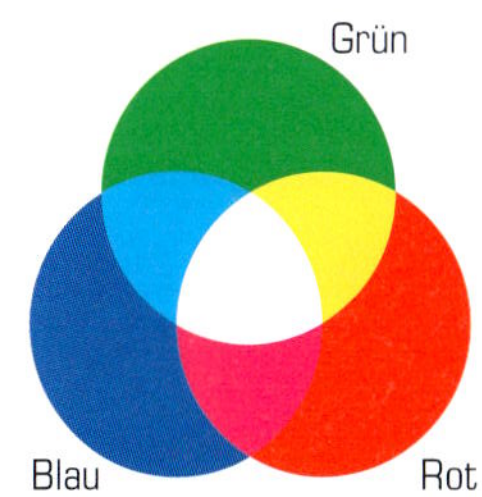

2 ▸ Additive Farbmischung

Ein Körper hat die Farbe, die sich aus der Mischung der von ihm gestreuten Lichtsorten ergibt. Fällt z. B. Sonnenlicht (weißes Licht) auf Blätter, so werden Violett und Blau sowie Orange und Rot vom Blatt absorbiert. Grün und das benachbarte Gelb bzw. Türkis werden gestreut. Wir nehmen die Mischfarbe Grün wahr.

1. *Recherchiert, aus welchen Farben man durch additive Farbmischung Weiß erzeugen kann. Gebt mehrere Möglichkeiten an.*

Ein Körper, der sämtliches auffallende Licht absorbiert, erscheint uns schwarz.

Fächerverbindendes Thema

Subtraktive Farbmischung

Die Mischung von Wasserfarben im Farbkasten ergibt teils ähnliche, teils ganz andere Ergebnisse als die Mischung von Lichtsorten der gleichen Farbe. Wenn man zwei Wasserfarben mischt, dann absorbiert jeder Farbstoff die für ihn charakteristischen Lichtsorten. Man muss also die absorbierten Lichtsorten beider Farbstoffe aussortieren (subtrahieren). Deshalb heißt diese Farbmischung **subtraktive Farbmischung.**

So absorbiert z. B. blaue Wasserfarbe bei Beleuchtung mit weißem Licht gelbes bis rotes Licht. Gelbe Wasserfarbe absorbiert das Spektrum vom blauen bis zum violetten Licht. Nicht absorbiert wird von beiden Wasserfarben Grün. Folglich erscheint eine Mischung aus blauer und gelber Wasserfarbe grün.

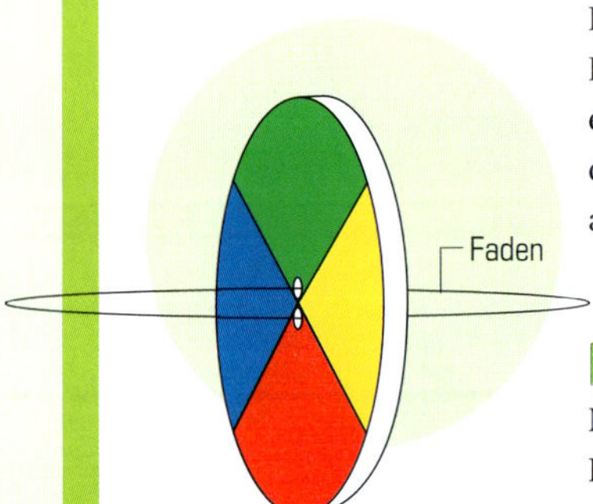

S Experiment 1

Baut einen Farbkreisel. Beklebt ihn mit Papier unterschiedlicher Farbe. Probiert verschiedene Varianten aus. (In der nebenstehenden Skizze ist eine Möglichkeit angegeben.) Versetzt den Farbkreisel mithilfe des Fadens in schnelle Umdrehungen. Notiert jeweils, welche Farbe ihr beobachtet. Erklärt.

S Experiment 2

Mischt gelben und blauen Kreidestaub. Welche Farbe ergibt das? Begründet.

1. *Gebt an, welche Farbe entsteht, wenn man folgendes farbiges Licht übereinander auf eine weiße Fläche projiziert:*
   a) Rot und Grün, b) Grün und Blau, c) Blau und Rot, d) Rot, Grün und Blau?

*2. *Bei Sonnenschein hat ein Pullover die Farbe Blau. In einer Diskothek wird die Tanzfläche mit rotem Licht beleuchtet. Welche Farbe hat dann dieser Pullover? Begründet.*

3. *Recherchiert, wie beim Farbfernseher ein farbiges Bild entsteht.*

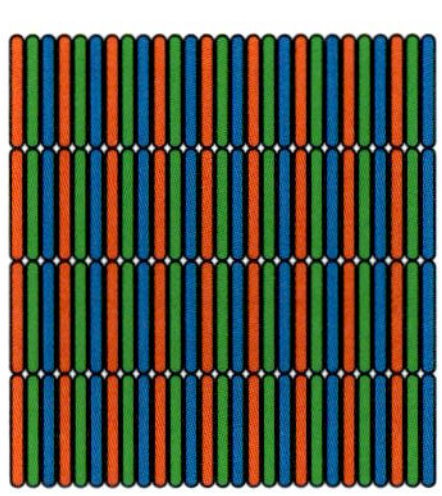

1 ▸ Bildschirme haben rot, grün und blau leuchtende Farbpunkte, die meist linienförmig angeordnet sind.

S Experiment 3

Am Computer kann man z. B. mithilfe eines Zeichenprogramms selbst Farben erzeugen, wobei man den Anteil der einzelnen Farben variieren kann.

Probiert es aus. Mischt auch die Grundfarben mit gleichen und unterschiedlichen Anteilen.

W

Fächerverbindendes Thema

Farben sehen, aber wie?

Die **Farbwahrnehmung** erfolgt durch das Zusammenspiel des Auges und des Gehirns. Rezeptoren in der Netzhaut werden durch optische Reize in Erregung versetzt. Diese wird dann über den Sehnerv zum Sehzentrum im Gehirn weitergeleitet und dort verarbeitet. So können wir Hell und Dunkel unterscheiden, Farben erkennen und Bewegungen wahrnehmen.

Das für das menschliche Auge sichtbare Licht (Wellenlängen von 390 bis 780 nm) ist nur ein kleiner Teil des **elektromagnetischen Spektrums** des Sonnenlichts. Tiere können auch andere Bereiche dieses Spektrums wahrnehmen (s. Abb. Spektrum).

Ausschnitt aus dem Spektrum elektromagnetischer Wellen

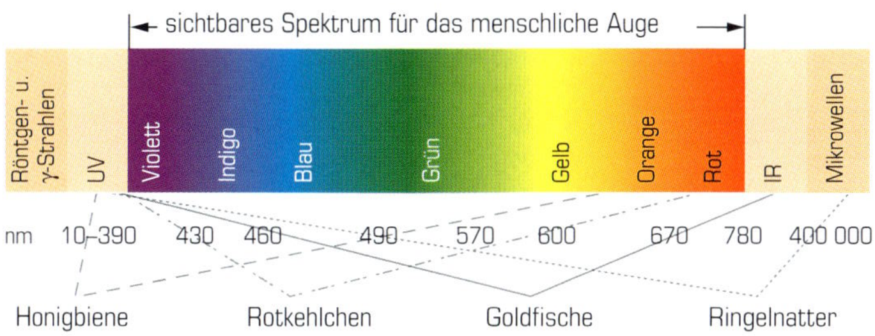

1 ▸ Testbilder für die Rotgrünsehschwäche

1. *Wiederholt den Bau des Auges und die Funktion der Teile. Informiert euch über die Art der Rezeptoren in der Netzhaut.*

Bei einigen Menschen arbeiten die Rezeptoren für Rot oder Grün nicht korrekt. Es kommt dann zu **Farbensinnstörungen** (Farbenfehlsichtigkeit). Ein Beispiel dafür ist die Rotgrünsehschwäche. Sie kann mithilfe spezieller Farbtafeln festgestellt werden.

2. *Überprüft, ob ihr die Testbilder (Abb. 1) erkennen könnt.*

Hält ein und derselbe Reiz zu lange an, tritt eine „Ermüdung" der Fotorezeptoren ein. Die Erregung wird nicht mehr ausgebildet und demzufolge auch nicht zum Gehirn geleitet. Dies kann man durch sogenannte Nachbilder beweisen.

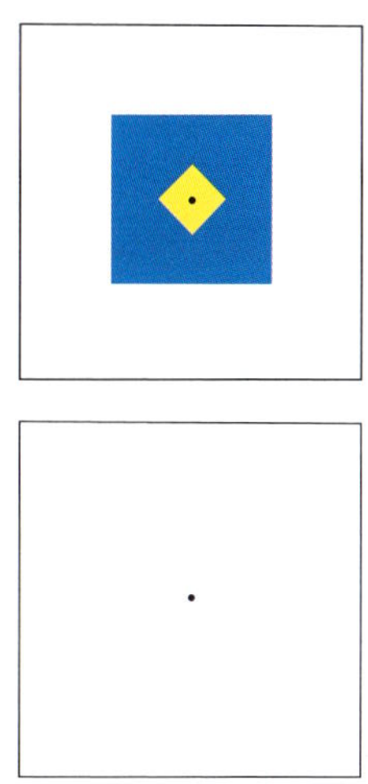

2 ▸ Vorlage zur Erzeugung eines Nachbilds

S Experiment

Betrachtet den oberen Kasten von Abb. 2 intensiv 30 Sekunden lang. Fixiert sofort danach den schwarzen Punkt im unteren Kasten. Beschreibt, was ihr seht. Findet eine Erklärung.

Fächerverbindendes Thema

Farben in der Natur

Tarnen und Warnen

Die Färbung von Haut, Federn, Fell, Panzer usw. hat in der Natur große Bedeutung und transportiert z. T. wichtige Informationen. Sie dient u. a. der **Tarnung** oder der **Warnung** (Abb.).

1. *Ordnet den vier in der Tabelle dargestellten Schutztrachten weitere heimische Tierarten zu.*
   Beschreibt jeweils die Art der Tarnung.
2. *Welche Funktionen können unterschiedliche Farbgebungen bei Tieren einer Art haben? Erläutert sie an Beispielen.*
3. *Vom Birkenspanner existieren zwei Formen: eine hell gefärbte Form und eine dunkel gefärbte Form.*
   Informiert euch darüber, wie diese zwei Formen entstanden sind.

Tarntracht	**Warntracht**
Farbanpassungen an die Umgebung, z. T. sogar Farbwechsel bei einigen Chamäleonarten (Abb.) 	Auffällige Färbung giftiger Tiere, z. B. beim Feuersalamander (Abb.) oder beim Pfeilgiftfrosch 
Nachahmungstarntrachten (Mimese)	**Scheinwarntracht (Mimikry)**
Nachahmen von Gegenständen ihres Lebensraums in Farbe, Gestalt oder Haltung, z. B. bei Schnarrheuschrecken (Abb.) oder beim Birkenspanner 	Nachahmen von giftigen, ungenießbaren bzw. wehrhaften Tieren, z. B. bei Schwebfliegen (Abb.), die Wespen nachahmen 

W

Fächerverbindendes Thema

Farbstoffe und Pigmente

Farbstoffe sind lösliche organische Verbindungen. Bei Pflanzen kennen wir den grünen Farbstoff Chlorophyll, gelbe bis rote Carotinoide und den gelben Farbstoff Xanthophyll. Je nach Zusammensetzung dieser Farbstoffe entsteht die unterschiedliche Blattfärbung. Typisch für viele Pflanzen ist die gelb-rote Färbung im Herbst.

S Experiment 1

Aufgabe:
Ermittelt, ob die verschiedenen Farbstoffe erst im Herbst gebildet werden oder immer in den grünen Blättern enthalten sind.

Geräte und Chemikalien:
Chromatografiepapier, Standzylinder, Glasplatte zum Abdecken, Reibschale und Pistill, grüne Blätter, feiner Sand (Seesand), Aceton [F], Fließmittel (Herstellung vom Lehrer: Normalbenzin [F], Petrolether [F], Aceton [F] im Verhältnis 10 : 3 : 3)

Durchführung:
a) Zerreibt die Blätter mit Seesand und Aceton in einer Reibschale zu einem Brei und filtriert das Gemisch.
b) Hängt nun einen Chromatografiestreifen in das Filtrat und lasst die Flüssigkeit 2–3 cm hoch aufsteigen. Nehmt dann den Streifen heraus und trocknet ihn.
c) Haltet das nun trockene Chromatografiepapier nur mit dem unteren Rand senkrecht in reines Aceton, bis das aufsteigende Aceton das zu untersuchende Stoffgemisch auf dem Papier so weit zusammengeschoben hat, dass auf dem Papier nur noch ein dünnes Band erkennbar ist. Dieses Band dient als Startlinie.
d) Gebt in den Standzylinder ca. 2 cm hoch das Fließmittel und verschließt ihn sofort. Lasst den so vorbereiteten Zylinder einige Zeit stehen, sodass sich die Dämpfe verteilen können.
e) Befestigt das vorbereitete Chromatografiepapier im Standzylinder, indem ihr den oberen Rand rechtwinklig abknickt. Der untere Rand muss ungefähr 1 cm weit in das Fließmittel eintauchen, wobei sich die Startlinie unbedingt oberhalb des Fließmittels befinden muss. Verschließt das Gefäß sofort wieder.
f) Entnehmt das Papier nach ca. 40 min und lasst es trocknen.

Beobachtung und Auswertung:
Betrachtet das Chromatogramm und wertet es entsprechend der Aufgabenstellung aus.

1 ▸ Für das Experiment sind frische Spinatblätter oder Brennnesselblätter gut geeignet. Als „Notlösung" ist Gras ebenfalls verwendbar. Arbeite nicht bei direktem Sonnenlicht, weil sich die Blattfarbstoffe dadurch schnell zersetzen.

Fächerverbindendes Thema

Bei vielen Tieren erfolgt die Färbung durch **Pigmente.** Das sind nicht lösliche organische oder anorganische Verbindungen, die in Form von kleinen Körnchen mit Durchmessern zwischen 1/10000 und 1/1000 mm existieren und z. B. in der Haut, in Haaren, in Federn, in Panzern oder in Schuppen eingelagert sind.
Die durch Pigmente hervorgerufenen Farben werden als **Pigmentfarben** bezeichnet.

1 ▸ Durch die unterschiedlichen Anteile an Melaninen werden unterschiedliche Hautfarben und Haarfarben beim Menschen bestimmt.

Die Farbe unserer Haut, unserer Haare oder der Augen wird durch Pigmente bestimmt, den **Melaninen.** Es handelt sich um braun-schwarze Pigmente.

1. *Informiert euch darüber, welchen Einfluss die UV-Strahlung auf unsere Haut hat. Erklärt, warum man einen Sonnenbrand unbedingt vermeiden sollte und wie das zu erreichen ist.*
2. *Die Haare vieler Menschen verändern im Laufe der Jahre ihre Farbe. In höherem Lebensalter treten verstärkt graue und weiße Haare auf. Erklärt, wie diese unterschiedlichen Färbungen zustande kommen.*
3. *Mineralien sind häufig gefärbt und werden beispielsweise vom Menschen als Farbpigmente genutzt. Stellt einige Beispiele zusammen.*

Neben der Färbung durch eingelagerte Pigmente treten auch schillernde und vom Blickwinkel sowie vom Winkel des Lichteinfalls abhängige Farben auf, die durch die Struktur der Oberfläche hervorgerufen werden. Solche **Strukturfarben** findet man vor allem bei Vögeln, Schmetterlingen, Fischen oder Muscheln.

Sie kommen zumeist dadurch zustande, dass das Licht an feinsten Strukturen der Oberfläche (kleinen Vertiefungen, Schuppen, dünnen Schichten) reflektiert wird und sich teilweise überlagert. Dabei kommt es zur Verstärkung oder Auslöschung bestimmter Wellenlängen und damit bestimmter Farben.

4. *Bei Schmetterlingen treten prächtige Farben auf. Erläutert, wie bei Beleuchtung mit weißem Licht die Farben Blau und Türkis zustande kommen.*
5. *Eine Reihe von Käfern zeigt schillernde, vom Blickwinkel abhängige Farben. Erläutert, wie diese Farben zustande kommen.*

W

Fächerverbindendes Thema

Farben im Alltag

Pigmente und Farbstoffe werden zum Färben von Haushaltsgegenständen, Möbeln, Textilien, Kosmetik, Autos, Plastartikeln, Lebensmitteln, als Druckfarben, für künstlerische Zwecke u. a. genutzt. Dabei kann es sich um natürliche oder synthetisch hergestellte Farbmittel handeln. Weltweit werden pro Jahr nahezu 5 Mio. t Farbmittel hergestellt. Etwa 15 % davon sind Farbstoffe, von denen etwa 3/4 zum Färben von Textilien verwendet werden.

1. *Stellt die Zahlenangaben aus dem Text grafisch dar.*

1 ▸ Pigmentfarben aus Mineralien

Die Gewinnung von **Naturfarbstoffen** aus pflanzlichen und tierischen Rohstoffen ist mühsam und teuer. Deshalb waren bestimmte Farben früher nur den Reichen vorbehalten. Erst mit der **Synthese preiswerter Farbstoffe** durch die Chemie wurde der Alltag so bunt, wie wir es heute gewohnt sind.

2. *Tragt Beispiele für Naturfarbstoffe zusammen, die in der Vergangenheit für das Färben von Textilien zum Einsatz kamen. Gebt an, woraus sie gewonnen wurden.*

2 ▸ Aus 12 000 Purpurschnecken wird nur ein Gramm (!) des begehrten Purpurs gewonnen.

S Experiment

Aufgabe:
Färbt Textilproben mit selbst hergestellten Naturfarbstoffen.

Vorbereitung:
Geräte und Materialien: Zwiebelschalen, Spinat, schwarzer Tee, Rotkohl, Kiefernzapfen, Brombeeren u. a.; verschiedene weiße Textilproben, Bechergläser, Sieb, Spatellöffel, Magnetheizrührer, Holzzange

Durchführung:
a) Stellt aus den verschiedenen pflanzlichen Produkten durch jeweils etwa einstündiges Kochen in wenig Wasser einen Farbsud her. Gießt ihn durch ein Sieb in ein anderes Becherglas ab.
b) Gebt die Stoffproben in diesen Sud und kocht die Mischung eine weitere Stunde.
c) Lasst die Stoffproben anschließend in der Flüssigkeit abkühlen. Spült die Proben dann gründlich mit Wasser und trocknet sie.

3 ▸ Heute werden Stoffe mithilfe von Maschinen eingefärbt.

Beobachtung und Auswertung:
Notiert die farblichen Veränderungen. Bewertet die Färbeergebnisse.

Ziel erreicht?

Z

Lernen, aber wie?

Die Basis für eine Wiederholung und Systematisierung, z. B. in Vorbereitung auf einen Test oder eine Prüfung, sind Informationen und Fakten. Wie behält man die Fülle der Fakten im Gedächtnis?
Die Qualität des Gedächtnisses, die **Merkfähigkeit,** hängt z. B. von der Anzahl der Wiederholungen, vom Zeitabstand, von der Konzentrationsfähigkeit und auch vom Interesse am Thema ab.

Die Fähigkeit zum **Lernen** ist angeboren. Allerdings gibt es individuelle Unterschiede. Man unterscheidet verschiedene **Lerntypen.** Manche Menschen behalten am besten, was sie lesen *(Lesetyp)* bzw. hören *(Hörtyp, akustischer Lerntyp),* und wieder andere, was sie selbst tun *(Anfasstyp, haptischer Lerntyp).*
Wenn man seinen Lerntyp kennt, kann man das beim Üben ausnutzen.

Das Lernen lernen – die 10 wichtigsten Lernregeln

1. **Plane dein Lernen.**
Du sparst dir damit Zeit, denn gut geplant ist halb gelernt.

2. **Beginne jeden Tag zur gleichen Zeit mit dem Lernen.**
Dein Gehirn gewöhnt sich daran und schaltet leichter auf konzentriertes Arbeiten.

3. **Beginne mit leichten Aufgaben.**
Wie ein Motor braucht auch dein Gehirn eine Aufwärmphase, bis es Höchstleistungen bringt.

4. **Vermeide, ähnliche Inhalte hintereinander zul ernen.**
Dadurch verhinderst du, dass du viel und schnell vergisst.

5. **Verwende unterschiedliche Lernwege.**
Je häufiger du beim Lernen Sehen, Hören und Lesen wechselst, desto weniger ermüdest du.
Wenn du alle Lernwege einsetzt, trainierst du dein Gedächtnis am besten.

6. **Wechsle zwischen schriftlicher und mündlicher Arbeit ab.**
So kannst du noch länger konzentriert arbeiten.

7. **Vermeide, zu viel auf einmal zu lernen.**
Wenn du zu viel auf einmal lernst, vergisst du doppelt so schnell.

8. **Wiederhole am Anfang in kurzen Zeitabständen. Vergrößere die Zeitabstände dann zunehmend.**
Dadurch prägt sich das Gelernte besser und schneller ein, vor allem bleibt es länger im Gedächtnis.

9. **Präge dir den Lernstoff sinnvoll ein.**
Bringe die Lerninhalte in Zusammenhänge. So lernst du sie leichter. Ist das nicht möglich, so gebrauche Gedächtnisstützen.

10. **Vergiss die Pausen nicht.**
Sie sind zur Erholung wichtig. Für die erste Stunde reichen zweimal 5 Minuten, damit du auch wieder den Einstieg findest.

Ziel erreicht?

Das Lösen der nachfolgenden Aufgaben erfordert sowohl ein umfangreiches Wissen aus dem Biologieunterricht der Klassen 7 bis 10 (Sachkompetenz) als auch Kenntnisse und Fähigkeiten für das Ausführen bestimmter Tätigkeiten (Methodenkompetenz). Es fordert weiterhin und auch Selbstständigkeit, Verantwortung, Zielstrebigkeit, gemeinsames Lernen und Arbeiten (Selbst- und Sozialkompetenz).
Die Aufgaben erheben keinen Anspruch auf Vollständigkeit. Sie können einzeln und als zusammengestellter Komplex - auch zur Vorbereitung auf Prüfungen - bearbeitet werden.

Mit Fachwissen umgehen

1. In einem **Kreuzungsexperiment** wurden Tiere des Seidenspinners (Bombyx mon) aus zwei reinerbigen Rassen gekreuzt.
   Rasse A = Raupen gestreift, Kokons rein weiß
   Rasse B = Raupen einfarbig weiß, Kokons gelb

In der F_1-Generation traten einheitlich gestreifte Larven auf, die gelbe Kokons bildeten. Bei der Kreuzung der Organismen der F_1-Generation konnten unter anderem 2 112 Individuen mit den Merkmalen „gestreifte Larven und weiße Kokons" und 702 Individuen mit den Merkmalen „einfarbige Larven und weiße Kokons" festgestellt werden.

a) Nenne die zur Anwendung kommenden mendelschen Regeln. Begründe den vorliegenden Erbgang.
b) Stelle ein Kreuzungsschema von der P- bis zur F_2-Generation auf und ermittle, in welchem Zahlenverhältnis die verschiedenen phänotypischen Kombinationen auftreten.

2. Die Augen gehören zu den **Sinnesorganen.** Mit ihrer Hilfe können Lebewesen **Informationen** aus der Umwelt aufnehmen und Erregungen an das Nervensystem weiterleiten.
a) Benenne die in den Abbildungen gekennzeichneten Teile des Auges.

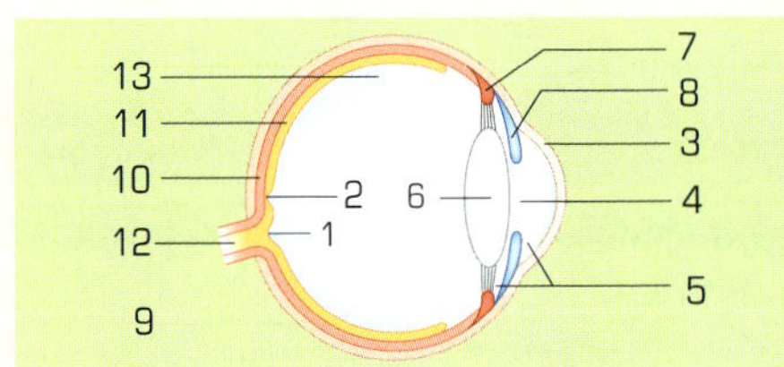

b) Gib von diesen Teilen die jeweiligen Funktionen an.
c) Beschreibe die Bildentstehung.
d) Stelle ein allgemeines Fließschema für die Funktionsweise des Sinnesorgans auf.

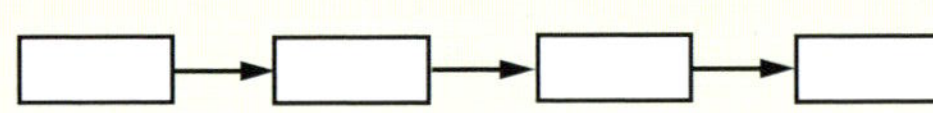

e) Vergleiche den Aufbau von Auge und Kamera sowie den Strahlengang im Auge und in der Kamera (Abb. unten).

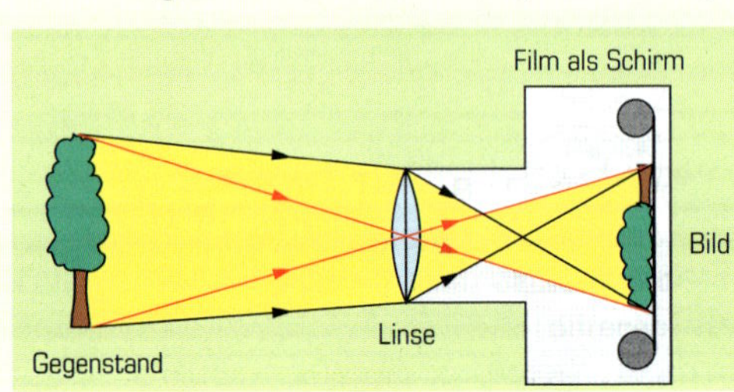

Z

Ziel erreicht?

3. **Zellen** sind die Grundbausteine aller Lebewesen. Trotz der Vielfalt an Formen und Größen zeigen alle Zellen grundlegende Übereinstimmungen im Aufbau.

a) Vergleiche die dargestellten Zellen hinsichtlich ihrer Zellbestandteile. Fertige dazu eine Tabelle an. Ordne die einzelligen Lebewesen den tierischen oder pflanzlichen Zellen zu. Welches ist das entscheidende Merkmal für eine eindeutige Zuordnung?

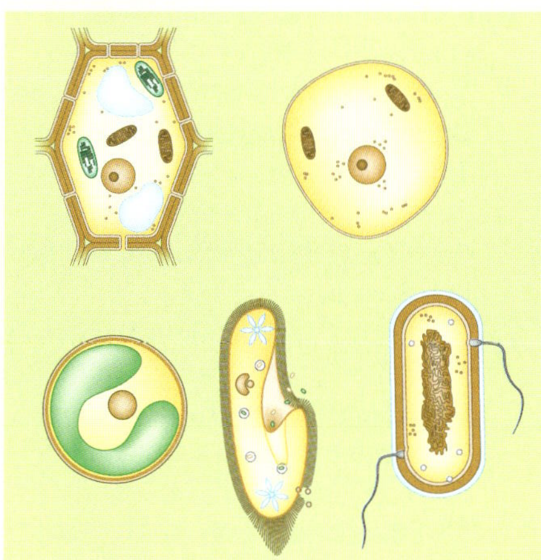

b) Pflanzliche und tierische Zellen ernähren sich unterschiedlich. Beschreibe beide Ernährungsformen.

c) Stelle in einem Fließschema die Wechselwirkung zwischen den lichtabhängigen („Lichtreaktion") und den lichtunabhängigen („Dunkelreaktion") Prozessen der **Fotosynthese** dar.

d) Ohne die Fotosynthese der Pflanzen gäbe es für die heterotroph lebenden Organismen (z. B. Menschen, Tiere, Bakterien, Pilze) bald keine Nahrung mehr auf der Erde. Erkläre diesen Sachverhalt. Nutze dazu das Internet.

4. Die Besiedlung von Inseln mit Organismen wird von Wissenschaftlern besonders untersucht, da sie Aufschlüsse über die **Evolution** geben können.

a) Madeira ist eine Insel im Mittelatlantik, über die fast ständig stärkere Winde wehen. DARWIN fand auf dieser Insel viele Käferarten, deren Flügel verkümmert waren. Erkläre die Entstehung dieser Käferarten.

b) Die Tierwelt vieler Inseln ist meist individuenreich, aber artenarm. Diskutiere diese Aussage. Welche Folgerungen könnten sich daraus für die Evolution ergeben?

c) Erkläre das Wirken von Auslese und Isolation am Beispiel der Darwinfinken.

5. **Assimilation** und **Dissimilation** sind zwei voneinander abhängige, aber entgegengesetzte Stoff- und Energiewechselprozesse.

a) Begründe diesen Sachverhalt.

b) Versuche für diese Prozesse an Beispielen Reaktionsgleichungen aufzustellen. Nutze dazu auch die Abbildungen.

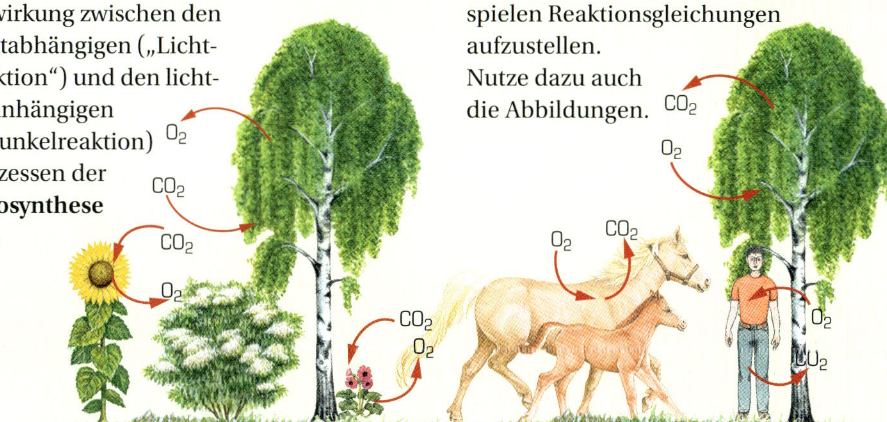

Ziel erreicht?

Methoden der Biologie nutzen

1. Die **Sprossachsen** vieler krautiger Pflanzen weisen Strukturen auf, die zur Festigung des Gewebes dienen.
   a) Wähle mithilfe dir zur Verfügung stehender Bestimmungsliteratur ein Lippenblütengewächs aus deiner Umgebung aus und **bestimme** seine Art.
   b) Fertige einen Steckbrief der Art an, der die Verwandtschaftsverhältnisse, die typischen Merkmale wie den Blütenbau, Umweltansprüche und die Bedeutung für den Menschen beinhaltet.
   c) Fertige ein **Frischpräparat** der Sprossachse des Lippenblütengewächses an. Ein repräsentatives dünnes Segment der Sprossachse genügt. Färbe dein Objekt, um verholzte Strukturen sichtbar zu machen (z. B. mit Safranin-Lichtgrün). Stelle den Ausschnitt in einer **mikroskopischen Zeichnung** dar.

   d) Begründe die Angepasstheit der vierkantigen Sprossachse zum Transport von Nährstoffen, Wasser und Mineralien sowie zur Festigung des pflanzlichen Habitus (Gestalt).

2. Die gezielte Messung von Umweltfaktoren ist eine Voraussetzung für die Einschätzung der Qualität von Lebensräumen.
   a) Ermittle für einen selbst gewählten Standort eine Woche lang die Messwerte (je nach vorhandenen Messgeräten) für verschiedene Umweltfaktoren (z. B. Temperatur, Lichteinfall, Luftfeuchtigkeit, pH-Wert).
   b) Stelle deine Messwerte in geeigneter Form dar.
   c) Leite aus den Messwerten Aussagen über die Qualität des Standorts als Lebensraum für Pflanzen und Tiere ab.

3. In unseren **Nahrungsmitteln** sind Kohlenhydrate, Fette und Eiweiße als wichtige Nährstoffe in sehr unterschiedlichen Mengen enthalten.
   a) Nenne die wichtigsten Funktionen der drei Nährstoffgruppen für Pflanzen und Tiere.
   b) Begründe die unterschiedliche Form der Energiespeicherung von Pflanzen und Tieren.
   c) Weise in verschiedenen Nahrungsmitteln wie Kartoffeln, Weintrauben, Gurken, Milch, Eiern und Nüssen das Vorhandensein von reduzierenden Zuckern, Glucose (Teststreifen), Stärke, Eiweißen und Fetten nach.
   Fertige ein ausführliches Protokoll an, in dem du die Durchführung der Untersuchungen beschreibst, die Beobachtungsergebnisse notierst und die Auswertung vornimmst.

Z

Ziel erreicht?

4. a) Überprüfe mithilfe von Kaliumpermanganat, ob in Möhrensaft, Ascorvitlösung, destilliertes Wasser, Apfelsaft, Glucoselösung und Zitronensaft das **Vitamin C** enthalten ist.

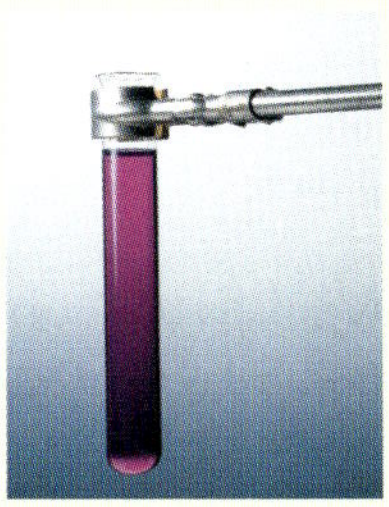

- Fordere alle Materialien beim Lehrer an.
- Gib in je ein Reagenzglas 3 ml der Lösungen.
- Gib in alle Lösungen einige Tropfen einer schwach violetten Kaliumpermanganatlösung, schüttle und beobachte.
- Notiere deine Beobachtungsergebnisse und werte sie aus.

b) Beschreibe die Bedeutung von Vitamin C für den Menschen.

5. a) Die Anteile an Sauerstoff und Kohlenstoffdioxid sind in der eingeatmeten und ausgeatmeten **Luft** unterschiedlich. Begründe die Aussage. Werte dazu auch die Tabelle aus.

Zusammensetzung der Ein- und Ausatemluft (bezogen auf 10 000 Anteile)

Bestandteile	Einatemluft	Ausatemluft
Sauerstoff	2100 (21 %)	1700 (17 %)
Kohlenstoffdioxid	3 (0,03 %)	403 (4,03 %)
Stickstoff	7800 (78 %)	7800 (78 %)
Edelgase	97 (0,97 %)	97 (0,97 %)

b) Plane ein Experiment zum Nachweis der unterschiedlichen Anteile von Kohlenstoffdioxid in der ein- und ausgeatmeten Luft.
Führe das Experiment durch. Fertige ein ausführliches Protokoll mit den Schwerpunkten Materialien, Durchführung, Beobachtung und Auswertung an.

c) Erkläre den Austausch der Atemgase zwischen den Lungenbläschen und den Blutkapillaren.

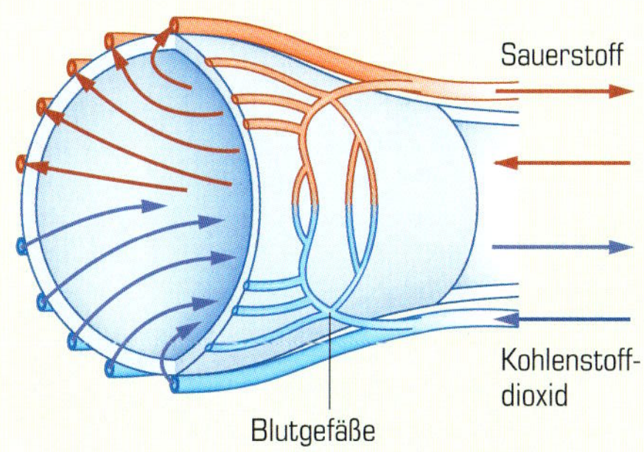

6. Fossilien sind alle Reste und Spuren ehemaliger Lebewesen.

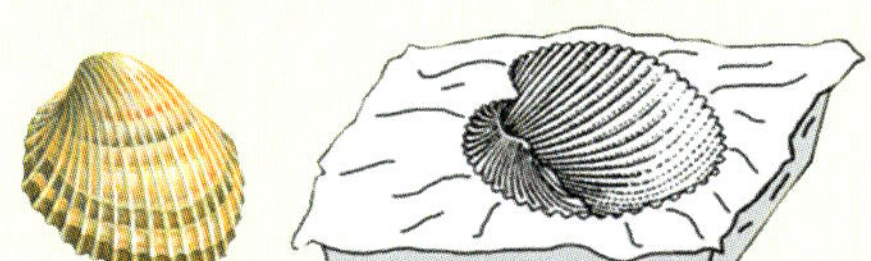

a) Nenne und erläutere einige Methoden der Konservierung von Fossilien.
Suche dazu auch Informationen im Internet.

b) Die Fossilienbildung kannst du modellhaft nachvollziehen.
Stelle unter Anleitung deines Lehrers einen Gipsabdruck von einer Muschel her.

c) Erläutere die besondere Bedeutung der Leitfossilien für die Evolutionsforschung.

Ziel erreicht?

Informationen erschließen und austauschen

1. In unseren **Lebensmitteln** sind zusätzliche Stoffe enthalten.
   a) Nenne Gruppen von Lebensmittelzusatzstoffen.
   b) Untersuche in einem Lebensmittelcenter einige abgepackte Lebensmittel in Bezug auf ihre Zusatzstoffe.
   c) Informiere dich im Internet über die Bedeutung dieser Stoffe und über Pro und Kontra des Einsatzes von Lebensmittelzusatzstoffen. Fertige dazu eine Wandzeitung an.

2. a) Stelle dir anhand von Nahrungsmitteltabellen ein gesundes Frühstück, Mittagessen und Abendessen zusammen.
   b) Errechne den Energiegehalt der Mahlzeiten.
   c) Diskutiere in der Klasse, was man unter einer gesunden Ernährung versteht. Stellt gemeinsam ein Poster her.
   d) Die vielen unterschiedlichen Diäten werden vor allem mit dem Ziel durchgeführt, die eigene Körpermasse (das Körpergewicht) zu verringern.
   Diskutiere über Vorteile und Nachteile von Diäten.

3. Der Mensch sollte täglich etwa 2,5 Liter **Wasser** mit der Nahrung und als Flüssigkeit aufnehmen.
   a) Trinken ist lebensnotwendig. Begründe diese Aussage.
   b) Informiere dich über den Wassergehalt von Nahrungsmitteln mithilfe von Ernährungstabellen oder im Internet.
   c) Errechne an ausgewählten Nahrungsmitteln, die du an einem Tag zu dir nimmst, die aufgenommene Wassermenge.
   d) Wie viel Flüssigkeit musst du außerdem noch trinken, um den durchschnittlichen Flüssigkeitsbedarf zu decken?
   e) Welche Ergebnisse gibt es bei deinen Mitschülern?

4. Verschiedene Gewebe, die gemeinsam bestimmte Aufgaben erfüllen, bilden Organe. Jedes **Organ** wiederum ist Bestandteil eines **Organsystems.**
   a) Erarbeite eine Präsentation zu einem Organsystem des Menschen. Darin sollten folgende Aussagen enthalten sein: wesentliche Aufgabe(n) des Organsystems, Organe des Systems, Funktionen der einzelnen Organe im System, Bau- und Funktionszusammenhänge eines Organs, Regeln für die Gesunderhaltung.
   Gestalte deine Präsentation anschaulich (verwende z. B. Rollkarten, Torso, Computer).
   b) Erstelle für deine Mitschüler ein Arbeitsblatt, auf dem sie wesentliche Aussagen deines Vortrags ergänzen können.

Z

Ziel erreicht?

5. a) **Rauchen** ist gesundheitsschädigend. Begründe diese Aussage.
   b) Auf der Zigarettenschachtel einer bekannten Zigarettenmarke steht:
   Die EG-Gesundheitsminister: Rauchen verursacht tödlichen Lungenkrebs. Rauchen kann tödlich sein. Teer 10 mg, Nikotin 0,8 mg, Kohlenstoffmonooxid 10 mg.
   Diskutiere diesen Sachverhalt.
   c) Über das Rauchen gibt es viele verschiedene Ansichten.
   - Ich rauche, weil meine Freunde in der Clique rauchen.
   - Durch Rauchen erreiche ich in der Gruppe eine positive Stellung.
   - Ich glaube, Herbert raucht, weil er angeben will.
   - Mein Großvater ist 80 Jahre alt und raucht immer noch. Warum soll ich ihm nicht nacheifern?
   - Als mein Vater aufgehört hat zu rauchen, wurde er dick.
   - Eine Möglichkeit der Haltbarmachung von Lebensmitteln ist das Einräuchern. Das erreiche ich auch durch das Rauchen für meinen Körper.

   Diskutiere diese Ansichten.

6. **Fotosynthese** und **Atmung** sind zwei wichtige Stoff- und Energiewechselprozesse.
   a) Stelle den Zusammenhang zwischen den beiden Stoff- und Energiewechselprozessen her.
   Formuliere die Reaktionsgleichungen.
   b) Durch Zusatzbelichtung und Kohlenstoffdioxidbegasung in Gewächshäusern wachsen die Kulturpflanzen schneller, sie werden größer und kräftiger.
   Erkläre diese Erscheinung. Nutze dazu auch das Internet.

   c) Halte einen Vortrag über die Bedeutung der Fotosynthese für das Leben auf der Erde.
   Nutze dazu Literatur und das Internet.
   d) Die Fotosynthese ist eine Form der autotrophen Assimilation.
   Begründe diese Aussage.
   e) Übernimm die Tabelle in dein Heft. Vergleiche die Stoff- und Energieumwandlungen bei der Fotosynthese und der Atmung.

Stoff- und Energiewechselprozess	Stoffumwandlung		Energieumwandlung
	Ausgangsstoffe	Produkte	

Ziel erreicht?

Sachverhalte erkennen und bewerten

1. Die Energiegewinnung der Menschen durch die Verbrennung von Kohlenstoffverbindungen führt zur Emission von Kohlenstoffdioxid in die Atmosphäre (Abb.). Dies führt zum **Treibhauseffekt**.
Je nach Kulturkreis, Klimazone oder Lebensstandard usw. differieren die Mengen der CO_2-Emissionen je Kopf der Bevölkerung sehr stark (s. Tab., Zahlen von 2001/2004).

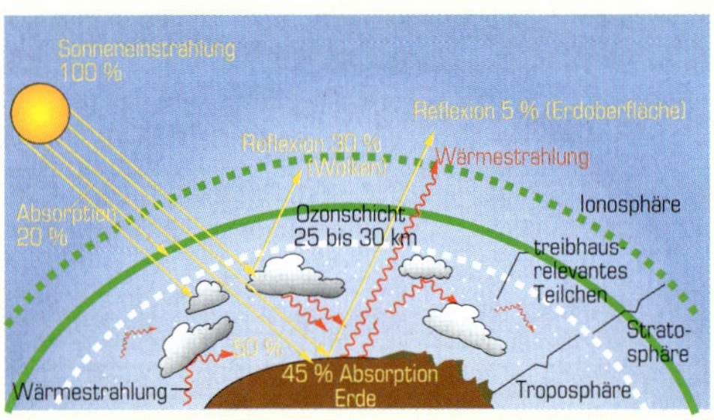

Region	CO_2-Emissionen pro Kopf pro Jahr
Deutschland	10,5 t
Großbritannien	9,2 t
Frankreich	6,7 t
Texas (USA)	35,6 t
Afrika	0,3 t

a) Werte die Tabelle aus, nenne Ursachen der bestehenden Verhältnisse in den Regionen.
Ziehe Schlussfolgerungen bezüglich der globalen Erwärmung durch den Treibhauseffekt.

b) Werte die nachfolgende Grafik aus.

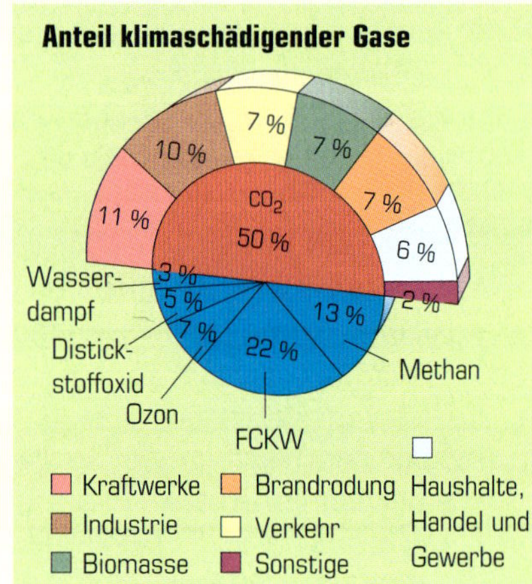

c) Nenne die Positionen des Kioto-Protokolls von 1997 zum Klimaschutz. Werte die Stellung der Staaten, die dem Protokoll zustimmen oder es ablehnen.

d) Stelle Maßnahmen zur Reduktion der CO_2-Emission in Deutschland, eurer Schule und eurer Familie zusammen. Bewerte die Maßnahmen hinsichtlich ihrer Umsetzbarkeit und Wirksamkeit.

2. Eingriffe des Menschen in die natürlichen Stoff- und Energiekreisläufe haben z.T. dramatische Auswirkungen auf die betroffenen **Ökosysteme.**

a) Beschreibe positive und negative Einwirkungen des Menschen auf Ökosysteme.

b) Erörtere die folgende Aussage aus ökologischer und wirtschaftlicher Sichtweise: „Die Nutzung fossiler Energieträger und der Kernenergie ist auch in den nächsten Jahrzehnten unverzichtbar."

3. **Embryonale Stammzellen** besitzen im Gegensatz zu den spezialisierten Zellen die Fähigkeit, alle Zellformen eines Lebewesens zu bilden.
Diese Tatsache macht die Stammzellen für die **gentechnische Forschung** besonders interessant.

Z

Ziel erreicht?

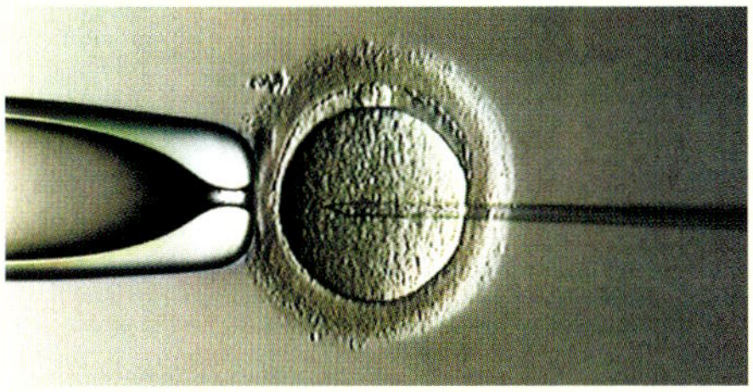

a) Stelle Pro- und Kontra-Argumente der Verwendung von embryonalen Stammzellen in einer Tabelle gegenüber.
b) Formuliere auf der Basis der Argumente eine Bewertung dieses Sachverhalts aus der Sicht eines Befürworters und eines Gegners.

4. Immer wieder stellt man fest, dass besonders Jugendliche **drogengefährdet** sind. Die Abbildung veranschaulicht den „Teufelskreis" eines Drogensüchtigen.
a) Beschreibe die Stationen dieses Kreises.

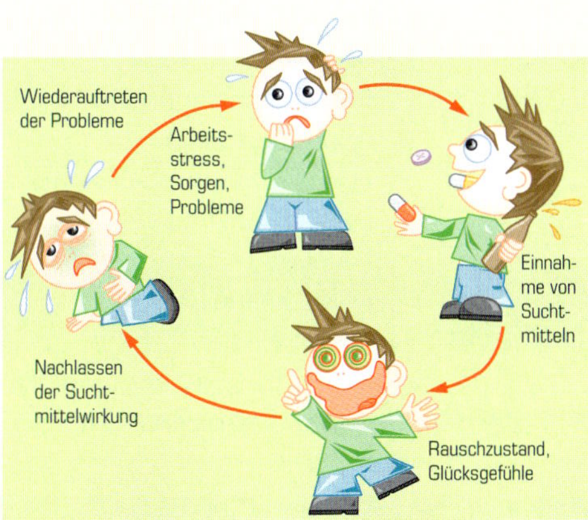

b) Wer hilft bei Suchtproblemen? Informiere dich, welche Einrichtungen oder Organisationen in deinem Wohnort Hilfe anbieten.
c) Nenne und bewerte die staatlichen Maßnahmen zur Therapie und Bekämpfung von Suchtgefährdung.

5. a) **Liebe** und **Sexualität** sind gerade unter Jugendlichen wichtige Themen.
Diskutiert und bewertet Meinungen und Fragen:
- zur Darstellung von Sex in den Medien und deren Auswirkungen
- zu Prostitution, Sexklubs und anderen Formen „käuflicher Liebe"
- zu sexueller Gewalt, Missbrauch von Kindern und Minderjährigen
- zu umstrittenen Methoden und Projekten der Fortpflanzungsmedizin

b) Sammele zu diesen Themen zusätzliches Informationsmaterial. Nutze dazu auch das Internet. Diskutiere über die gesammelten Informationen, gestalte eine Wandzeitung.

6. Zahlreiche Menschen sind von **Ernährungs-** und **Essstörungen** betroffen.
a) Beschreibe die Ursachen für einige dieser Erkrankungen.
b) Führe eine Diskussion über Ernährungs- und Essstörungen. Stelle in einer Tabelle Pro- und Kontra-Argumente gegenüber. Suche weitere Informationen im Internet.
c) Viele junge Mädchen träumen von einer Karriere als Model.
Wie würdest du die Lebensweise einiger Models bewerten?

7. Viele Menschen werden durch eine **Organtransplantation** gerettet. Häufig vergeht eine lange Zeit, bis ein geeignetes Organ gefunden wird.
a) Informiere dich im Internet über Beispiele. Erläutere die Gründe, die bei der Suche nach einem geeigneten Organ beachtet werden müssen.
b) Immer wieder hört man, dass es einen internationalen Handel mit menschlichen Organen gibt.
Bewerte diesen Sachverhalt.

N

O

P

Q

R

S

T

U

V

Bildquellenverzeichnis

Agricultural Research Service, Washington D.C.: 95/1; aisa, Archivo iconográfico, Barcelona: 103/4; akg-images: 89/2, 90/2, 97/1; akg-images/RIA Nowosti: 156/1; alamy images: 141/2; Tierbildarchiv Angermayer, Holzkirchen: 25/5, 166/3, 172/1; Reinhard Antes, www.antes-web.de: 11/1; K. Bachor: 32/1; Katrin Bahro, Berlin: 174/3; BASF: 153/4; blickwinkel/I. Van Haan: 84/3; Botanische Bilddatenbank (www.unibas.ch/botimage): 77/1-3; BPK: 59/2; BPK, Bildarchiv preussischer Kulturbesitz: 88/2; T. Thomas, Bexbach: 54/3; BRÜCKNER Apparatebau GmbH,: 169/3; Campact e.V. : 153/2; Corel Photos Inc.: 9/2, 13/2, 92/2 u.3, 101/1, 106/1, 142/2, 142/6, 142/3, 147/5, 147/6, 147/7, 147/8, 166/2; Cornelsen Experimenta: 163/2; © DeA Picture Library : 67/1; DUDEN PAETEC GmbH: 57/4, 88/1, 93/1, 94/1a, 94/1b, 147/2, 153/3, 175/2; EUMETSAT: 5/5; eye of science/ Meckes, Ottawa, Reutlingen: 52/3; K.-H. Firtzlaff, Berlin: 39/1; Biologie" (Gustav Fischer Verlag,1982): 7/4, 24/1, 89/3, 91/2; Organismen" (VEB Gustav Fischer Verlag: 156/2, 156/3; SPL/Agentur Focus: 27/1 u. 2; Comstock Images/Fotosearch: 5/4, 58/1, 142/3 u. 5, 145/2, 168/1; Fresenius AG: 151/2; Getty Images/James Balog: 122/1; Museum der Naturkunde Gotha: 111/1; F. Hecker, Naturfogorafie: 49/1, 169/2; Hessen Touristik Service e.V., Wiesbaden: 61/2; J. Hinzen, Düsseldorf: 138/1, 142/4; Honda Motor Europe GmbH: 137/2; IMA, Hannover: 150/1c; Kinderbuch Verlag, Berlin, 1964: 90/1; M. Liesenberg, Berlin: 164/1; LKA Schleswig-Holstein: 32/2, 150/1a; B. Mahler Fotograf, Berlin: 158/1; H. Mahler, Fotograf, Berlin: 175/1; T. Martens, Großrettbach: 110/2, 111/3; mauritius images/Ausloo: 3/3; mauritius images/ Peter Widmann: 10/1; mauritius images/A. Pöhlmann: 15/1; mauritius images/Ausloo: 25/1; mauritius images/ Cybrstock: 64/1; mauritius/dieKleinert: 86/1; mauritius images/Steve Bloom Images: 108/1; mauritius images/ SuperStock: 108/2, 129/2, 129/1; mauritius images/age fotostock: 146/1; mauritius images/Botanica: 171/1; Prof. Dr. Lothar Meyer: 165/1 u.2; H. Munzig, Mindelheim: 169/1; Museum für Naturkunde, Berlin: 103/1; Staatliches Museum für Naturkunde Stuttgart: 110/3; S. Odelberg, University of Utah: 39/2a-d; Photo Disc Inc.: 6/1, 7/1, 8/1, 57/5, 69/1, 76/1, 107/1, 137/3, 141/1, 147/3, 148/1, 150/b, 154/2, 160/2, 162/2, 166/1, 167/1; Photo Sphere: 147/1; PHYWE SYSTEME GmbH & Co. KG, Götttingen: 163/1, 167/2; picture-alliance/dpa: 4/1; picture-alliance/OKAPIA/Frankfurt am Main: 4/2; picture-alliance/dpa/dpaweb: 4/3; picture-alliance/Fotoreport/dpa: 5/2; picture-alliance/dpa: 11/2, 15/2, 44/2, 52/1, 66/1, 76/5, 123/4, 143/1, 147/4, 153/1, 179/1; picture-alliance/akg-images: 22/2; picture-alliance/Klett GmbH: 26/3; picture-alliance/KPA/HIP/Ann Ronan Picture: 30/2; picture-alliance/ akg-images: 44/1; picture-alliance/dpa-Fotoreport: 57/1; picture-alliance/dpa/dpaweb: 76/3; picture-alliance/ ZB: 76/4; picture-alliance/OKAPIA KG: 83/2; picture-alliance/dpa/Peter Kneffel: 106/2; picture-alliance/Fotoreport/dpa: 111/2; picture-alliance/ZB: 123/1; picture-alliance/ZB-Fotoreport: 137/4; picture-alliance/dpa/Lehtikuva Oy Vanska: 150/2; picture-alliance/OKAPIA KG/A.u.H.-F. Michler: 166/4; Pixland: 3/5, 75/1; Probst, W., Flensburg: 38, 1–4; Verlag, 24. Aufl., Radebeul 1995): 3/1,7/5; Dr. Bernd Raum: 177/2; U. Schmidt, Bad Lausick: 109/2; W. Schuchardt, Göttingen: 110/1; H. Theuerkauf, Gotha: 25/3, 53/4, 174/2; ullstein-Camera Press Ltd: 31/4; ullstein-Camera Press Ltd: 31/5; Andreas Reeg/VISUM: 75/2; Bildagentur Waldhäusl: 107/2; Francisco Welter-Schultes/Planetposter editions: 87/1, 124/1; Universität Ulm, Abteilung Anatomie und Zellbiologie: 71/2.

Die Entwicklung von Organismen in den verschiedenen Erdzeitaltern

Zeitalter	Epoche	vor Mio Jahren	Bedeutende Ereignisse in der Geschichte des Lebens auf der Erde	
Erdneuzeit	Quartär	1,8		Auftreten und Entwicklung des Menschen, der Pflanzen und Tiere der Gegenwart
	Tertiär	65 – 1,8		Entwicklung und Ausbreitung der Säugetiere; Entwicklung der Menschenaffen und Affen; Ausbreitung von Gräsern; Entfaltung der Vögel; erste Frühmenschen
Erdmittelzeit	Kreide	144 – 65		letzte Saurier; erste Affen; erste Blütenpflanzen; erste Laubhölzer; erste Vögel
	Jura	206 – 144		Vorherrschaft der Saurier; Urvögel, verbreitet Nadelhölzer
	Trias	245 – 206		erste Säugetiere; Vielfalt von Reptilien; Nadelhölzer vorherrschend
	Perm	290 – 245		Vielfalt von Reptilien und Insekten; viele Farnpflanzen; erste Nadelhölzer
	Karbon	363 – 290		erste Reptilien; zahlreiche Amphibien;